KB269720

침팬지도 이해하는 5분 수학

100개로 끝내는 수학 상식

침팬지도 이해하는 5분 수학

에르하르트 베렌츠 **지음**
김진아 **옮김**
정경훈 **감수**

살림Friends

개정판 머리말

2003년에서 2004년까지, 2년 동안 매주 월요일이면 독일의 「벨트」지에 〈5분 수학〉이라는 제목의 수학 칼럼이 올라왔다. 이 칼럼은 한 주가 지난 뒤에 다시 「베를리너 모르겐포스트」에도 실렸다. 두 해가 지나는 동안 수학의 대중화를 위해 다뤄진 다양한 주제의 수학 칼럼이 그 연재횟수로만 100회나 되어 연재를 마친 후 책으로 엮게 되었다. 암호해석, 코딩이론, 참을 수 없는 매력의 소수, 무한대, 확률계산법 등과 같은 수학을 기반으로 세상의 다양한 관점을 한 눈에 보고자 하는 사람들에게는 좋은 기회가 될 것이다.

필자는 욕심을 내어 100개의 칼럼을 하나도 빠뜨리지 않고 한 권으로 묶었다. 칼럼에는 없었던 해석을 달고, 삽화와 사진을 넣어 꼼꼼하게 마무리 하면서 책의 분량이 상당히 늘었다.

이 시대의 수학에 관심이 조금이라도 있는 사람 모두에게 이 책을 추천한다. 혹시라도 학창시절 수학을 싫어하고, 수학에 트라우마를 가진 사람들에게도 이 책을 통해 수학이 딱딱하고 지루한 과목이 아닌 재미있고 흥미진진한 학문이라는 것을 재발견하기를 희망한다.

〈5분 수학〉을 향한 독자들의 관심은 예상보다 훨씬 더 뜨거웠다. 그동안 일본과 미국에서도 이 책이 출간되었다. 특히 영어판을 번역했던 데이비드 크라머와 정말 많은 메일을 주고받았다. 그는 이 책에 있는 모든 오자와 수학의 기초지식이 없는 사람들도 용이하게 이해할 수 있도록 추가로 주석을 더 달았다. 이런 그의 노력이 개정판에 반영되었고, 나 역시 더 세심하게 독자들이 더 쉽게 이해하도록 주해를 더 보완했다.

좋은 소식이 더 있는데, 2008년 수학의 해를 맞아 「벨트」지에서 〈5분 수학〉 칼럼을 다시 시작하여 12명의 저자가 각각 한 달씩 번갈아 칼럼을 싣는다. 이 프로젝트에서 필자는 아쉽지만 자문위원의 역할만 맡았다.

2008년 5월 베를린,
에르하르트 베렌츠

추천사

　안타깝지만 수학은 인기 학문이 아니다. 수학은 '난해하고, 추상적이고, 이해하기가 어렵고, 취직에 밀접한 관계가 없다'고 대부분의 사람들은 생각한다. 사실, 수학을 전공으로 삼으려면 음악전공자가 음악적 재능을 가져야 유리한 것처럼 수학적 자질이 어느 정도는 필요하다. 그러나 모든 사람이 수학을 전공할 필요는 없다. 환상적인 수학의 세계에 이르는 다리만 놓인다면 학문의 제왕으로 불리는 수학에 경도될 사람은 많다.

　학교에서 입시위주로 수학을 가르치는 지금의 교수법으로는 절대로 이런 다리를 놓을 수 없다. 학교 현장에 있는 선생님들이 실제 생활과 밀접한, 흥미진진한 이야기를 통해 수학을 좀 더 명쾌하게 설명해 줄 수 있다면, 환상의 성으로 가는 다리를 놓을 수 있을 것이다. 예를 들어, 추상적인 미적분의 곡선을 단순히 정의와 문제 풀이로 다루지 않고, 담보 대출금과 이자를 계산하는 과정으로 보여 주면 어떨까? 또는 집에 도배를 새로 해야 할 때 방 하나에 벽지 몇 두루마리가 필요한지 기하학으로 계산하는 법을 알려 주면 어떨까? 소수에 관해 설명할 때도 소수의 정의만 다룰 것이 아니라 소수가 활용되는 인증 코드와 암호 해독에 얽힌 이야기로 설명한다면 학생들도 귀를 쫑긋할 것이다.

여러 학문 중에서도 핵심학문인 수학은 사실 우리 일상에서 쉽게 찾을 수 있다. 바코드를 읽는 슈퍼마켓의 계산기, 금융상품의 복리 계산법, 신용카드의 PIN(개인 인증 번호)코드부터 최신형 자동차와 비행기 제조기술, 병원의 컴퓨터 단층촬영(computer tomography, CT촬영)까지, 수학이 포용하는 범위는 상상 이상으로 방대하다. 수학으로 계산을 할 수 있었기에 무인우주선이 지구 밖에 있는 행성을 탐사하고, 로봇 청소기 외에 로봇이 우리 생활권에 들어올 수 있었다. 수학은 과학 발전의 선두주자인 셈이다. 수학에 진정한 관심을 갖고 들여다보면 기대 이상으로 흥미진진한 학문이라는 것을 알 수 있다.

그러나 우리 대부분은 학창시절 수학이라는 환상의 성으로 가는 다리를 건널 수가 없었다. 그렇다면 성인이 된 지금도 여전히 다리를 건널 방법이 요원한가?

지난 몇 년 동안 신문이나 잡지 등에서 과학에 할애하는 지면이 확연히 증가했다. 아쉽게도 증가된 분량에 수학은 해당되지 않는다. 몇몇 신문과 TV 프로그램에서 규칙적으로 또는 산발적으로 수학에 대한 기사, 방송을 내보내지만 대다수의 편집자와 PD는 수학을 금기시한다는 인상을 지울 수 없다. 「벨트」지는 수학을 다루는 것을 두려워하지 않았다.

예를 들어 2006년 2월 25일에는 원주율 π(파이)에 대한 기사에 지면 두 면을 할애했다.

에르하르트 베렌츠 교수가 시작한 「벨트」지 주간 칼럼 〈5분 수학〉은 100주가 지나도록 오롯이 수학을 화제로 하여 편집부 내에서 확고한 위치를 굳혔다. 편집부에 쏟아져 들어오는 수많은 독자편지는 베렌츠 교수의 칼럼에 대한 독자들의 뜨거운 관심을 반증했다. 베렌츠 교수는 스토리텔링이 가미된 수학사를 통해 수학을 간결하지만 상세하게, 전문성을 갖추었으면서도 이해하기 쉽게 설명함으로써 많은 사랑을 받았다. 천덕꾸러기였던 수학이 갑자기 아주 재미있고 흥미로운 주제가 된 것이다.

시간이 지나면서 유명해진 「벨트」지의 〈5분 수학〉은 신문을 구독하는 사람보다 더 많은 독자를 보유하게 되었다.* 우리 출판사로서는 지금까지 연재된 100개의 칼럼을 책으로 엮어 출간하는 것이 기쁘지 않을 수 없다. 이번 기회로 보다 많은 독자들에게 수학이 친숙한 학문이 되기

---

* 「벨트」지는 독일에서 발행부수가 가장 많은 일간지로, 〈5분 수학〉 칼럼은 매주 월요일 2004~2005년에 걸쳐 100회 동안 연재되었다.

를 바란다.

베렌츠 교수는 말하자면 수학으로 가는 다리를 짓는 토목공이다. 그가 칼럼 속에서 일상용어로 능숙하게 풀어낸 수학은 더 이상 딱딱하고 추상적인 개념의 학문이 아니다. 앞으로 수학의 인지도를 더 높일 수 있도록 베렌츠 교수처럼 수학의 다리를 짓는 토목공이 더 많이 배출되어 다른 미디어를 통해서도 소개되었으면 한다.

노베르트 로사우
「벨트」 편집국장

먼저 이 책을 시작하게 된 경위를 간략하게 설명하겠다.

독일수학회에서는 2002년 1월 25일에 중역들과 기자들이 한 자리에 모여 식사하는 자리를 만들었다. 이 자리에서 일반인들이 수학, 하면 떠올리는 이미지에 관한 이야기가 오갔다. 「벨트」지 편집국장 노베르트 로사우 박사도 동석하고 있었기 때문에 우리는 「벨트」지의 과학 섹션을 새로 단장하는 것에 대해 토론했다. 이 토론에서 지속적으로 연재되는 수학칼럼이 필요하다는 아이디어가 나왔고 그 아이디어는 얼마 후 현실이 되었다. 그때만 해도 나는 몇 달 후 이 섹션에 내 글이 실릴 거라는 상상은 꿈에도 하지 못했다.

나는 150가지 주제에 관한 상세한 초안을 작성하여 보냈고 이 초안을 기저로 매주 글을 썼다. 내가 제안한 〈5분 수학〉이란 제목을 편집부에서 그대로 승인하였고, 그에 맞추어 로고를 만들었다. 그리고 2003년 5월 12일, 드디어 첫 칼럼이 월요일자 신문에 실렸다. 한 주가 지나기 전에 원고를 보내자 다시 한 주가 오고 그렇게 한주 한주가 흐르고, 이 리듬은 월요일이 공휴일이어서 신문이 쉴 때를 제외하고 2년 동안 계속되었다. 〈5분 수학〉은 100번째 칼럼을 끝으로 마침표를 찍었다.

칼럼 주제를 선택할 때 나는 가장 먼저 학창시절 이후에 수학의 '수'자도 생각하기 싫어하는, 또 수학과 밀접한 삶을 살고 있지 않은, 그래서 기초적인 수학 내용조차 기억에서 희미해졌을 사람들을 생각했다. 이 사람들이 수학을 조금 더 알고 싶어 할지 도무지 확신이 서지 않았다. 대다수는 $p-q$공식, 곡선 그래프, 미적분처럼 공식이나 도표, 그리고 도형만을 단편적으로 기억하고 있을 가능성이 높았다. 사람들이 과연 이런 수학 지식을 좀 더 깊이 알려고 할까? 대답은 '아니다'였다. 그래서 나는 가능한 한 일상에서 흔히 발견되는 수학의 이론을 찾으려고 노력했다.

2년이라는 시간은 결코 짧지 않았다. 그동안 나는 수학의 지평을 넓혔다고 감히 확신한다. 이것은 다음 페이지에 있는 목차에서도 알 수 있을 것이다. 수학의 뜨거운 논쟁거리인 최신 이론, 고전이 되어 버린 이론, 그리고 오랫동안 풀리지 않은 난제와 쉬운 수학 이론을 적절히 섞으며 초심을 잃지 않았다. 우리 주변에 쉽게 찾을 수 있는 수학을 소개하여, 알면 알수록 빠져드는 수학의 매력을 대중에게 알리기 위해 최선을 다했다. 인생역전이 가능한 로또 숫자 산출법, 주식과 이자에 밀접한 금융계에서는 어떻게 담보의 대출 평가액을 산출하는지, 암호를 어떻게 써야 안전한지 암호 코드법에서 의학계에서 사용하는 컴퓨터 단층촬영에 응용되는 수학까지 말이다.

100회로 코너를 마치는 〈5분 수학〉 연재 막바지에 출판사에서 지금까지 실렸던 모든 칼럼을 책으로 엮어서 내고 싶다는 문의가 왔다. 뿌리치기 힘든 제안이라 그 자리에서 흔쾌히 동의했다. 그동안 책으로 보고 싶다는 독자들의 문의가 쇄도했었고, 신문 칼럼의 특성상 지면의 제한이 많아 하고픈 말을 다하지 못한 경우도 많았기 때문이다. 책에서는 이런 제한이 없기 때문에 내용을 보완해서 더 쓸 수 있다. 무엇보다도 책에서는 도표, 작도, 그래프를 마음껏 사용할 수 있고 여기에 사진과 삽화로 더 쉽게 설명할 수 있는 큰 장점이 있다.

나는 이런 책의 장점을 최대한 활용하기 위해 고심했고, 쉽게 설명하면서도 내용을 더 깊이 있게 다루기로 했다. 그러다 보니 14장에서 다룬 '바꿀 것인가, 바꾸지 않을 것인가' 같은 경우는 심층적으로 분석하여 분량도 배가 되었다. 물론 각 이론들에 얽힌 재미있는 이야기들도 잊지 않고 상세히 서술했다. 87장 '영화관에 간 수학'의 경우는 내용면에서는 크게 달라지지 않았지만, 가능한 최신 영화 포스터와 스틸컷을 사용하여 독자들의 호기심을 자극했다. 물론 저작권 사용료가 적잖아서 비용이 상당히 들었다. 어쨌든 이런저런 노력의 결과로 책이 칼럼보다 최소 2.5배는 나아졌다고 자신한다.

이 책을 읽는 독자들에게 중요한 것 세 가지를 당부하고 싶다.

첫째, 수학은 유용하다. 자고 일어나면 새로운 신기술이 개발되는 요즘이지만, 과학기술의 춘추전국시대는 수학이란 학문 없이는 불가능했다. KS마크 같은 검사필증이 모든 제품에 붙어 있듯이 수학이 모든 신기술 안에 인증서처럼 들어 있다는 것을 유념하기 바란다.

둘째, 수학은 매력적인 학문이다. 유용할 뿐 아니라 수학 그 자체가 특유의 지적 유희다. 그래서 풀리지 않는 문제를 붙잡고 씨름할 때 예상하지 못한 엄청난 에너지가 방출되곤 한다.

셋째, 수학 없이 우리 세계를 이해하는 것은 불가능하다. 갈릴레이는 "자연에 관한 책은 수학이라는 언어로 쓰여 있다"라고 말했다. 당시에는 단지 하나의 비전을 제시하는 말이었다. 그러나 오늘날 우리는 인간이 상상하지 못하는 세계로 다리를 놓아주는 역할을 하는 것이 수학임을 안다. 수학을 배제하고는 세상의 중심부로 들어가는 연결통로를 찾을 수가 없다.

마지막으로 2년이 넘도록 내 글을 싣게 해준 로사우씨와 「벨트」지의 독자들에게 감사한다. 오랜 시간 동안 수학이라는 지붕 아래서 공동 작업을 한 경험은 좋은 기억으로 남을 것이다.

그리고 사진과 몽타주(6장, 10장, 15장) 작업을 해준 엘케 베렌츠, 코펜하겐에 살고 있는 동료 반 한젠, 옥스퍼드에 있는 로빈 윌슨, 그리고 독자들이 짜증나지 않게 오자를 바로잡아 주고 편집을 맡아 준 타나 쉬러와 알브레히트 바이스에게도 감사를 전한다.

에르하르트 베렌츠

CONTENTS

개정판 머리말   4

추천사   6

머리말   10

1. 우연을 속일 수 있을까?   18

2. 황홀한 수학 : 수   22

3. 선장의 나이는 몇 살일까?   26

4. 현기증 나게 큰 소수   29

5. '손해 더하기 손해는 이익' 물리학자 후안 파론도의 역설적 도박   33

6. 큰 수 앞에서 무릎을 꿇는 직관   37

7. 전화번호부 속의 암호화 코드워드   43

8. 스스로 자기 머리를 깎는 시골 이발사   49

9. 앞서 있을 때 끝내기?   53

10. 침팬지도 '고상한' 책을 쓸 수 있을까?   58

11. 생일 역설   62

12. 호로 바쿠이   69

13. 수학 논리에 따르는 충분한 고통은 아마도 필수   73

14. 바꿀 것인가, 바꾸지 않을 것인가?   77

15. 힐베르트의 호텔에는 항상 빈 방이 있다   90

16. 파이 곱하기 지름   94

17. 알 수 없는 우연을 어떻게 계산 가능한 수치로 표현하는가?   98

18. 백만 달러 상금: 소수는 어떻게 분포되어 있는가?   103

19. 5차원 케이크는 어떤 모양일까?   107

20. 여자상업고등학교   112

21. Fly me to the moon 117

22. 나머지의 연산 121

23. 일급비밀! 125

24. 카드 마술은 수학이다 132

25. 어떻게 하면 천재가 되는가? 136

26. 수학자들에게는 음악적 재능이 있다? 141

27. 어, 또 줄을 잘못 섰잖아? 145

28. 부당하게 저평가된 수, 0(영) 149

29. 수를 세라! 153

30. 독학으로 천재가 된 남자 160

31. 난 수학이 싫어요, 왜냐하면…… 163

32. 현대판 오디세우스, 세일즈맨 167

33. 원적문제: 자와 컴퍼스로만 171

34. 무한대 속으로의 한 걸음 179

35. CD플레이어에 수학이 숨어 있다 184

36. 멸종 위기에 처한 로그 188

37. 상 받을 만한 수학 191

38. 공리는 뭣 하러 있나? 194

39. 컴퓨터로 증명하기? 198

40. 크고도 작은 행운, 로또 202

41. 응축된 생각: 공식은 왜 필요한가? 206

42. 이자는 최대 얼마까지 불까? 210

43. 양자 계산은 어떻게 할까? 215

44. 극값! 220

45. 무한히 작다? 223

46. 119 장난 전화의 수학적 고찰 227

47. 2,500년 전에 있었던 최초의 수학적 증명 231

48. 수학에는 초월이 존재한다: 그러나 신비주의와는 상관없다 235

49. 임의의 짝수는 두 소수의 합으로 표시할 수 있는가?   240

50. 조건부 확률을 제대로 뒤집지 못하는 무능력에 대하여   244

51. Milliarde(밀리아르데, 10^9) 아니면 Billion?   249

52. 체스에는 규칙이, 수학에는 공리가 있다   252

53. "자연이라는 책은 수학의 언어로 쓰여 있다"   255

54. 소수 사냥을 개시한 17세기의 성직자 메르센   259

55. 가장 아름다운 공식은 18세기 베를린에서 발견되었다   264

56. 최초의 정말 복잡한 수   268

57. P＝NP 수학에서 행운은 가끔 없어도 되는 것?   272

58. 23번째 생일을 축하합니다!   276

59. 뷔퐁의 바늘   279

60. 천천히 식히기: 수학에서의 담금질   284

61. 누가 돈 안 냈어?   289

62. 통계가 하는 일은 무엇인가?   292

63. 승마와 금융수학의 아비트라지 '공짜 점심은 없다'   296

64. 리스크 안녕: 옵션   300

65. 수학은 이 세계에 어울리는가?   303

66. 들을 수 있는 수학   307

67. 우연이라는 이름의 작곡가   313

68. 주사위는 결백한가?   317

69. 딸기 아이스크림이 목숨을 위협한다!   320

70. 다 같이 잘살자!   324

71. 위험은 싫어!   328

72. 수학에도 노벨상이 있을까?   332

73. 우연에게 계산시키기: 몬테카를로 방법   338

74. '퍼지' 논리   343

75. 성경 속의 비밀 메시지?   347

76. 고르디아스의 매듭   352

침팬지도 이해하는 5분 수학

77. 세상을 사는 데 수학은 얼마만큼 필요한가?   357

78. 큰, 더 큰, 가장 큰   360

79. '아마도 맞을 것이다' 양자컴퓨터와 쇼어 알고리즘   364

80. 세상은 '굽어 있다'?   368

81. 수학적 표준규격은 존재하는가?   372

82. 지친 나비   376

83. 부자 보장합니다!   380

84. 서른 넘은 사람 믿지 마라   384

85. 수학에서의 동일성이란?   386

86. 마술적 불변   388

87. 영화관에 간 수학   392

88. 누워 있는 8: 무한   394

89. 책에 더 많은 여백을!   398

90. 수학으로 오장육부를 비추다   402

91. 컴퓨터 속에 두뇌가 있다   405

92. 나는 생각한다, 고로 존재한다   410

93. 구멍 뚫린 세계?   414

94. 복소수는 이름처럼 복잡하지 않다   418

95. 판화가 모리츠 에셔와 무한성   423

96. 2보다 1로 시작하는 경우가 훨씬 많다   428

97. 라이프치히 시청과 해바라기   432

98. 최적의 상태로 포장된 정보   439

99. 네 가지 색이면 충분하다   444

100. 수학으로 억만장자 되기   450

참고문헌   455

옮긴이 후기   456

찾아보기   458

1 우연을 속일 수 있을까?

로또 대박의 가능성은 얼마나 될까?

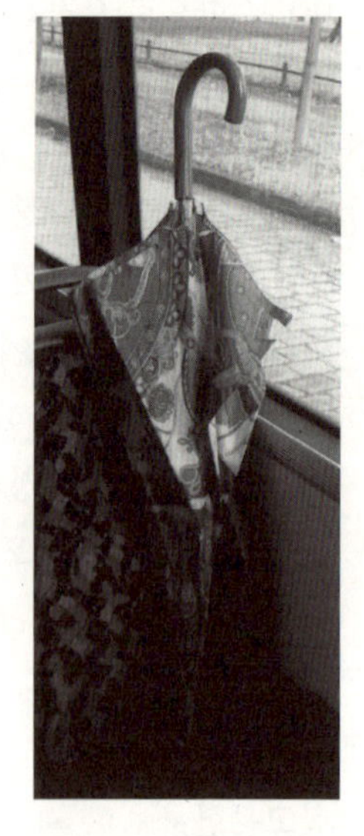

베를린이나 함부르크 같은 대도시에 사는 사람이 있다고 치자. 비 오는 날 버스를 탔는데 한 승객이 우산을 두고 내린다. 그는 그 우산을 집으로 가지고 온다. 그리고 우산 주인을 어떻게 찾을까 곰곰이 생각하다가 무작위로 일곱 개의 숫자를 눌러 전화를 걸기로 한다.

이 이야기는 당연히 지어낸 이야기다. 정말 그런 사람이 있다면 말도 안 되는 순진함 때문에 비웃음을 살 것이다. 그러나 너무 이른 비웃음은 금물이다. 매주 토요일이면 로또에 표시한 여섯 개의 숫자가 맞기를 바라며 가슴 조이는 백만의 독일 국민들이 있으니까. 참고로 이 당첨의 가능성은 1:13,983,816이다. 여기에 비하면 우산의 주인을 찾을 가능성은 1:10,000,000이나 되니까 '그래도' 큰 편이다.

로또를 사는 사람들은 '혹시나' 하고 지금까지 당첨번호에 잘 뽑히지 않은 숫자에 표시를 한다. 그러나 결과는 '역시나'다. 우연은 과거를 기억하지 못하기 때문이다. 예를 들어 '13'이 지난 몇 년간 나오지 않았다 하더라도 오늘 이 숫자가 나올 가능성은 다른 숫자들과 똑같다. 어떤 사람들은 자신만의 교묘한 방법을 고안하여 당첨 확률을 높일 수 있다고 하지만 이것 역시 헛수고다. 어떤 시스템도 우연을 조작할 수 없다는 것은 수십 년 전 이미 수학적 증명으로 확실해진 사실이다.

한 가지 도움이 될 만한 조언이라면, 만약 당첨되는 경우에 함께 당첨된 다수의 사람들과 나눠먹기를 하지 않아도 된다는 점에서 소수의 사람이 고른 숫자 조합에 표시하는 것이 유리하다. 물론 말처럼 쉽지 않다. 그러나 얼마 전에는 정말로 로또 당첨자가 의외로 많아서 당첨이 되고도 울상을 짓는 사람이 많았다. 어쨌든 당첨금 생각에 가슴 설레는 마음의 기대치를 구하는 공식 같은 것은 없다. 오로지 행운에 기대야 한다.

왜 하필 13983816인가?

수학자들은 로또에서의 당첨 가능성이 13,983,816분의 1이라는 것을 어떻게 알아냈을까? 당첨 가능성을 표현할 두 개의 수를 생각해 보자. 이 두 수를 n과 k라고 하자(이때 n은 k보다 크다). 원소가 n개인 집합으로부터 원소가 k개인 부분집합을 얼마나 많이 골라낼 수 있을까?

문제가 너무 추상적으로 들리겠지만 정확히 로또 문제와 직결돼 있다. 로또라는 것이 49개의 가능성 중에서 6개의 수를 고르는 것이므로,

이 경우의 공식은 구체적인 수 $n=49$, $k=6$으로 세우게 된다.

이런 예는 실생활에서도 쉽게 찾을 수 있다.

- 스카트 게임에서(독일에 널리 퍼져 있는 카드게임의 한 종류. 스카트는 3사람이 하며 2, 3, 4, 5, 6이 적힌 카드를 제외한 32장의 카드 1벌을 사용한다. 각자 10장의 카드를 받고, 남은 2장은 엎어 놓는다. – 옮긴이) $n=32$, $k=10$이면 가능한 카드 조합의 수를 구할 수 있다.
- 파티가 끝나고 14명의 사람이 헤어지면서 악수를 몇 번이나 하는지 알고 싶다면 $n=14$, $k=2$로 두고 아래 공식에 맞추어 계산하면 된다.

자, 이제 문제로 돌아가자. 여기 우리가 찾는 공식이 있다.

분자가 $n \cdot (n-1) \cdots (n-k+1)$이고 분모가 $1 \cdot 2 \cdots k$인 몫이 그 수이다. 분자가 약간 겁나게 생겼지만 겁낼 것 없다. 그냥 k원소를 가질 때까지 n부터 매번 1씩 작아지는 것뿐이다(이 공식이 어떻게 해서 나오는지 더 구체적으로 알고 싶은 사람은 29장을 참조하기 바란다).

이 공식을 위의 예에 적용하면 다음과 같다.

- 로또 문제에서는 $49 \cdot 48 \cdot 47 \cdot 46 \cdot 45 \cdot 44$를 $1 \cdot 2 \cdot 3 \cdot 4 \cdot 5 \cdot 6$으로 나누어야 한다. 그러면 위에서 언급한 수 13,983,816이 나온다.
- 스카트 문제에서는 $32 \cdot 31 \cdots 23$을 $1 \cdot 2 \cdots 10$으로 나눈 몫을 구하면

된다. 몫은 64,512,240이다. 게임하는 사람은 이만큼 많은 다양한 스카트 카드를 배분받을 수 있다[다른 사람의 카드, 스카트(스카트 게임에서 뒤집어 놓는 두 장의 카드 – 옮긴이), 게임하는 사람의 실력 등을 고려해야 하기 때문에 스카트 게임의 가능한 출발상황의 수는 훨씬 크다].

- 악수 문제는 암산으로도 계산할 수 있다. 예를 들어 14·13을 1·2로 나누면 91이다.

4.37킬로미터의 카드 더미

로또에서 6개의 숫자를 맞힐 확률이 얼마나 작은지 상상할 수 있게 해주는 예는 '우산 주인 찾기' 외에도 많다. 예를 하나 더 들어 보자.[*]

스카트 카드 한 벌(32장)의 두께는 약 1센티미터다. 간단한 셈을 해보면 13,983,816장의 카드를 얻기 위해서는 약 437,000벌의 스카트 카드가 필요하고, 이것은 카드들을 세로로 높이 쌓았을 때 4.37킬로미터에 해당한다. 이제 다시 로또 확률이 얼마나 낮은 확률인지를 살펴볼 차례다. 이 스카트 카드들 중 하나에 표시가 되어 있다고 하자. 로또에서 6개의 숫자를 맞힐 확률은 이 4.37킬로미터의 카드 더미 속에서 처음 카드를 뽑았을 때 표시된 카드를 뽑는 것과 같다. 이런 식으로 대박 확률을 계산하려면 43.7킬로미터의 카드 더미가 필요하다.

---

[*] 작은 확률의 다른 예는 83장에 나와 있다.

2 황홀한 수학 : 수

1001 마술 트릭

퀴즈게임을 하나 해보자. 세 자리 수 하나를 골라서 두 번 연달아 쓴다. 그러니까 수 761을 선택했다면 761761이라고 쓰면 된다.

자, 이제 게임을 하나 해보자. 이 여섯 자리의 수를 7로 나누어 보자. 그 나머지가 행운의 수가 된다. 이 수는 0, 1, 2, 3, 4, 5, 6 중 하나일 것이다. 나머지로 나오는 수는 이 여섯 개뿐이다. 이제 행운의 수를 엽서에 써라. 그리고 이것을 「벨트」(Die WELT. 독일의 유명한 일간지. 이 책은 저자가 「벨트」지에 연재한 글을 모은 것이다. ─ 옮긴이) 편집실로 보내면 답장으로 행운의 수만큼 100유로짜리 지폐를 보내 주겠다.

혹시 계산이 맞아떨어지고 나머지가 0이 나왔는가? 그렇다면 계산을 제대로 한 것이다. 이 게임을 한 모든 사람들이 똑같은 결과를 얻었을 것이다(그렇지 않다면 신문사 편집실에서 이 부분의 인쇄를 허락했겠는가?).

이 현상은 정수론의 숨겨진 규칙 때문에 일어난다. 세 자리 수를 두 번 연달아 쓴 것은 이 수를 1001과 곱한 값과 같고, 1001은 7로 나누어 떨어지기 때문에 이 여섯 자리 수도 7로 나눠 떨어져야만 한다.

이 아이디어는 심심할 때 마술 트릭으로 사용해도 좋다. 100유로 지폐를 지급하는 대신 나머지를 알아맞히겠다는 약속으로 바꿔도 좋다.

사실 수학적인 사실이 마술에 활용되는 일은 흔하다. 그 원리가 어느 이론 속 깊이 잘 숨겨져 있고, 계산의 결과가 나왔을 때 사람들이 어떻게 이런 일이 가능한지 몰라 아! 하는 탄성을 자아내게만 하면 된다.

한 가지 더 조언하자면, 마술은 향수와 같다. 내용만큼이나 포장도 중요하다. 그래서 이 마술을 보여 주면서 상대방이 선택한 세 자리 수가 1001과 곱해질 수 있다는 말은 절대 하면 안 된다. 연달아 쓰라는 말과 똑같은 뜻이기는 하지만 그 말을 하면 마술 쇼의 김이 빠지고 만다. 7이 아닌 다른 수로 나누길 원하면 11이나 13을 사용해도 된다. 이 수들도 1001의 인수이기 때문이다. 그러나 이 수들을 사용하면 나눗셈이 훨씬 복잡해진다.

발전 단계의 변형: 10001, 100001 …

왜 하필이면 세 자리 수인가? 두 자리나 네 자리 수로는 마술을 할 수 없을까?

xy로 표기되는 두 자리 수 n을 살펴보자. 이 수를 연달아 쓰면 $xyxy$
가 된다. 이것은 n과 101을 곱한 값이다. 그러나 수 101은 소수이기 때
문에 $xyxy$의 인수는 xy와 101의 인수가 된다. 이 마술의 시행자는 xy
에 대해서는 알지 못하므로 101로 나누었을 때 나머지가 0이라는 것만
을 예측할 수 있다. 하지만 101로 나눠 달라고 하면 이 트릭은 빤히 들
여다보이게 된다. 게다가 101로 나누는 것이 상대방에게 너무 힘들게
느껴질 수도 있다. 결론적으로 두 자리 수는 출발점으로 적합하지 않다.

네 자리 수의 경우에는 10001과 곱해야 한다. 이 수는 소수는 아니지
만 $10001 = 73 \times 137$이며 73과 137은 소수다. 그러므로 네 자리 수를
연달아 써서 여덟 자리 수를 만들었을 때 73과 137은 분명히 그 수의 인
수라는 말이 된다. 하지만 73으로 나누는 것을 좋아하는 사람이 어디 있
겠는가?

수 100001은 계산하기에 불편한 11과 9091이 소인수이기 때문에
다섯 자리 수 또한 출발점으로 적합하지 않다. 이렇게 계속되다가 작
은 인수가 나오는 것은 1000000001의 경우다(이 수는 7로 나눌 수 있
다). 하지만 고작 아마추어 마술 쇼 하나를 보여 주면서 이런 말로 시작
하고 싶은가? "아무거나 아홉 자리 수를 고르세요. 그리고 그 수를 종
이에 연달아 두 번 쓰세요." 그럴 바에야 차라리 오리지널 트릭을 사용
하라고 권하고 싶다.

다음은 10⋯01 형태의 수들의 소인수를 표로 만든 것이다.

숫자	인수
101	101
1001	7·11·13
10001	73·137
100001	11·9091
1000001	101·9901
10000001	11·909091
100000001	17·5882353
1000000001	7·11·13·19·52579
10000000001	101·3541·27961
100000000001	11·11·23·4093·8779
1000000000001	73·137·99990001

수학과 마술의 관계에 대해서 더 알고 싶은 사람은 마틴 가드너의 『수학적 마술』(두몽 출판사, 2004년 9월)을 읽어 보기를 바란다. 수학을 기초로 한 다른 마술 트릭들은 24장과 86장에서 소개할 것이다.

3 선장의 나이는 몇 살일까?

수학적 정확성

수학은 특별히 정확한 학문으로 알려져 있고, 또 그 말은 맞다. 수학의 엄격한 논리는 자연과학과 인문학 등 다른 학문의 모범이 되었다. 유명한 예로는 뉴턴의 주저서인 『자연철학의 수학적 원리』가 있다. 이 책은 세계에 대한 기본적 개념과 가설들로 시작해서(힘이란 무엇인가, 질량이란 무엇인가, 뉴턴 역학의 기본 운동 원칙은 무엇인가?), 엄격한 연역적 방법으로 학문에 혁명을 불러일으킨 세계 모형을 도출했다.

뉴턴 이후, 오늘날의 우리에게는 좀 순진하게 느껴지는 신념들이 학문의 역사를 지배했다. 이를테면 '모든 것은 최대한 단순한 역학적 모델로 축소되어야 한다'는 것이다. 수학 용어가 사용되면, 게다가 공식으로 그럴 듯하게 장식까지 되어 있으면 지금도 검증된 것으로 여기는 경향이 있다. 명확한 기본 개념에 바탕하고 있을 때만 쓸 만한 결과가 나온다는 점에서 적정 수준의 회의론적 태도가 필요하다. '속도'라는 개념에는 일반적으로 받아들여지는 공통된 공감대가 존재하는 반면에 '체감온도'는 매우 주관적인 사안이다. 그래서 풍속에 따른 체감온도공식은 사람의 취향에 따라 재미있어할 수도, 당혹해할 수도 있는 공식이다.

여기서 우리는 수학의 자연적 한계에 대해 생각해 봐야 한다. 아무리 지성이 뛰어나다고 해도 정보가 부족하면 결과가 나올 수 없다. 이 '깨달음'은 다음 문제처럼 가끔 — 농담으로 내는 — 수학 문제의 형태로 포장되어 나타난다. '배의 세로 길이는 45미터이고 가로 길이는 3미터다. 선장의 나이는 몇 살인가?'

이 문제가 난센스라는 것은 한눈에 알 수 있다. 그러나 '독일이 월드컵을 탈 확률은 얼마인가?' 따위의 질문은 아무렇지도 않게 여기저기서 튀어나온다. 게다가 상품이 몇 개이고 참가자가 몇 명인지도 모르는데 술집 이벤트에서 당첨될 확률을 무슨 수로 알아맞힌단 말인가?

체감온도 공식과 그 아류

체감온도 공식

$$T_{wc} = (0.478 + 0.237\sqrt{v} - 0.0124v)(T - 33).$$

여기서 T_{wc}, T는 각각 체감온도와 진짜 온도를 가리키고, v는 풍속을 나타낸다.

이 풍속에 따른 체감온도 공식은 수학의 정확성이 오용된 좋은 예다. 강한 바람이 불 때 원래보다 더 춥게 느껴진다는 것을 의심하는 사람은 없다. 그러나 두 사람 모두에게 똑같이 춥게 느껴지는 −5℃의 '체감' 온도와 두 사람 모두에게 똑같이 세게 느껴지는 바람의 강도가 존재한단 말인가? 체질과 복장, 그 밖의 조건에 따라 다른 수치를 '느끼는' 것이 정상이다.

그러나 체감온도 계산기는 마치 체감온도를 정확히 계산할 수 있는 것처럼 군다. 심지어는 다양한 변수를 종합하여 유효숫자 네 자리까지 정확한 것처럼 행세하는 공식을 제시하기도 한다. 물론 '진리는 단순하다'는 말에 맞게 바람이 강하게 불면 더 춥게 느껴진다는 결론을 내린다. 이럴 바에야 차라리 덜 정확한 편이 낫다는 생각도 해본다. 풍속냉각의 계산처럼 실제로는 전혀 그렇지 않은데 공식을 썼다는 이유로 정확한 진실로 여겨지는 일은 의외로 많다.

그간 이와 비슷한 '모방범죄'들이 여러 차례 일어났다. 예를 들어 하이힐의 굽 높이와 추리소설을 읽어서 얻어지는 긴장감의 정도를 나타내는 공식이 신문지상에 보도되었다. 이런 시도들은 가끔 운이 좋아 '만물상' 같은 코너에 실리곤 한다. 그러니 아침밥을 먹다 말고 이런 일에 수학이 오용되고 있다는 사실에 놀라 숟가락을 떨어뜨리는 일도 생기는 것이다.

그림 1 | 2004년 여름의 굽 높이 레퍼런스

$$h = Q(12 + 3s/8)$$

이 공식은 마신 칵테일의 양에 따른 여성 하이힐의 최적의 굽 높이를 보여 준다.

4 현기증 나게 큰 소수

유클리드의 증명 : '무수히 많은 소수가 존재한다'

가장 간단한 수는 소위 자연수라 불리는 수이다. 수를 셀 때 사용하는 1, 2, 3 말이다. 그 중에는 자신의 수보다 작은 수의 곱으로 표시할 수 없는 특별한 수도 있다. 예를 들면 2, 3, 5가 그렇다. 하지만 101과 1,234,271도 이에 해당한다. 이런 수를 소수라고 한다. 소수는 수학의 역사 초기부터 많은 수학자들을 매혹시켰다.

세상에는 얼마나 큰 소수가 있을까? 유클리드가 '세상에는 무수히 많은 소수가 있으며, 그러므로 얼마든지 큰 소수가 존재할 것'이라는 유명한 증명을 해보인 것은 2,000년도 더 된 일이다.* 이 증명의 아이디어는 다음과 같다.

유클리드는 임의의 소수를 집어넣을 수 있는 일종의 기계를 상정했

---

* 오늘날 수학자들이 '아주 큰' 소수를 어떻게 찾아내는지에 대해서는 54장에서 소개된다.

다. 여러 개의 서로 다른 소수를 집어넣으면 집어넣은 소수들과 다른 한 소수가 만들어져 나오는 기계다. 그러므로 한정된 수의 소수가 아닌 무수히 많은 소수가 존재할 것이라는 주장이다.

그 결과의 파장은 엄청나게 크다. 이토록 긴 숫자가 있다는 생각만으로도 아찔해질 것이다. 예를 들어 유클리드는 이 세상에 존재하는 모든 검은색 잉크를 다 써도 인쇄할 수 없는 소수의 존재를 확신했다. 그러므로 이 엄청난 수를 인쇄된 상태로 눈앞에 대할 일은 없을 것이다. 어쨌든 이제까지 믿을 수 있는 절차를 거쳐 확인된 가장 큰 소수는 1742만 5,170자리이다.(2013년 1월 기록. 이 수가 얼마나 큰 수인지 상상해 보자. 만약 이 최고기록 보유숫자를 책으로 찍어내면 수천 쪽 가까이 된다). 큰 소수는 또한 암호 연구자들에게 큰 관심거리다. 암호 연구에서는 기껏 해봐야 몇백 자리만 되는 작은 수가 사용된다.

소수의 비밀을 하나 둘씩 벗겨내는 일은 수학자들에게는 여전히 큰 도전이다. 가우스는 이미 오래 전에 이 분야를 '수학의 여왕'이라고 불렀다.

소수 기계

유클리드의 '소수 기계'의 사용설명서를 살펴보자. n개의 소수가 있다. 이것을 $p_1, p_2, \cdots, p_n$이라고 부르자. 이것이 너무 추상적으로 느껴진다면 7, 11, 13, 29라는 수를 생각해 보자. 즉 $n=4$이고, $p_1=7$, $p_2=11, p_3=13, p_4=29$이다. 이제 이 소수들을 곱한 뒤 거기에 1을 더한다. 그리고 그 결과를 m이라고 하면 다음과 같은 식이 나온다.

$$m = p_1 \cdot p_2 \cdots p_n + 1$$

우리의 예에 적용하면 $m = 7 \cdot 11 \cdot 13 \cdot 29 + 1 = 29030$이다.

모든 수는, 즉 m 또한 소수인 인수를 가진다. 이 인수를 p라고 하자.

특이하게도 p는 $p_1, p_2, \cdots, p_n$과 다른 수일 수밖에 없다. 왜냐하면 m을 p_1 혹은 p_2 혹은 $\cdots$ p_n으로 나누어도 나머지는 1이기 때문이다(위의 예에서 $p = 5$라고 해보자. 이것은 29,030의 소인수다. 수 5는 정말로 7, 11, 13, 29 중에 들어 있지 않다).

정리 : 주어진 임의의 소수 $p_1, p_2, \cdots, p_n$을 집어넣으면 '입력'된 수에 들어있지 않은 다른 소수가 만들어진다. 그래서 소수의 창고는 무한할 수밖에 없다. 이 기계는 끊임없이 새로운 소수를 내놓기 때문이다.

다른 예를 보자. 아래의 그림에는 기계의 출력 칸에 수 $p_1 \cdot p_2 \cdots p_n + 1$의 모든 소인수가 명시되어 있다. 두 번째와 세 번째를 특히 눈여겨보라. 입력되는 소수는 서로 다른 수가 아니어도 된다는 것을 알 수 있다.

유클리드의 기계는 모든 소수를 만들어낼 수 있을까? 이렇게 생각해 보자. 처음에는 2가 소수라는 것만 알고 있다. 이 수를 기계 속에 넣으면 3을 얻는다. 이제 2와 3을 기계 속에 집어넣을 수 있다. 기계는 7이

그림 2 | 작동 중인 유클리드의 소수 기계

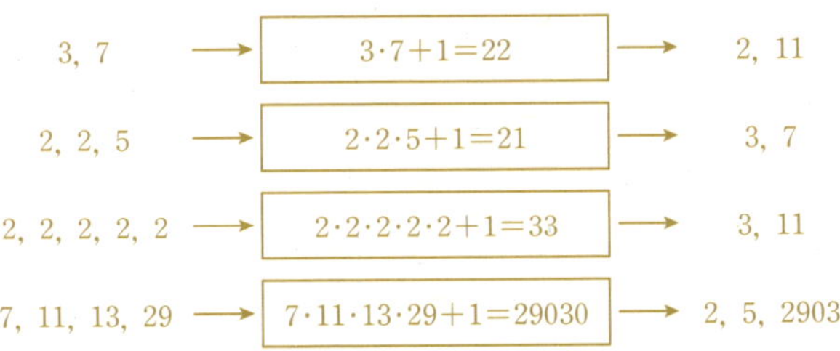

라는 수를 토해낸다. 이제 2, 3, 7을 가지고 작업을 계속할 수 있다. 이 소수들이 한꺼번에 다 들어있지 않아도 되고 하나가 여러 번 들어 있어도 된다. 이렇게 계속하면 언젠가는 모든 소수가 유클리드 기계의 출력 칸에 모습을 드러낸다는 소리인가?

대답은 '그렇다'이다. 왜냐하면 p가 어떤 소수이든 간에 $p-1$은 반드시 서로 다르지 않아도 되는 임의의 소수 $p_1, \cdots, p_r$의 곱이기 때문이다. 곧, $p_1 \cdot p_2 \cdots p_r + 1 = p$이기 때문에 $p_1, \cdots, p_r$을 입력하면 소수 p가 나올 것이다. 이 논증은 '수 n보다 작은 모든 소수는 유클리드의 기계에서 만들어진다'는 명제를 n에 따른 수학적 귀납법으로 증명하는 데 사용할 수 있다.

5 '손해 더하기 손해는 이익'
물리학자 후안 파론도의 역설적 도박

확률론의 역설들: 파론도 역설, 생일 역설, 순열 역설

수학, 특히 확률론은 놀라운 현상들로 가득하다. 하나의 결과가 일반적인 기대에 아주 심하게 모순될 때 그것을 역설이라고 한다. 스페인의 물리학자 후안 파론도는 얼마 전 이 역설의 동물원에 또 하나의 새로운 예를 더했다.

게임자가 카지노를 상대로 게임하면 평균적으로는 돈을 잃는 게임 두 가지를 생각해 보자. 첫 번째 게임에서는 게임자가 게임비를 내고 50퍼센트의 확률로 1유로를 따거나 잃는다. 두 번째 게임에서는 게임자가 돈을 딸 승산이 이제까지의 게임 진행상황에 따라 달라지는데, 유리한 판이 있고 덜 유리한 판이 있지만

평균적 승산은 같다.

이제 놀라운 일이 일어난다. 판이 시작되기 전에 첫 번째 게임을 할 것인지 두 번째 게임을 할 것인지 동전을 던져 결정한다면, 게임자에겐 필승 전략이 생긴다. 만약 카지노 측에서 이의를 제기하지 않는다면, 그리고 게임자가 인내심을 가지고 계속 버틴다면 게임자는 얼마든지 돈을 벌 수 있다. 파론도의 발견 이후, 겉으로 보기에는 손해를 보는 것 같지만 결국에는 이득이 되는 상황이 수학적 이론으로 설명될 수 있다는 견해가 여기저기서 나오고 있다. 누구나 실생활에서 경험한 적이 있을 것이다. 예를 들면 체스게임에서도 거의 모든 말을 잃고도 마지막에 가서는 승자가 되는 수가 있지 않은가!

그렇다고 해서 이것이 곧바로 이론으로 연결되는 것은 아니다. 대학의 연구실이 됐든 신문의 칼럼이 됐든 사람들이 수학적 결과에 거는 기대는 엉뚱할 정도로 크다. 프랙탈과 카오스 이론이 나왔을 때도 그랬다. 아마 아는 사람은 다 알 것이다. 그러나 그 이후 파론도의 역설이 적용된 일련의 흥미로운 연구들이 속출했다는 것 또한 무시할 수 없는 사실이다. 예를 들면 미생물이 화학반응을 이용해 흐름을 거슬러 올라가는 것도 파론도 역설로 설명할 수 있다.

두 번째 게임에서의 정확한 게임규칙

파론도 게임의 첫 번째 규칙은 이미 위에서 설명했다. 두 번째 게임의 규칙은 좀 복잡하다.

만일 이제까지 쌓인 승리 횟수가 3으로 나누어지면 승산이 아주 적은데, 게임자는 $\frac{9}{10}$의 확률로 1유로를 잃게 되며, 1유로를 딸 수 있는 확률은 $\frac{1}{10}$뿐이다.[*]

승리한 횟수가 3으로 나누어지지 않을 때의 승산이 훨씬 큰데, 이때 게임자가 이길 확률은 $\frac{3}{4}$이고 질 확률은 $\frac{1}{4}$이다.

이와 같이 각 게임은 현재 승리한 횟수가 3으로 나누어지느냐 아니냐에 따라 게임자에게 유리한 게임이 될 수도 있고 불리한 게임이 될 수도 있다. 이 게임은 공정한 게임임을 보일 수 있다. 그러나 게임비 지출을 생각하면 결국에는 진 게임이나 다름없다.

역설!

역설은 수학의 도처에 널려 있다. 아주 큰 수나 아주 작은 수, 혹은 무한집합[**]처럼 직접적인 경험을 통해 이해할 수 없는 현상에는 언제나 역설이 따라다닌다.

인간은 진화를 겪는 과정에서 우연적 현상에 충분히 적응했기 때문에, 확률론에서 역설이 자주 등장하는 것은 조금 의아한 일이다. 예를 들어 상대방의 얼굴 표정을 보고 그 사람의 기분을 비교적 정확하게 읽어낼 수 있고, 간단한 위험요소도 감지할 수 있다.

---

[*]　9장의 카드에는 '벌금 1유로!'라고 씌어 있고, 나머지 한 장에만 '1유로 당첨!'이라고 씌어 있는 10장의 카드 중 한 장을 뽑는 게임을 상상해 보라.

[**]　무한성에 관한 역설은 15장과 70장에서 다룬다.

  11장에 자세히 소개된 생일 역설은 가장 대표적인 역설이다. 다른 유명한 역설로는 순열 역설이 있다. 순열 역설이란, 10장의 편지를 쓰고 각 편지에 맞게 편지봉투를 쓴다. 편지봉투를 마구 뒤섞는다. 그리고 갓 섞인 편지봉투 속에 편지를 한 장씩 집어넣는다. 원래의 편지봉투에 제대로 들어간 편지는 과연 몇 장이나 될까? 언뜻 생각하면 가능성이 희박해 보이지만 확률론에 따르면 제 편지봉투 속에 들어간 편지가 한 통이라도 있을 확률은 63퍼센트다. 믿기지 않는다면 직접 확인해 보시길(이 역설은 29장에서 다시 언급할 것이다)!

6

큰 수 앞에서 무릎을 꿇는 직관

행운의 편지와 쌀알 우화

긴 세월의 진화를 거쳤지만 인간의 물리학적, 수학적 진실에 접근하는 능력은 그리 크게 발달하지 못했다. 수학과 물리학의 아주 작은 부분, 예를 들어 크지도 작지도 않은 어느 정도의 속도와 길이, 적당히 큰 수만이 종족보존과 생존을 위해 필요했기 때문일 것이다. 몇몇 수학적 사실들을 보면 알 수 있듯이 인간이 원래부터 가지고 있던 이해의 장벽 같은 것이 존재한다. 예를 들어 아주 빠른 속도에서 나타나는 현상들은 일반적인 상상력을 초월하기 때문에 오늘날 세계의 진짜 모습이라고 밝혀진 것들도 언뜻 생각해서는 이해가 되지 않는다.

큰 수를 예로 들어 보자. 물리학에서는 인간의 경험으로 알 수 없는 먼 거리라도 적당한 축소판 모델로 재연해 알기 쉽게 설명할 수 있다. 태양계를 설명할 때 오렌지가 태양을 대신하는 것처럼 말이다. 수의 세계에서는 이런 축소화된 재연으로 설명하는데 한계가 있다. 인간의 상상력이 큰 수를 따라가지 못하기 때문이다.

이런 현상은 특히 기하급수적 증가를 이해하려 할 때 두드러지게 나타난다. 누구나 한 번쯤은 아래의 쌀알 우화에 대해 들어 보았을 것이다. 체스게임의 발명자가 왕에게 작은 소망(그의 표현대로라면)을 하나 말했다. 그가 원한 것은 쌀이었는데, 체스 판의 첫 번째 칸에 쌀 한 톨, 그 다음 칸에는 두 톨, 그 다음 칸에는 네 톨, 이런 식으로 놓아 달라는 것이었다. 쌀알의 수는 계속 두 배로 늘어나야 했다. 그런데 64번째 칸에 이르자 놀랍게도 이 칸에 놓여야 할 쌀알의 수가 전 세계의 1년 생산량을 훨씬 뛰어넘는 것이 아닌가!

현실과는 동떨어진 이야기 같지만, 사실 행운의 편지를 받거나 보내 본 사람들은 이 현상을 주기적으로 접하고 있는 셈이다. 예를 들어 어떤 사람이 이미 몇 단계를 거쳐 온 '행운의 편지' 한 통을 받았다고 하자. 그는 자신의 이름과 주소를 기입해 넣고, 친구들에게 10통의 편지를 보내야 한다. 그리고 이 편지를 받은 친구들도 똑같은 방식으로 게임을 계속한다. 그리고 이 게임을 편지의 발송자는 5단계 이전의 발송자에게 엽서(아니면 100유로짜리 지폐 등의 보상)를 보낸다. 귀가 솔깃해지는 말이다. 언뜻 생각하면 수익성이 좋은 사업으로 비치기도 한다. 엽서 한 장을 보내고 평생 이 시스템을 유지시키면 얼마 뒤에는 빨래통 가득 답장을 받게 되는 것이다(모든 참여자들이 책임감을 가지고 게임을 한다면 100,000장 정도는 될 테니 빨래통 하나로는 모자랄 수도 있겠다). 그러나 이런 게임은 보통 게임 초기에 흐지부지 끝나고 만다. 너무 많은 사람들이 너무 많은 친구들로부터 편지를 10통 쓰라는 부탁을 받기 때문이다.

참고로 말하자면, 수학자들도 기하급수적 증가에 대해 경외심을 가지고 있다. 입력할 때마다 난이도가 기하급수적으로 증가하는 문제는 정말 어렵다고들 한다. 그래서 이것을 역이용해 암호화 체계의 안전성을 높이려는 시도도 행해지고 있다.

기하급수적 증가의 한 예 : 쌀 풍년이로세!

쌀알의 우화에 등장하는 쌀알의 수는 정확하게 몇 개일까? $1+2+4+\cdots+2^{63}$[더하는 개수는 64개]으로 계산하면 될 것이다. 그러나 이런 총계는 더 쉽게 계산할 수 있다. 다음 공식은 등비수열 공식이다.

$$q \neq 1 \text{이고 } n=1, 2, \cdots \text{일 때}, 1+q+q^2+\cdots+q^n = \frac{q^{n+1}-1}{q-1}$$

우리의 예에 적용하면 다음과 같다.

$$\frac{2^{64}-1}{2-1} = 18446744073709551615 \approx 18 \times 10^{18}$$

이만큼 많은 쌀알이 필요하다는 얘기다.

인간에게는 이런 큰 수에 대한 감각이 없다. 인간의 유전자는 매주 사는 로또가 당첨될 천 사백만 대 일의 가능성조차 제대로 상상하지 못한다. 그래도 대충이라도 어림셈을 해보자. 아주 심하게 단순화시켰을 때, 쌀 한 톨은 직경 1밀리미터, 높이 5밀리미터의 원통이다. 그렇다면 약 200개의 쌀알이 1세제곱센티미터(=1,000세제곱밀리미터) 안에 들어갈

것이다.[*]

이제 계산을 할 수 있다. 쌀알 200개가 1세제곱센티미터(cm^3)에 들어간다면, 1세제곱미터(m^3)에는 200×100^3개가 들어갈 것이고, 1세제곱킬로미터(km^3)에는 $200 \times 100^3 \times 1000^3$개가 들어갈 것이다. 쌀알의 수를 2×10^{17}으로 나누면, 92세제곱킬로미터(km^3)라는 쌀알더미의 체적이 나온다.

이것 역시 쉽게 이해되지는 않는다. 여기서 독일의 면적이 360,000제곱킬로미터(km^2)라는 힌트를 더하면, 체스발명자의 천진난만하기만 한 부탁은 다음과 같이 풀이될 수 있다.

"전 독일을 25센티미터 두께의 쌀로 뒤덮을 수 있는 양의 쌀을 주십시오."(25센티미터는 $\frac{1}{4000}$킬로미터이고, $\frac{360000}{4000} = 90$킬로미터다.)

믿어지는가? 나도 처음엔 믿을 수가 없어서 직접 해보았다. 다음이 그 결과다.

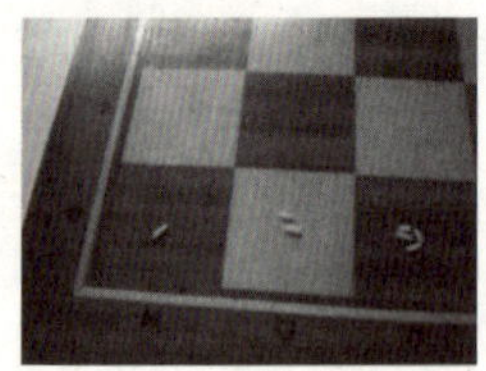 

---

[*] 빽빽하게 잘 집어넣으면 더 많이 들어갈 수도 있다. 그러나 쌀은 가로 세로로 제 맘대로 눕는다는 사실을 감안해야 한다.

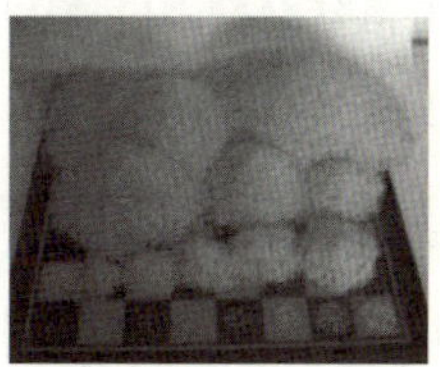

기하급수적 증가의 다른 예 : 몇 번이나 접을 수 있을까?

계속 읽기 전에 질문을 하나 하겠다. '종이 한 장을 반으로 접는 것은 몇 번이나 가능할까?' 대부분의 사람들은 이 질문에 너무 큰 수를 댄다.

종이를 접을 때에 고려할 점이 두 가지 있다. 첫 번째는 접을 때마다 종이의 두께가 기하급수적으로 늘어난다는 것이다. 즉 접을 때마다 두 배로 두꺼워진다. $2 \times 2 \times 2 \times 2 \times 2 = 32$이므로 다섯 번을 접었을 때 종이는 벌써 32배나 두꺼워져 있다. 이것은 약 1센티미터의 두께이고, 만약 여기서 다섯 번을 더 접을 수 있다면 종이의 두께는 32센티미터에 육박할 것이다.

그러나 이런 일은 현실에서는 일어날 수 없다. 여러 겹의 종이가 겹쳐 있고, 이미 두께가 d에 이르렀다면 위쪽의 겹은 즉 접었을 때 안쪽의 겹은 아래의 겹과 상황이 다르다. 아래의 겹은 접기 위해 늘어나야 하기 때문인데, 정확히 말하자면 반지름이 d인 반원으로 늘어나야 한다. 원주는 $2\pi d$이므로 여기서 문제가 되는 것은 πd이다. 예를 들어 종이를 다섯 번 접은 후 1센티미터 두께가 된 판지를 여섯 번째 접으려고 하면, 아래의 겹은 이 판지의 어딘가를 늘리거나 구겨서 3.14센티미터의 여유 공간을 만들어 내야만 한다.

이렇게 한두 번 정도 더 접을 수는 있겠지만, 곧 한계에 도달한다. 실제로 여덟 번까지 접은 기록이 있다(베를린의 한 라디오 방송에서는 직접 실험을 한 적도 있었다. 2005년 9월 12일의 공개방송에서 가로세로 10미터 ×15미터인 크기의 종이를 가지고 시도했는데, 여기서도 여덟 번을 넘지는 못했다).

7

전화번호부 속의 암호화 코드워드

공개키 암호방식이란?

비밀 메시지를 정말 비밀스럽게 보내는 방법을 찾아내는 일은 인간의 오랜 꿈이었다. 이 꿈은 암호학이라는 이름으로 실현되어 왔으며, 오늘날 수학의 한 분야로 자리 잡아 매우 활발한 연구가 진행되고 있다.

암호화 기술이 발전하면서 수학의 몇몇 전공분야가 순수학문의 영역에서 나왔다는 것은 특기할 만한 일이다. 수학의 발달사에서 오래된 전통을 자랑하는 정수론의 경우가 그렇다. 정수론은 우리가 일상생활에서 사용하는 1, 2, 3, … 같은 정수의 속성을 연구하는 분야다. 몇 십 년 전부터 소수에 대해 가능한 한 많은 것을 알아내는 일이 수학계에서 중요한 과제로 떠오르고 있다. 여기서 나온 새로운 결과는 비밀 메시지 통신의 안전성을 높이는 데 중요한 역할을 한다.

암호학은 예로부터 선풍적인 깜짝쇼의 무

대였다. 예를 들면, 어느 날 갑자기 암호화에 꼭 필요한 정보들을 숨기지 않아도 되게 되었다. 이 아이디어는 '공개키 암호방식'이라는 이름으로 암호학 분야에 혁명을 일으켰다. 그러나 이 기술의 안정성에는 소수와 관련된 한 가지 조건이 따른다. 두 소수의 곱으로부터 인수를 알아낼 수 있는 사람은 비밀 메시지를 해독할 수 있기 때문이다. 예를 들어 35는 5와 7의 곱이라는 것은 어린아이도 안다. 그러나 49,402,601의 인수를 대라고 하면 웬만한 사람들은 머리를 절레절레 흔든다(이 수는 33,223과 1,487의 곱이다). 그런데 암호학에서는 보통 수백 자리 수를 사용한다. 실제 암호 메시지를 깨기에 충분할 정도로 응용할 수 있을 만큼 이런 큰 수의 인수를 빠르게 찾는 방법은 없다는 게 일반적인 반응이다. 그래서 양자 컴퓨터(언젠가 만들어진다면)에서는 이것이 가능하다는 말이 나왔을 때 그렇게 난리가 났던 것이다. 어쨌든 암호 작성자들은 한동안 발 뻗고 편히 잘 수 있게 되었다(만약 지금 사용하고 있는 시스템이 안전하다는 절대증명이 나온다면 더욱 편히 잘 수 있겠지만). 많은 사람들이 노력하고 있지만 아직까지 그런 증명은 안 나왔다.

난수키는 안전하다!

암호 방식과 소수의 관계는 23장에서 더 자세히 설명할 것이다.

소수를 사용하지 않고도 (흠이 조금 있지만) 정말 완벽하게 안전한 프로세스를 만들어낼 수 있다. 가장 널리 알려진 방법은 다음과 같다. 동전을 한 10,000번 정도 던져서 그 결과를 0－1 순으로 쓴다(스스로 하기가 귀찮으면 컴퓨터에게 시켜도 된다). 예를 들어 이런 식으로 나타날 것이다.

0010111101101110000…

이것으로 단순히 0과 1로만 이루어진 메시지를 암호화할 수 있다.[*]
메시지의 내용이 다음과 같다고 해보자.

1011100110000011000…

이제 암호화를 시작해보자. 먼저 우연히 만들어진 문자열 밑에 메시지 문자열을 아래와 같이 두 줄로 나란히 쓴다.

0010111101101110000…
1011100110000011000…

두 문자열에 같은 기호가 있으면(둘 다 0이거나, 혹은 둘 다 1이거나) 0으로 표시하고, 그렇지 않으면 1로 표시한다. 그러면 다음의 결과가 나온다.

1001011101110111111000…

이렇게 암호화된 메시지를 보낸다. 암호화 난수키가 없는 수신자 중에 이 메시지를 보고 뭔가 알아낼 수 있는 사람은 아무도 없을 것이다. 그러나 비밀 키(난수키)를 알고 있는 수신인에게는 이 메시지의 해독이 식은 죽 먹기다. 예를 들어 비밀 키의 첫 번째 자리가 0이고 암호화된 메시지의 첫 번째 자리는 1이라면, 평문(plaintext, 암호화되지 않은 메시지 ─

---

[*] 예를 들면 이렇게 할 수 있다. 각 알파벳과 중요한 특수기호를 0과 1로 이루어진 다섯 자리짜리 기호로 쓰는 것이다: A＝00000, B＝00001, … 이런 방식으로 하면, $2^5＝32$이므로 32개의 기호를 암호화할 수 있다.

옮긴이)에서는 1이었을 것이다(0이었다면 0이 왔어야 할 테니까).

이 방법은 백 퍼센트 안전을 보장한다. 10,000개의 기호로 만들어진 모든 텍스트가 암호화된 텍스트일 확률이 똑같기 때문이다. 유감스럽게도 이 방법에는 두 가지의 흠이 있다. 첫 번째는 수신인(과 발신인)이 반드시 비밀 키를 가지고 있어야 한다는 것과 어떤 통신 채널에서든 누군가에게 메시지를 가로채일 수 있다는 것이다. 두 번째 단점은 비밀 키를 단 한 번밖에 사용할 수 없다는 점이다. 같은 키를 여러 번 사용하면 빈도분석(수집한 자료의 빈도분포 현황을 파악하여 변수의 대략적 특성을 알아내는 통계적 분석 방법─옮긴이)에서 걸러져 비밀 키가 탄로 날 수 있다.

수학적 공개 키 방식은 이런 단점이 없다. 그래서 근래에 널리 사용되고 있다.

비밀 학문으로서의 암호 작성법

암호 작성법은 수학의 분야 중 연구결과가 잘 공개되지 않는 분야다. 연구의 중요한 쟁점은 '어떻게 하면 소수의 곱으로부터 인수를 도로 얻어낼 수 있는가'인데, 이것이 암호화 기술의 안전성에 치명적인 영향을 미치기 때문이다.

소인수분해는 아주 쉬울 때도 있다. 하지만 현재 진행 중인 연구가 어떤 경우까지를 분해할 수 있는지 공개되어 있지 않기 때문에, 큰 소수로 암호를 작성하는 사람들에게 그 나머지 문제는 항상 미지수로 남는다.

예를 통해 자세히 알아보자. 이 아이디어는 데카르트까지 거슬러 올라간다. 큰 소수 p가 있다. 이제 p에 가장 가까운 다른 소수 q를 찾아내야 한다. 그러므로 $q=p+k$가 된다. 여기서 k는 '작은' 수다.

이해를 쉽게 하기 위해 $p=23421113$이고, $q=23421131$인 경우를 보자. 여기서 k는 18이다.

실제로는 몇 백 자리의 수들이 사용되지만 데카르트의 아이디어에서는 비교적 작은 수도 적용 가능하다.

$n=p \cdot q$로 계산하면 $n=548548955738803$이다. p와 q를 n으로부터 재구성해내는 일은 과연 가능할까? $q=p+k$에서 k가 그리 크지 않다면 가능할 수도 있다. 아이디어는 다음과 같다.

p와 q는 둘 다 홀수이기 때문에 k가 짝수라는 것은 일단 분명하다. 따라서 $k=2 \cdot l$이라고 해보자. p와 q의 정중앙에 놓인 $p+l$이라는 수는 아주 중요한 역할을 한다. 이 수를 r이라고 하자. 그러면 $p=r-l$이고 $q=r+l$이 된다. 결과적으로 $n=(r-l) \cdot (r+l)=r^2-l^2$, 곧 $n+l^2=r^2$이 된다. 다르게 말하면, n이라는 수는 이 수에 작은 제곱수 (사각형 형태로 물건을 배치했을 때 사용되는 물건의 총 수가 되는 수. 1, 4, 9, 16, 25 등 제곱으로 나오는 수 — 옮긴이) 하나를 더했을 때 다른 제곱수가 나오게 되어 있는 수다. 이 발견은 다음의 전략을 가능하게 한다.

- n에 제곱수 $l^2=1^2, 2^2, 3^2, \cdots$를 하나씩 더해라, 그리고 더할 때마다 $n+l^2$이 제곱수인지를 살펴라. 컴퓨터에게는 아주 쉬운 과제다.
- 제곱수가 나왔으면 $n+l^2$을 정확하게 r^2으로 고쳐 써라.
- 그러면, $p=r-l$이고, $q=r+l$이므로 인수 p와 q를 얻을 수 있다.

그러면 앞에서 우리가 살펴본 예에서는 548548955738803＋1 혹은 548548955738803＋4 혹은 548548955738803＋9 혹은 그 다음 계속되는 수들 중에서 제곱수가 있는지 살펴야 한다는 말이 된다. 9번째 시도에서(즉, 몇 밀리초 후에 벌써) 제곱수 하나가 찾아진다.

이 수는 $548548955738803＋9^2＝23421122^2$이다.

이제 23421122에 9를 더하거나 빼기만 하면 인수를 얻을 수 있다.

스스로 자기 머리를 깎는 시골 이발사

러셀의 역설

전공 학계를 넘어서까지 이름이 알려져 있는 독일 수학자는 그리 많지 않다. 그 몇 안 되는 사람 중 한 사람이 집합론의 창시자인 칸토어다. 집합론이 중요한 이유는 왜일까? 왜 '집합론의 천국'*이라는 말까지 나오는 것일까? 집합론은 수학에 있어 없어서는 안 될 분야임에 틀림이 없다. 이것은 이 수학 분야로 인해 수학을 강력한 연역적 토대 위에 세울 수 있었기 때문이다.

순진하게만 보면 집합론에는 별문제가 없어 보인다. 관심 있는 대상을 그냥 모아 새로운 대상을 구성하고 집합이라 부르는 것이다. 일상생활에서 익히 보아 알고 있는 것들이다. 'HSV'(Hamburger Sport-Verein, 함부르크를 근거지로 하는 독일의 축구 클럽 – 옮긴이)나 연방정부가 무슨

---

* 이 표현은 유명한 수학자 다비드 힐베르트에게서 나왔다.

말인지 누구나 다 알고 있지 않은가. 그러나 이 새로운 대상을 집합으로 묶어내는 일에 한계를 두지 않을 때 생기는 문제점이 있다. 영국의 철학자 러셀이 이미 백 년 전에 말했듯이 난센스가 만들어질 수 있다. 러셀의 논거는 이미 고대 그리스인들도 알고 있던 논리적 역설에 기초한다. 어떤 명제가 명제 자신에게도 유효하면 이 명제의 논리는 무너지고 만다는 것이다. 이 역설을 일반인도 이해하기 쉽게 설명한 것이 스스로 면도를 하지 않는 사람만 면도를 해주는 이발사 이야기다. 이 이발사 자신은 어떤가? 그는 스스로 면도를 하는가? 스스로 면도를 하지 않는 사람만 면도를 해 주므로 그럴 수는 없다. 하지만 스스로 면도를 하지 않는다면, 자신도 스스로 하지 않는 고객의 한 사람이 된다. 원하는 대로 문제를 비틀어도 보고, 뒤집어도 볼 수 있지만, 논리적인 답변이 나올 수 없는 질문인 것이다.

　러셀의 역설의 충격 이후 자신을 언급하는 집합을 배제함으로써 집합론은 부분적으로 회복했고, 오늘날 수학의 기초로서의 위상을 굳건히 지키고 있다.

유치원의 집합론

좀 나이가 있는 독자들은 1960년대 독일에 집합론 붐이 일었던 것을 기억할 것이다. 스푸트니크 충격의 결과였다. 1957년 소련은 최초의 인공위성을 우주로 쏘아 올렸다. 서방 세계는 유치원에서 대학에 이르기까지 교육(수학)의 질을 높이려는 노력으로 분주해졌다. 불행히도 교육정책 관계자들은 집합론을 능수능란하게 다룰 줄 아는 능력이 수학적 이해능력을 촉진시킨다는 말에 현혹되었다. 그때부터 유치원생들은 '초록색 블록과 네모난 블록의 교집합'을 배우기 시작했다. 사실 집합론의 용어를 사용하지 않았어도 대부분의 아이들은 '초록색 블록과 네모난 블록'이 뭘 의미하는지 알았을 텐데 말이다.

집합론이 유행한 시간은 그리 길지 않았다. 그러나 지금도 학교에서는 수학 교과과정을 흥미롭게 정비하려는 노력이 끊임없이 이어지고 있다. 요즘 수학은 특히 고학년들 사이에서 엄청난 '비'인기를 누리고 있기 때문이다. 그리고 괴상하게 생긴 연산자들과 공식들이 도대체 어디에 소용이 있는지 알고 싶어 하는 사람조차 사라져가기 때문이다.

당황한 셜록 홈즈

러셀의 역설을 알기 위해서는 M이 집합일 때 'x는 M의 원소다'라는 문장을 이해하기만 하면 된다. 이 말은 그냥 x가 M집합에 속한다는 뜻이다. 예를 들어 '14는 짝수 집합의 원소다'와 '11은 소수 집합의 원소다'는 참이지만, '$\frac{3}{14}$은 정수의 집합에 속한다'는 거짓이다.

러셀은 스스로의 원소가 아닌 집합의 집합을 생각했다. 이 집합을 M

이라고 했을 때 한 가지 이상한 일이 일어난다. M 또한 M 속에 들어 있는지 순진한 질문을 할 수 있다. 이 질문에 대한 대답에는 두 가지 가능성이 있다.

- 먼저 대답이 '그렇다'인 경우를 보자. 이 경우 M은 M의 원소들을 특징짓는 속성을 똑같이 지녀야 한다. 그러므로 M은 자신의 원소가 아니다. 그러므로 '그렇다'는 곧 '그렇지 않다'를 내포한다.
- 이제 대답이 '그렇지 않다'인 경우를 보자. 이 경우 M은 M에게 특징적인(자신의 원소가 아니라는) 속성을 지니지 않아야 한다. 다른 말로 하면 M은 자신의 원소다. 그러므로 대답은 '그렇다'여야 한다.

황당하지 않은가? 사실 이 결론도출 방식은 집합의 논리를 무효하게 만든다. 이것은 셜록 홈즈가 A와 B 두 사람만이 용의자인 범죄 사건에서 다음과 같은 결론을 내려야 할 때 느끼는 당혹스러움과 같다 — 만약 A가 범인이라면 B가 범행을 저지른 것이 틀림없다. 그리고 만약 B가 범행을 저질렀다고 가정한다면 실상은 A가 체포되어야 한다 — 이런 일이 있을 수 있단 말인가!

수학자들에게 러셀의 논증은 엄청난 충격이었다. 그로부터 100년의 세월이 지나는 동안 수학은 많이 발전했다. 그러나, 수학자들이 이런 종류의 모순을 방지하기 위해 사용하는 성공적인 방법이라는 것이 집합을 형성할 때 집합의 정의에 '자신이 포함되는' 것을 허용하지 않는 것 정도다. 즉 집합을 정의할 때 이미 정의를 알아야 하는 집합은 허용하지 않는 것이다.

 침팬지도 이해하는 5분 수학

9 앞서 있을 때 끝내기?

정지시간과 정지시간 정리

건 돈을 잃을 확률이 50퍼센트이고 건 돈의 두 배를 딸 수 있는 확률도 50퍼센트인 게임을 하나 상상해 보자(동전 던지기를 생각하면 된다. '그림'이 나오면 돈을 잃고, '숫자'가 나오면 돈을 따는 방식이다). 분명히 공정한 게임이다. 하지만 우연을 통제해서 이 게임으로 대박이 나는 방법은 없을까? 원칙적으로는 가능하다. 방법도 여러 가지다.

첫 번째 방법으로 동전 던지기의 결과를 미리 예측할 수 있는 사람이 있다면, 이길 판만 골라서 돈을 걸어 하룻밤 사이 백만장자가 될 수도 있을 것이다. 가능성은 50퍼센트다. 가능한 50퍼센트에 드는 경우, 대박 나는 것은 시간문제다. 인간이라면 첫 번째 가능성에서는 일단 탈락이다. 왜냐하면 유한한 존재인 인간은 미래를 내다볼 수 없기 때문이다.

두 번째 가능성은 힘은 힘대로 더 들고 돈은 돈대로 더 적게 들어오는 방법이다. 원리는 간단하다. 1유로를 걸어서 이기면 1유로를 따고 집에 간다. 잃을 경우 판돈을 2유로로 올리는 것이다. 이 판에서 운이 좋으면 전부 합해서 1유로를 버는 셈 이다(두 번째 판에서 얻은 4유로에서 판돈 3유로를 빼면 1유로다). 두 번째 판에서도 운이 따르지 않는다면 판돈을 4유로로 올린다. 여기서 이겼을 경우 총 이득은 역시 1유로다. 눈치챘겠지만, 이기면 그만두고, 지면 판돈을 두 배씩 올리는 전략이다. 판돈을 두 배씩 올리다 보면 언젠가 한번은 이길 것이다. 그러나 아무리 판돈을 많이 걸어도 총 이득은 1유로에 그친다. 게다가 이 방법에는 두 가지 흠이 있다. 첫 번째는 게임자가 엄청난 부자여야 한다는 것이고('이길 때까지!'를 외치며 이길 때까지 돈을 걸어야 하니까) 무엇보다 카지노 측에서 판돈의 제한을 두지 않아야 한다. 다른 흠 하나는 계속 지고 있는 와중에 크루피에(도박 테이블에서 게임을 진행하는 사람 — 옮긴이)가 퇴근시간이라며 나가버리면 게임을 중단해야 하니까.

미래 예측이 불가능하다는 전제와 게임의 공정한 조건이 무엇인지는 수학적 방법으로 정확한 파악이 가능하다. 게임시간이나 판돈의 제한이 있는 경우 필승 전략이란 없다는 것 또한 수학적으로 증명된다. 요약하자면 여기서 제안한 게임 시스템은 아마 소용없을 가능성이 크다. 엄청난 행운아가 아니라면 도박으로 부자 되기는 하늘의 별따기보다 어렵다.

이제 앞 문단에서 다룬 정리인 '정리시간 정리'를 정확히 형식화하기 위해 몇 가지 정의를 덧붙이자. 이 정리의 간단한 변형은 '공정한 게임'에 적용할 수 있다. 여기서 '공정한 게임'이란 이기고 질 확률이 동일한 게임을 말한다. 공정한 동전 던지기를 상상해 보자. 이 게임에서는 그림이 나오면 1유로를 받고, 숫자가 나오면 1유로를 내놓아야 한다.

언제 게임을 그만두어야 할지 알려주는 규칙도 필요하다. 이런 규칙의 예로는 다음과 같은 것들이 있을 수 있다.

- 열 번째 판까지만 걸어라!
- 딴 돈의 총 합계가 100유로가 되자마자 그만둬라!
- 계속 지기만 하는 손실 구간에 세 번째로 들어섰다면 그만 집에 갈 시간이다!

분명히 해둬야 할 것은 이런 '정지 규칙'은 셀 수 없이 많다는 것이다(참고로 덧붙이자면, 수학자들이 사용하는 '정지시간'이라는 용어가 있다. 이것은 현대 확률론의 가장 중요한 개념 중 하나다).

일단 정지 규칙을 선택하면, 평균 이익이 대응한다. 즉, 이 규칙에 따라 수많은 횟수의 게임을 하면 평균적으로 기대할 수 있는 이익을 말한다. 정지시간 정리에 따르면, 정지 규칙이 아무리 복잡하더라도 이 평균 이익은 항상 0이라는 것이다. 최소한, 카지노에서 거는 판돈의 크기가 무한할 수는 없다는 현실적인 가정을 추가할 경우에는 분명히 그렇다.

기댓값의 양을 유리하게 변경할 수는 없지만, 대부분의 경우 승자가 되어 카지노를 떠날 수 있다는 점에서는 '체감 행복'을 바꿀 수는 있다. 게임 전략은 다음과 같다. '1유로를 따거나 카지노가 정한 판돈 제한에 걸릴 때까지 '판돈 두 배' 전략[*]을 써라. 그리고 오늘 게임은 그만하고 집에 가라.'

이 전략을 분석하기 위해서 판돈의 한계가 1,000유로인 게임을 상상해 보자. 진짜 운이 없고 재수 옴 붙었을 경우 게임자는 1, 2, 4, 8, 16, 32, 64, 128, 256, 512유로를 — 계속 잃으면서 — 계속 걸게 될 것이다. 이 10번의 기회에서 돈을 딸 확률은 각각 50퍼센트다. 그러나 10번을 연달아 재수 옴 붙을 확률은 $\frac{1}{2^{10}}$이다. 이것은 약 천분의 일에 해당한다. 다른 말로 하면 거의 모든 경우(평균 1,000 게임 중 999번), 10번 중 한 번은 딴다는 뜻이다(물론 따봤자 1유로이기 때문에 별 볼 일은 없다). 그런데 어디까지나 확률의 문제이기 때문에 10번 다 잃을 수도 있다. 이럴 경우 게임자는 큰 손실을 입게 되어 평균적으로 순이익은 0이라는 명제는 이 전략에서도 맞는 셈이다.

---

[*]　앞에서 설명한 판돈을 두 배씩 올리는 방법

　2006년 봄, 꽤 알려진 텔레비전 방송에서 정지시간 정리를 둘러싼 수학적 사실들을 소개한 일이 있었다. 귄터 야우흐(여러 방송 프로그램을 진행하는 독일의 유명한 방송사회자. 큰 액수의 상금이 걸린 퀴즈쇼를 맡고 있어 일명 '독일에서 가장 똑똑한 남자'로 통한다 – 옮긴이)가 진행하는 '슈테른-TV'에 G라는 남자가 나왔는데, 자기는 절대 지지 않는 게임 시스템의 비밀을 알고 있다고 주장했다. 실제로 G는 카지노에 10번 가서 10번 다 돈을 딴 경력을 가지고 있었다. 물론 이것으로는 아무것도 입증할 수 없는데, 방금 보았듯이 거의 100퍼센트에 가까운 승리 확률을 만들 수 있기 때문이다. G는 그의 전략이 정말 백발백중인지 시험해보자는 내기에는 응하지 않았다(내기에 건 돈은 본 저자의 성탄절 상여금에 해당하는 금액이었다).

10 침팬지도 '고상한' 책을 쓸 수 있을까?

타자기 앞의 원숭이

사고 실험으로 시작해 보자. 어린 딸아이가 컴퓨터 앞에 앉아 키보드를 부서져라 두드리며 놀고 있다. 한 달이고 열흘이고 계속 이렇게 놔둔다면 언젠가는 의미 있는 단어 하나 정도는 모니터에 나타날 것이다. 그렇다고 해서 우리 딸이 벌써 글씨를 쓸 줄 아는 신동일까? 이 문제는 거의 철학에 가까운 문제로, 확률론 초기에는 수학자들의 토론에서 뜨거운 감자와 같은 존재였다. 그 당시에는 아직 컴퓨터가 없었으므로 타자기 앞의 원숭이를 상정했다. 원숭이에게 충분한 시간만 준다면 활자로 출간된 어떤 작품이건 언젠가는 만들어낼 수 있다는 것이다. 이것은 수학적으로 정확하게 입증할 수 있다. 0보다 큰 확률을 가진 것이면 실험을 계속할 경우 (충분한 시간만 주어진다면) 언젠가는 나타나기 때문이다. 이론적으로 가능한 것은 언젠가는 사실로 나타난다.

지금 읽고 있는 10장을 예로 들어 보자. 이 문서도 언젠가는 원숭이

의 작품 속에 우연의 산물로 나타날 수 있다. 문제는 이것이 원숭이에게 창조적 능력이 있다고 말할 수 있느냐다. 대답은 생각보다 쉽지 않다. 왜냐하면 '파우스트'든 오늘 아침 신문의 일면 기사든 언젠가는 원숭이의 작품으로 탄생할 수 있기 때문이다.

우연이 인간의 창조력을 대신할 수 없는 두 가지 이유가 있다. 첫 번째는 시간의 문제다. 아무리 훌륭한 작품이 나온다고 한들 대충 어림셈만 해도 어마어마한 시간이 걸리는데 무슨 의미가 있겠는가? 원숭이 한 부대 전체가 수천 년간 부지런히 일한다고 해도 '파우스트'의 1막도 완성하지 못할 것이다. 두 번째 이유는 더욱 설득력이 있다. 뭔가 제대로 된 작품이 나왔다고 쳐도 그 순간에 누가 '이거야'를 외친단 말인가? 통찰력 있는 지성이 개입하지 않는 한 이 엄청난 양의 데이터 쓰레기들 속에서 의미 있는 작품을 가려내기는 힘들다. 당신의 어린 딸이 지금 이 순간 스와힐리어(동아프리카에서 널리 쓰이는 언어 ─ 옮긴이)로 천재적인 시를 쓰고 있다고 해도 당신은 눈치조차 채지 못할 것이다.

원숭이에게 필요한 시간은?

제대로 된 작품이 나올 때까지 얼마나 시간이 걸리는지 한번 추산해 보자. 이를 위해서는 확률론을 사용해야 한다. 확률이 p인 우연적 사건의 경우 첫 번째 성과가 나타날 때까지는 평균 $\dfrac{1}{p}$의 시도를 해야 한다. 예를 들어 주사위 던지기에서 '1'이 나오려면 평균 6번을 던져야 한다. '1'이 나올 확률은 $p=\dfrac{1}{6}$이고, '1'이 나올 때까지의 평균 대기시간은 그 역수, 즉 6이다.

예를 들어 'WELT'(세계라는 뜻의 독일어. 이 칼럼이 연재된 일간지의 이름이기도 함 – 옮긴이)라는 단어가 나오기를 기다린다고 해보자. 계산을 좀 쉽게 하기 위해서 원숭이에게 4글자씩만 치게 하고, 성공을 못하면 계속 다른 종이를 끼워준다. 원숭이가 알파벳만 치고 우리가 대소문자의 구분을 하지 않으면, 한 번 칠 때마다 26개의 가능성이 생긴다. 그러니까 4번 쳤을 때 나올 수 있는 가능한 단어는 $26 \times 26 \times 26 \times 26$개다. 이것은 456976 단어이고 'WELT'라는 단어를 칠 확률은 $p=\dfrac{1}{456976}$이고, 이 단어가 나올 때까지 기다려야 하는 시도의 횟수는 456976이다. 원숭이가 456,976번 칠 때까지 기다려야 한다는 말이다.[*]

이것은 무엇을 의미하는가? 타자기에 10초마다 한 장씩 새 종이를 끼운다고 했을 때 원숭이는 1분에 6회, 1시간에 360회의 시도를 할 수 있다. 그러니까 하루 8시간 노동을 한다고 했을 때 하루에 $8 \times 360 = 2880$번 타자를 칠 수 있다. 원숭이가 'WELT'라는 단어를 치는 데 며칠이나 걸리는지 알려면 이제 456976을 2880으로 나누기만 하면 된다. 계산

---

[*] 이것이 평균치라는 것을 잊지 말아야 한다. 실제로는 훨씬 빠를 수도 있고 훨씬 더 오래 걸릴 수도 있다.

하면 약 159일이 나온다. 거의 반년이 걸리는 셈이다.

'WELT'는 사실 아주 복잡한 단어는 아니다. 그럼 'FÜNF MINUTEN MATHEMATIK'(5분 수학. 이 책의 원어 제목. U움라우트(ü)는 한 글자로 파악해야 한다 – 옮긴이)을 치려면 과연 얼마나 걸릴까? 이 단어들에는 총 23개의 기호가 들어 있다. 이번에는 빈칸과 움라우트도 포함시켜야 하므로 각각의 기호가 쳐질 확률은 $\frac{1}{30}$이다(26개의 알파벳에 독일어의 움라우트 4개를 합하면 30개다 – 옮긴이). 그러므로 원숭이가 23개의 기호를 우연히 쳤을 때 종이에 'FÜNF MINUTEN MATHEMATIK'이 나타날 확률은 다음과 같다.

$$\frac{1}{30^{23}} = \frac{1}{9414317882700000000000000000000000}$$

그러므로 이 책의 독일어 제목이 나타날 때까지 원숭이가 시도해야 할 횟수는

$$9,414,317,882,700,000,000,000,000,000,000,000$$

이다.

10초마다 한 장씩 새 종이를 끼워 주고, 원숭이가 하루에 8시간 일한다면 이것은 약 10^{28}년의 '노동시간'을 필요로 한다.

원숭이가 과연 이걸 해낼 수 있을까……

11 생일 역설

생일이 겹칠 가능성은 얼마나 될까?

인간의 직관이 수학적 진실에 별로 어울리지 않게 진화했다는 것은 이미 언급한 적이 있다. '공간'과 '수'라는 경험분야에 있어서는 아주 기초적인 사실만 알아도 생존과 종족보존이 가능했던 모양이다. 이런 특징이 두드러지는 전공분야가 바로 확률론이다. 확률의 문제에서는 일반적인 기대와 수학적 진실 사이의 차이가 특히 크고, 이런 현상이 목격되는 횟수도 매우 잦다.

생일 역설은 이 현상을 설명해 주는 아주 잘 알려진 예다. 작은 파티에 25명의 사람들이 모였다. 이 25명 중 같은 날 생일인 두 사람이 섞여 있을 확률은 얼마나 될까? 높을까, 낮을까? 답은 별로 힘들이지 않고 구할 수 있다. 25명 중 같은 날 태어난 사람이 있을 확률은 57퍼센트다.

n명의 사람이 있다고 했을 때, 여러 크기의 n으로 계산을 해보면 n이 그리 크지 않을 때에도 상당히 높은 확률이 나오는 것을 알 수 있다. 이

확률 계산에서 수 23은 매우 큰 의미가 있다. 23명의 사람들 중에도 생일이 겹칠 확률이 50퍼센트를 넘기 때문이다. 이것은 일반인의 직관에 위배되는 현상이다. 대부분의 사람들은 분명히 183명(365를 2로 나누고 반올림한) 정도는 돼야 50퍼센트 확률이 나온다고 생각하기 때문이다.

아직도 믿기지 않는가? 수학을 별로 믿지 않는 사람들을 위해 눈으로 직접 확인할 수 있는 방법을 알려주겠다. 만약 초등학교에 다니는 자녀가 있다면, 다음 학부모 모임에 가서 자녀 학급과 그 옆 반의 생일달력을 흘깃 쳐다보라. 예외라기보다는 규칙에 가깝게 한 날짜에 적어도 두 명 이상의 이름이 적혀 있는 것을 보게 될 것이다. 1에서 365까지의 수 중에서 우연히 뽑은 n개의 수 가운데 2개의 수가 일치할 확률을 계산해내면, 생일 역설을 해결할 수 있다. 365 대신에 다른 수를 사용해도 계산은 어려워지지 않는다. 다른 재미있는 예도 있다. 우연히 고른 일곱 자리의 전화번호에서 똑같은 수가 두 번 이상 나올 확률을 살펴보는 것인데, 확률은 놀라울 정도로 높은 94퍼센트다(이 경우 0, 1, …, 9 중에서 7개의 수를 뽑는다). 내기하기에 딱 좋지 않은가? 나 또한 당신 전화번호에 반복되는 두 개의 수가 적어도 하나는 있다는 데 서슴없이 내기를 걸겠다.

이 확률은 어떻게 결정되는가?

일반적으로 표현하면 다음과 같다. 주어진 n개의 대상에서 한 번에 하나씩 r번 뽑을 수 있다. 모든 대상은 똑같은 선택의 기회가 있으며, 같은 것을 여러 번 뽑는 것도 허용된다. 다음의 경우를 보자.

- 생일: 여기서의 '대상'은 가능한 날짜다. 그러니까 $n=365$다. 그리고 r은 파티에 모인 사람의 수다. 생일의 분포는 '가능한 생일 중에서 고르기'로 해석할 수 있다.

- 단어: r개의 알파벳을 가진 단어를 아무렇게나 자판 위에 친다. 그러면 $n=26$인 뽑기 문제가 된다.

- 전화번호: 이 경우 $n=10$이고(숫자가 10개니까), $r=7$이다(전화번호가 일곱 자리인 경우).

문제는 뽑힌 대상이 다 다를 확률을 계산해 내는 것이다. 이것을 알면 적어도 두 개가 같을 확률도 알 수 있다. 그러면 '1에서 빼기' 계산만 하면 된다. 예를 들어 '모든 사람의 생일이 다 다를' 확률이 0.65라면 '적어도 두 사람이 생일이 같을' 확률은 $1-0.65=0.35$가 되는 것이다. 즉 35퍼센트다.

이 문제를 풀기 위해 사용하는 원리는 다음과 같다.

$$확률 = 유효한 \ 수 \div 가능한 \ 수$$

이 원리는 모든 선택의 가능성이 다 똑같은 확률을 가졌을 때 사용한다. 가능한 경우의 수는, 즉 모든 선택의 수는 n^r, 그러니까 n을 r번 곱한 $n \times n \times n \times \cdots \times n$이다.(왜냐하면 모든 r이라는 선택에 n번의 가능성이 있기 때문이다).

이제 '유효한' 경우를 살펴보자. 뽑힌 대상이 다 다른 선택은 몇 번이나 될까? 첫 번째 뽑기에서는 n번의 가능성이 있을 뿐이므로 별로 복잡할 것이 없다. 두 번째 뽑기에서는 처음에 뽑은 것을 다시 뽑지 않도록 해야 한다. 그러므로 두 번째 뽑기에서의 가능성은 $n-1$이다. 첫 번째와 두 번째를 합한 가능성은 $n \cdot (n-1)$이다. 세 번째 뽑기에서는 앞서의 두 번의 뽑기에서 뽑은 것을 뽑지 않도록 해야 한다. 그러므로 서로 다른 세 개의 대상을 뽑을 가능성은 $n(n-1)(n-2)$이다.

이렇게 계속되다가 r번째 뽑을 때에는 다음과 같은 수가 나온다.

$$n(n-1)(n-2)\cdots(n-r+1)$$

'유효한 수 ÷ 가능한 수'의 몫을 구하려면 다음의 분수계산을 해야 한다.

$$\frac{n(n-1)(n-2)\cdots(n-r+1)}{n^r}$$

이 식은 아래와 같이 다시 쓸 수 있다.[*] 정말로 똑같은 결과가 나온다.

$$1 \cdot \left(1-\frac{1}{n}\right)\left(1-\frac{2}{n}\right)\cdots\left(1-\frac{r-1}{n}\right)$$

이제 위의 결과가 어떻게 해서 나왔는지 이해가 될 것이다. r개의 생일 중 어떤 생일도 겹치지 않을 확률은 $r=23$일 때 처음으로 0.5 아래로 내려가기 때문에 23이라는 숫자가 나왔던 것이다. $\left(1-\frac{1}{365}\right)\left(1-\frac{2}{365}\right)$ $\cdots\left(1-\frac{22}{365}\right)=0.493$이므로 정말 0.5보다 작다. 그리고 $r=22$일 때의

---

[*] 이 풀이의 힌트는 괄호를 풀어 묶어내는 데 있다. 이 분수를 다음과 같이 풀어 쓸 수도 있다.
$$\frac{n}{n} \cdot \frac{n-1}{n} \cdots \frac{n-r+1}{n}$$

값은 $\left(1-\dfrac{1}{365}\right)\left(1-\dfrac{2}{365}\right)\cdots\left(1-\dfrac{21}{365}\right)=0.524$이다.

1−0.493=0.507이므로 '23명의 파티 손님 중 적어도 생일이 같은 사람이 두 사람 있을' 확률은 50.7퍼센트다(참고로 사람이 30명일 경우의 확률은 71퍼센트, 40명일 경우 89퍼센트, 50명일 경우 97퍼센트나 된다).

생일이 일치할 확률은 그냥 머릿속으로 막연히 생각한 것보다 훨씬 빨리 증가한다. 다음은 이 현상을 한눈에 볼 수 있게 해주는 표다.

첫 번째는 자릿수 일치에 관한 표다. r개의 우연히 뽑힌 숫자들 중에서 적어도 두 개가 같을 확률은 얼마나 될까? 첫 번째 줄에는 수 r이, 두 번째 줄에는 r개의 우연히 뽑힌 숫자가 모두 다를 확률이, 세 번째 줄에는 적어도 둘이 일치할 확률이 표기되어 있다.

1	2	3	4	5	6	7	8	9	10
1.000	0.900	0.720	0.504	0.302	0.151	0.060	0.018	0.004	0.0004
0.000	0.100	0.280	0.496	0.698	0.849	0.940	0.982	0.996	0.9996

예를 들어 임의의 일곱 자리의 전화번호에서 두 개의 숫자가 일치할 확률을 알고 싶다면 위 표에서 $r=7$을 찾으면 된다(확률은 엄청 높아서 94퍼센트나 된다).

다음은 생일 역설에 속하는 표들이다. 각각 첫 번째 줄에는 사람 수가, 두 번째 줄에는 모두 다른 날이 생일일 확률이, 세 번째 줄에는 여사건의 확률(적어도 두 사람이 같은 날 생일일 확률)이 명시되어 있다.

1	2	3	4	5	6	7	8
1.000	0.997	0.992	0.984	0.973	0.960	0.944	0.926
0.000	0.003	0.008	0.016	0.027	0.040	0.056	0.074

9	10	11	12	13	14	15	16
0.905	0.883	0.859	0.833	0.806	0.777	0.747	0.716
0.095	0.117	0.141	0.167	0.194	0.223	0.253	0.284

17	18	19	20	21	22	23	24
0.685	0.653	0.621	0.589	0.556	0.524	0.493	0.462
0.315	0.347	0.379	0.411	0.444	0.476	0.507	0.538

주사위의 눈은 모두 다른가?

여기서 생일 역설의 특수한 경우를 하나 살펴볼 필요가 있다. n개의 원소를 가진 집합에서 n번 뽑기를 할 때 모든 원소가 다 한 번씩 뽑힐 확률은 $\dfrac{n!}{n^n}$ 이다(기억을 돕자면 $n!$는 $1 \cdot 2 \cdots n$의 함축기호다). 앞서의 식에서 $r=n$을 대입하면 이 수가 나온다.

첫 번째 예시로 $1, 2, \cdots, 9$의 수 중에서 숫자 하나를 아홉 번 뽑을 때 모두 다른 수가 뽑힐 확률은 다음과 같다.

$$\frac{9!}{9^9} = \frac{362880}{387420489} = 0.000936\cdots$$

즉, 약 천분의 일이다.

두 번째로, 여섯 개의 주사위를 동시에 던졌을 때 모든 주사위에 다른 수의 눈이 나타날 확률은 다음의 식으로 구할 수 있다.

$$\frac{6!}{6^6} = \frac{720}{46656} = 0.0154\cdots$$

이것은 로또에서 숫자 세 개를 맞힐 확률과 비슷하다(40장 참조). 따라서 여섯 개의 주사위가 모두 다른 수의 눈을 보이는 것은 평균적으로 65번을 던졌을 때다.[*]

> 2006년 월드컵 때 독일 축구 국가대표 선수단의 편성인원은 23명이었다. 생일이 같은 사람들이 있기에 좋은 인원이다. 그리고 실제로 미케 한케와 크리스토프 메첼더가 11월 5일로 생일이 같았다.

---

[*] 임의의 사건의 성공 확률은 p이므로, 첫 번째로 성공할 때까지 시도해야 하는 횟수는 $\frac{1}{p}$이다.

즉, $0.0154\cdots \approx \frac{1}{65}$ 이다

12 호로 바쿠이

수학과 학생들은 대체로 ─ 적어도 학부 1, 2학년 때는 ─ 공(호)에 대한 크나큰 경외심을 가진다. 수 0이 7이나 12와 다를 바 없는 동격의 수로 인정받는데 수백 년이 걸렸다는 것을 생각하면 그리 이상할 것도 없다. 이 문제를 이해하기 위해서는 게오르크 칸토어가 창시한 집합론이 현대 수학 제반의 기초를 마련했다는 것을 기억할 필요가 있다. 칸토어에 따르면, 집합이란 서로 다른 특정한 개체들을 모아 하나의 새로운 대상으로 만든 것이다. 집합은 수학을 전공하지 않는 사람들에게도 일상적인 문제다. '국회'나 '지자체'가 무엇을 의미하는지 모르는 사람은 없을 테니 말이다.

그런데 이런 집합에서 정작 집합시킬 것이 없다면 문제가 된다. '키가 3미터가 넘는 독일 사람의 집합' 같은 경우가 좋은 예다. 그러나 '쇼팽의 〈강아지 왈츠〉를 20초 내에 연주할 수 있는 우크라이나 피아니스트의 집합'이 위와 똑같은 개념으로 정의된다는 것은 선뜻 이해하기 힘들다. 어쨌든 이 두 가지는 소위 '공집합'을 잘 설명해 주는 예들이다.

집합론에서 공집합은(ϕ기호로 표기한다) 수에서의 0과 같은 중요한 역할을 한다. 공집합은 다른 집합과 더해져도 그 집합을 변화시키지 않는 집합이며, 이것은 공집합의 가장 대표적인 특징이다. 그래서 공집합으로부터 모든 수학이론을 발전시키는 것 또한 가능하다. 예를 들어 공집합을 0으로 보고, 1은 공집합을 유일한 원소로 갖는 집합을 가리키자. 큰 수들에 대해서는 지저분해지지만 원리는 같다.

그러나 '공집합이란 무엇인가?'를 이해했다고 해서 공집합이 야기하는 모든 어려움이 해결된 것은 아니다. 수학자들의 연구 대상에 포함되는 집합의 명제 중 '한 집합의 모든 원소는 이러이러한 속성을 지닌다.'의 형태의 명제가 특히 중요하기 때문이다. 공집합의 경우 그런 명제는 논리적으로 참이라고 받아들인다.

이렇게 공집합의 명제가 일상의 논리에 위배되는 예를 들어 보자.

만약 어떤 사람이 오늘 만나는 모든 거지에게 5유로를 주기로 결심했다고 하자. 그런데 오늘 거지를 한 명도 만나지 못했다.

공집합의 논리에 따르면, 그럼에도 불구하고 이 사람은 자신의 결심을 이행한 셈이다.

공집합은 0처럼 기능한다.

공집합이 수의 세계에서 0에 해당한다는 것을 조금 더 분명히 할 필요가 있다. 여기서 먼저 집합 A와 B의 합집합에 대해 알아보자. A와 B의 합은 A에 속한 원소와 B에 속한 원소, 그리고 A에 속하면서 B에도 속하는 모든 원소로 이루어진다. 만약 A집합의 원소가 2, 5, 6이고, B집합의 원소가 6, 8이라면, 두 집합의 합은 2, 5, 6, 8이라는 원소를 갖게 된다. 다른 예로, A가 베를린 미테(베를린의 구역 이름 – 옮긴이) 주민의 집합이고, B가 금발의 베를린 시민의 집합이라면, A와 B의 합에는 베를린 미테에 사는 빨강 머리의 주민도 포함된다.

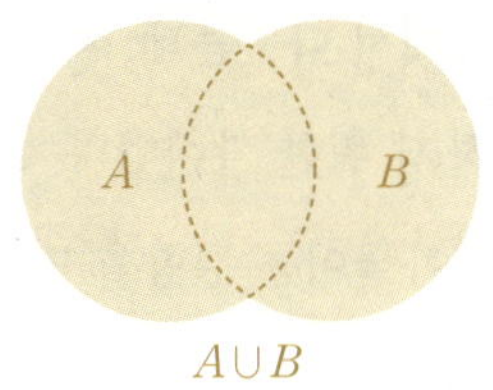

A와 B의 합집합은 $A \cup B$라고 쓴다(읽을 때는 'A와 B의 합집합'이라고 읽는다).

공집합은 합에 전혀 기여를 하지 않으므로 모든 집합 A에게 있어 $A \cup \phi = A$가 성립된다. 집합의 합을 수의 덧셈과 같다고 생각하면 $A \cup \phi = A$는 $x + 0 = x$와 같아진다.

A에도 속하고 B에도 속하는 원소는 $A \cap B$라고 쓴다(위의 예에서는 금발의 베를린 미테 주민이 이에 해당한다).

$A \cap B$는 'A와 B의 교집합'이라고 읽는다.

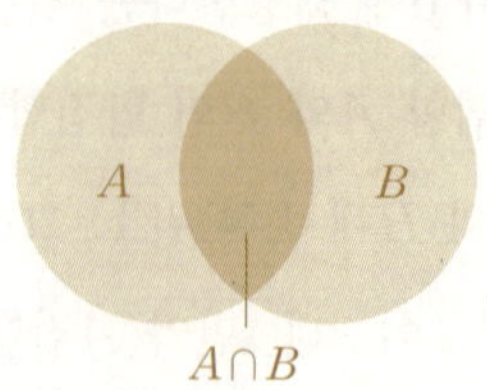

공집합은 어떤 원소도 가지지 않으므로, $A \cap \phi = \phi$이다.

'교집합은 수의 곱'이라는 비유를 적용하면, 공집합과의 교집합은 $x \times 0 = 0$에 대응한다.

'호로 바쿠이'는 라틴어로 '공(空)에 대한 공포'라는 뜻이다. 이 개념은 고대 그리스의 자연철학에서 나왔는데, 자연은 빈 공간(진공)을 좋아하지 않는다는 것을 표현하기 위한 말이었다. 그래서 실제로 진공은 존재하지만 기체나 액체를 빨아들이는 경향을 띤다.

13 수학 논리에 따르는 충분한 고통은 아마도 필수

필요조건과 충분조건

오늘의 주제는 인간의 논리적 기본자질에 관한 것이다. 일상에서 접하게 되는 수많은 인상들을 정리하기 위해 우리는 각각의 인상들 사이에 논리적 관계를 만들어낸다. 아주 자명한 사실 하나를 예로 들어 보자. '오늘은 공휴일이므로 우편배달부가 오지 않는다.' 아무도 역의 진술인 '우편배달부가 오지 않으니 오늘은 공휴일'과 헷갈리지는 않을 것이다. 그러나 사실 '우편배달부가 오지 않으므로 오늘은 공휴일이다?' 같이 이런 앞뒤 관계가 헷갈리는 경우는 생각보다 많다. 예를 들어 '옷이 날개다'라는 말이 있다. 부자들은 당연히 좋은 옷을 입을 것이다. 그러나 좋은 옷을 입었다고 해서 꼭 부자라고 할 수는 없다.

내용이 추상적이 되면 이 상황을 설명하기 더욱 힘들어진다. 여기서 '사다리꼴 논쟁'을 환기시켜 보자. 2003년 2월 '누가 백만장자가 될 것인가'(귄터 야우흐가 진행하는 독일 텔레비전 퀴즈쇼. 15개의 문제를 모두 맞히는

사람은 백만 유로의 상금을 받는다. ― 옮긴이)에서 '직사각형은 사다리꼴인
가?'라는 문제가 온 국민을 토론의 열기 속으로 몰아넣은 일이 있다. '사
다리꼴이란 두 변이 평행한 사각형이다.'라는 정의대로라면 대답은 '그렇
다'이다. 왜냐하면 직사각형에서 평행한 두 변을 찾아내는 일은 쉬우니까.
그러나 많은 사람들이 이 사실을 받아들이지 못했다. 반응은 대체로 "아
니, 수학자라는 사람이 어떻게 모든 사다리꼴이 직사각형이라는 무식한
말을 할 수가 있어?" 같은 구시렁거리는 것이거나 공격적인 것이었다(모든
사다리꼴이 직사각형이라는 이야기는 한 적도 없는데……).

결론을 맺겠다. 명제 p와 q의 관계가 항상 'p에서 q가 비롯된다.' 이
면, 수학자들은 p는 q의 충분조건이다(곧, q는 p의 필요조건이다)라고 표
현한다. 충분조건과 필요조건을 혼동할 위험은 매우 크다. '나는 혼동하
지 않을 자신 있다.'고 생각하는 사람은 다음의 명제가 참인지 아닌지 맞
혀 보라.

'이 도형은 사다리꼴이다'는 '이 도형은 직사각형이다'의 충
분조건이다(정답은 주석에 명시되어 있다).[*]

사다리꼴인가 아닌가?

'사다리꼴 논쟁'에 참여했던 사람들의 체면을 살려 주기 위해 한마디
하자면, 대부분의 교과서나 참고서에 실린 사다리꼴에 대한 설명은 상

---

[*] '이 도형은 사각형이다'가 '이 도형은 사다리꼴이다'의 충분조건이다.

 침팬지도 이해하는 5분 수학

당히 혼란스럽다. 어떤 책에는 사다리꼴에는 직각이 있어서는 안 된다는 보충설명이 달려 있을 정도다.

　수학자의 입장에서 보면 아주 비효율적인 일이다. 예를 들어 '모든 사다리꼴의 네 각의 합은 360도이다'라는 결과를 얻었고, 강력한 증명을 거쳐 얻은 결과이기 때문에 상당히 확신하고 있는 상태라고 해보자. 이제 직사각형을 살펴보자. 만약 ― 수학자들처럼 ― 직사각형을 사다리꼴의 특수한 형태로 본다면, '모든 사각형의 네 각의 합은 360도이다'라고 거침없이 말할 수 있다. 왜냐하면 이것은 이미 증명된 일반 명제의 특수한 경우이기 때문이다. 이렇게 생각하지 않을 경우 밑바닥부터 다시 시작해야만 한다. 언젠가 다시 나타날 제2의 사다리꼴 논쟁에서도 마찬가지다.

　대부분의 교과서에는 사다리꼴이 이런 모양이라고 되어 있다.

하지만 아래의 것도 사다리꼴이다.

개는 논리적 사고를 할까?

다음 그림에 나와 있는 '짖는 개는 물지 않는다. 우리 개는 짖지 않는다.'라는 팻말은 분명히 개 조심 경고를 유머러스하게 표현한 것이다. 'p에서 q가 비롯된다'('짖다'는 '물지 않는다'이다)에서 'p가 아닌 것에서 q가 아닌 것이 비롯된다'('짖지 않는다'는 '문다'이다)의 결과가 도출되었다. 물론 비논리적이지만 효과는 확실할 것 같다.

그림 12 │ 이 집에 들어가시겠습니까?

 침팬지도 이해하는 5분 수학

바꿀 것인가, 바꾸지 않을 것인가?

몬티 홀 문제

확률론은 역설로 가득 차 있다. 그래서 '건전한 이성'에 위배되는 명제들이 자주 발견되곤 한다. 몇 년 전에는 대중 언론매체를 타고 몬티 홀 문제라는 것이 널리 알려진 일이 있었다.

문제의 내용은 이렇다.

퀴즈쇼 진행자가 결승전에 올라온 출연자에게 세 개의 문 중 하나를 고르라고 한다. 세 개 중 하나의 문 뒤에는 상금(자동차)이 숨겨져 있고, 다른 문 뒤에는 '꽝'을 표시하는 염소 그림이 숨겨져 있다. 출연자가 문1을 선택했다고 치자. 그러면 진행자는 예를 들어 문3을 열어 보인다. 여기에는 염소 그림이 그려져 있었다.

이제부터가 중요하다. 진행자는 출연자에게 결정을 바꿀 수 있는 기회를 준다. 즉, 문1 대신에 문2를 선택하겠느냐고 묻는다.

‘아니오’라는 답에 우호적인 사실은 지금 벌어진 일과 상관없이 상금의 위치가 변하지 않았다는 점이고, ‘예’라는 답에 우호적인 점은 문3을 열어 보임으로 해서 새로운 상황이 생겨났다는 점이다.

선택을 바꾸어야 하는가, 바꾸지 말아야 하는가를 놓고 수학계 전체가 두 진영으로 갈라졌다. 이 일은 잡지에 실려 유명세를 탔고, 이것을 계기로 비수학자들 사이에서도 집중적으로 토론되었다. ‘예’를 지지하는 사람들은 ‘아니오’ 측의 사람들을 순진하다/케케묵었다/선험적이다란 말로 공격했다. ‘아니오’ 측의 사람들도 마찬가지였다. 이 사건에서는 여성과 남성의 성 대립 현상까지 나타났다.

‘예’의 열렬한 지지자 중에는 IQ가 높기로 소문난 메릴린 보스 새번트라는 미국의 여성 언론인이 있었는데, (남성)수학자들의 진영에서는 어차피 여자는 이런  문제에 대한 통찰력이 부족하니 끼어들지 말라는 권고의 목소리까지 새어 나왔다.

과연 누가 옳았을까? 메릴린이 옳았다. 출연자는 결정을 바꾸어야 한다. 왜냐하면 재선택을 하면 당첨확률이 $\frac{1}{3}$ 에서 $\frac{2}{3}$ 로 늘어나기 때문이다(그 이유는 곧 설명하겠다).

왜 바꾸는 것이 유리한가?

‘몬티 홀 문제에서 상품을 타기 위해서는 선택을 바꾸는 것이 유리하다’는 명제는 진실에 대한 어림일 뿐이다. 이 명제를 이해하기 위해, 그

리고 마침내 전체의 진실을 알아내기 위해서는 보다 자세한 분석이 필
요하다. 결코 얕잡아보아서는 안 되는 문제다. 이 문제에는 상당히 복잡
한 현상이 내재되어 있기 때문이다.

확률

먼저 확률론의 기본개념을 좀 알아봐야 한다. '확률이란 무엇인가?'
라는 철학적 토론부터 시작해야 하는 것은 아니니 안심해도 된다.

먼저 우연의 결과가 만들어지는 과정을 생각해 보
자. 예를 들어 주사위를 던진다든가 잘 섞인 스카트 카
드더미 속에서 한 장의 카드를 뽑는 것 정도면 되겠다.
주사위 던지기나 카드 뽑기를 여러 번 하다 보면 어떤
'경향'이 발견된다. 주사위를 던지는데 여섯 번에 한 번 꼴로 '4'가 나
온다든가, 카드를 뽑을 때 네 번에 한 번은 '하트'가 나온다든가 하는 식
으로 말이다. 이것은 각각, '주사위 던지기에서 '4'가 나올 확률은 $\frac{1}{6}$이
다', '카드 뽑기에서 '하트'가 나올 확률은 $\frac{1}{4}$이다'로 표현할 수 있다.
더 일반적으로 말하면 다음과 같다.

뽑기에서 나올 수 있는 결과 E의 확률은 다음의 속성을 지닌
수 p이다.

뽑기를 여러 번 반복하면, 행해진 뽑기 중 p만큼의 몫이 결과
E로 나타난다. 근사적으로만 옳은 말이지만, 뽑기를 반복할수록
좀 더 정확해진다. 이런 경우 $P(E)=p$라고 쓰고, 'E의 확률은
p와 같다'고 말한다. 여기서 대문자 P는 확률을 뜻한다.

위의 예에 적용하면, $P(4) = \dfrac{1}{6}$이고, $P(하트) = \dfrac{1}{4}$이다.

전체 중의 일부가 차지하는 몫은 언제나 0과 1 사이에 있기 때문에 확률도 마찬가지다. 또한 확률의 정의로부터 간단한 몇 가지 성질이 자명하다. 예를 들어, 만약 결과 E가 항상 특수한 결과 F의 조건들을 충족시킨다면 F의 확률은 E의 확률보다 크면 컸지 절대로 작지는 않다. 예를 들면 '4'는 짝수이다. 그러므로 주사위를 던져 짝수가 나올 확률은 (이 확률은 0.5다) '4'가 나올 확률보다 크다.

몬티 홀 문제에서는 여러 개의 확률이 작용한다. 예를 들면 세 개 중 어느 문 뒤에 자동차가 숨겨져 있을 확률이 가장 큰지 살펴보는 일은 상당히 흥미롭다. 과연 세 개의 문 모두 똑같은($\dfrac{1}{3}$의) 확률일까? 아니면 무대 입구에서 가까운 문 뒤에 있을 확률이 더 클까(사실, 자동차를 밀거나 끄는 일은 절대 쉬운 일이 아니다)?

조건부 확률

그 다음에 알아볼 것은 아주 중요한 원리인 '정보가 확률을 바꾼다'이다[예: 주사위 던지기에서 '4'가 나올 확률은 $\dfrac{1}{6}$이다. 그러나 주사위를 던진 후에(하지만 결과를 알기 전에) 짝수가 나왔다는 정보를 듣게 되면 상황이 달라진다. 방금 던진 결과는 분명히 '2', '4', '6' 중 하나일 것이다. 즉, '4'가 나올 확률이 $\dfrac{1}{3}$로 늘어난 것이다. 만약 정보의 내용이 "홀수가 나왔어!"이면 '4'가 나올 확률은 0으로 떨어진다].

한 마디로 말해, 추가 정보가 있는 경우 확률에는 온갖 가능한 일이 다 일어날 수 있다. 즉 그대로일 수도, 높아질 수도, 낮아질 수도 있다.

현실에서도 똑같은 일이 벌어진다.[*] 매일 같은 길을 운전해서 출근한다고 해보자. 왼쪽 차선에 차가 더 잘 빠지는 것을 보니 차선을 바꾸고 싶다. 이때 앞에 가던 차가 다음 사거리에서 좌회전을 할 확률은 얼마나 될까가 관심이다(만약 좌회전을 한다면 당신은 차선을 바꾸어야 할 것이다. 왜냐하면 당신은 직진을 하고 싶기 때문이다). 사실 이런 일은 잘 일어나지 않아서, 스무 명 중 한 명만이 좌회전을 한다고 하자. 즉 '좌회전'의 확률은 $\frac{1}{20}$이다. 하지만 하필이면 앞차의 번호판이 다음 사거리에서 좌회전을 해야만 갈 수 있는 도시의 번호판이라면 이야기가 달라진다. 이 경우, 그 차가 좌회전할 확률은 당연히 높아진다.

앞으로의 논의를 위해 이제까지 말한 것을 더 정확히 표현해 보자. E를 하나의 사건이라고 할 때, E가 일어날 확률은 $P(E)$라고 한다. 그리고 F를 추가 정보라고 할 때(F를 감안할 때), E가 일어날 새로운 확률은 $P(E|F)$라고 쓰고 'F 하에서 E의 확률'라고 읽는다. 이것을 수 $P(E|F)$는 F 하에서 E의 조건부 확률이라고 부른다.

위의 예에서 E는 주사위를 던져 '4'가 나오는 사건이고, F는 주사위를 던진 결과가 짝수라는 정보였다. 그래서 $P(E|F) = \frac{1}{3}$이다.

이를 일반화하면 먼저 $P(F)$ (F의 확률)와 $P(E \cap F)$ (E와 F가 동시에 나타날 확률)를 정한다. 그러면 $P(E|F)$는 다음과 같이 정의된다.

$$P(E|F) = \frac{P(E \cap F)}{P(F)}$$

이제 예에 적용해 보자. 주사위 던지기에서 짝수가 나올 확률은 모든

결과의 반에 해당하므로 $P(F)=\frac{1}{2}$이다. '$E \cap F$'는 '4'가 나오면서 짝수가 나오는 결과이다. 이것은 '4'가 나올 때뿐이다. 그러므로 $P(E \cap F)=\frac{1}{6}$이다. 대입하면 다음과 같다.

$$P(E \mid F)=\frac{P(E \cap F)}{P(F)}=\frac{\frac{1}{6}}{\frac{1}{2}}=\frac{1}{3}$$

다음은 평범한 스카트 게임을 예로 들어 보자. $E=$ '스페이드 에이스'일 확률은 $\frac{1}{32}$이다. 이 카드는 스카트 카드 한 벌 속에 단 한 장만 들어 있기 때문이다. 하지만 누군가 카드를 슬쩍 보고 검정색 카드가 뽑혔다고 말해준다면, '스페이드 에이스'를 뽑을 확률은 $\frac{1}{16}$로 높아진다. $F=$ '검정색 카드'일 때 $P(F)=\frac{1}{2}$이고(전체 카드의 반은 검정색이다), $P(E \cap F)=\frac{1}{32}$이므로($E \cap F$ 둘 다를 만족시키는 카드는 '스페이드 에이스'뿐이다) 다음 식이 성립한다.

$$P(E \mid F)=\frac{P(E \cap F)}{P(F)}=\frac{\frac{1}{32}}{\frac{1}{2}}=\frac{1}{16}$$

베이즈 정리

재미있게도 조건부 확률에서는 소위 '역'이라는 것이 가능하다. 여기에 필요한 것이 '베이즈 정리'다. 일상생활에서 쉽게 접할 수 있는 문제로는 다음과 같은 것이 있다.

집에 친구들이 놀러 왔다가 모두 돌아간 뒤에 보니 가장 아끼는

DVD 한 장이 사라졌다. 친구 한 명이 말없이 물건을 '빌려가는' 경향을 가지고 있다는 걸 안다. 여러분은 누구를 의심해야 하는 걸까?

이것을 알아내기 위한 가장 좋은 방법은 베이즈 정리를 다음과 같이 적용하는 것이다. 미리 세 개의 등급을 정해놓고, 가능한 결과들을 이 세 등급에 귀속시키는 실험을 한다. 이 세 등급을 B_1, B_2, B_3라고 부르자. 여기서 중요한 것은 등급들이 겹치지 않게 하는 것이다.

주사위 던지기의 예를 보자. 다음의 세 가지 등급을 만들 수 있다.

B_1: '1' 혹은 '2'가 나왔다.

B_2: '3' 혹은 '4'가 나왔다.

B_3: '5' 혹은 '6'이 나왔다.

이 실험에서 나올 수 있는 가능한 결과를 부르는 말이 필요하다. 이것을 A라고 하자(예: '주사위를 던져 소수가 나왔다'). 조건부 확률 $P(A|B_1)$, $P(A|B_2)$, $P(A|B_3)$과 $P(B_1)$, $P(B_2)$, $P(B_3)$를 이미 알고 있다면, '역'의 조건부 확률 $P(B_1|A)$, $P(B_2|A)$, $P(B_3|A)$를 계산할 수 있게 된다.

$$P(B_1|A) = \frac{P(A|B_1)P(B_1)}{P(A|B_1)P(B_1)+P(A|B_2)P(B_2)+P(A|B_3)P(B_3)}$$

$$P(B_2|A) = \frac{P(A|B_2)P(B_2)}{P(A|B_1)P(B_1)+P(A|B_2)P(B_2)+P(A|B_3)P(B_3)}$$

$$P(B_3|A) = \frac{P(A|B_3)P(B_3)}{P(A|B_1)P(B_1) + P(A|B_2)P(B_2) + P(A|B_3)P(B_3)}$$

이것이 베이즈 정리다.[*]

여기서 베이즈 정리의 증명은 하지 않겠다. 그 대신 이해하기 쉽게 예를 들어 보겠다. B_1, B_2, B_3는 앞서와 같다고 하자(B_1은 '1' 혹은 '2'가 나왔다. B_2는⋯⋯). 그리고 A를 '주사위를 던져 나온 수가 3보다 큰 수이다'라고 하자. 앞 문단에서 설명한 계산을 적용하면 다음과 같은 식이 만들어진다.

$$P(A|B_1) = 0$$

$$P(A|B_2) = \frac{1}{2}$$

$$P(A|B_3) = 1$$

또한 $P(B_1) = P(B_2) = P(B_3) = \dfrac{1}{3}$이라는 것이 분명하다.

이제 주사위를 던졌는데 결과가 A의 범위 안에 들어 있다고 하자(3보다 큰 수가 나왔다). 그렇다면 B_2 안에 결과가 들어 있을 확률은 얼마나 될까? 이제 베이즈 정리를 이용하자.

$$P(B_2|A) = \frac{P(A|B_2)P(B_2)}{P(A|B_1)P(B_1) + P(A|B_2)P(B_2) + P(A|B_3)P(B_3)}$$

---

[*] 베이즈 정리에서는 B_1, B_2, B_3의 세 등급이 아니라, 더 일반적으로 n개의 등급으로, 즉 B_1, B_2, ⋯, B_n으로 나눈다.

$$P(B_i|A) = \frac{P(A|B_i)P(B_i)}{P(A|B_1)P(B_1) + \cdots + P(A|B_n)P(B_n)}$$

수 $i = 1, 2, \cdots, n$을 대입하면 된다.

 침팬지도 이해하는 5분 수학

$$= \frac{\left(\frac{1}{2}\right)\cdot\left(\frac{1}{3}\right)}{0\cdot\left(\frac{1}{3}\right)+\left(\frac{1}{2}\right)\cdot\left(\frac{1}{3}\right)+1\cdot\left(\frac{1}{3}\right)}$$

$$= \frac{1}{3}$$

$P(B_1 \mid A) = 0$이고, $P(B_3 \mid A) = \frac{2}{3}$라는 것은 베이즈 정리로 비슷하게 계산할 수 있었다.[*]

몬티 홀 문제를 위한 최상의 전략: 표준 변수

자, 이제 알아야 할 것을 알았으니 선택을 바꾸는 것이 정말 유리한지 자세히 살펴보자. 먼저 자동차가 숨겨져 있는 확률을 짚어 보자. 여기에는 다음의 약어를 사용할 것이다.

B_1: 자동차는 문1 뒤에 숨겨져 있다.

B_2: 자동차는 문2 뒤에 숨겨져 있다.

B_3: 자동차는 문3 뒤에 숨겨져 있다.

이 세 개의 가능성이 똑같은 확률이라면 식은 다음과 같다.

$$P(B_1) = P(B_2) = P(B_3) = \frac{1}{3}$$

좀 순진해 보이기는 해도 딱히 반박할 만한 근거가 없으니 일단 이 가

---

[*] 이 경우에는 직접 계산하는 것도 그리 어렵지 않다. 결과는 당연히 같게 나온다.

정에서 시작하기로 하자.

이제 긴장되는 선택의 순간이 왔다. 출연자는 문1을 선택한다. 퀴즈쇼 진행자는 문3 뒤에 있는 염소를 보여 주고, 출연자는 문1에서 문2로 바꿀 것인지 결정을 내려야 한다. 분석은 다음과 같다.

먼저 '진행자가 문3 뒤의 염소를 보여 준다.'라는 사건을 A라고 줄여 부르자. 이 정보를 알고 나니, 자동차가 문1 뒤에 있을지 문2 뒤에 있을지에 관심이 쏠린다. 앞서 설명한 개념을 동원하면, $P(B_1|A)$와 $P(B_2|A)$의 관계가 어떤 것인지 궁금해지는 것이다. 두 개의 가능성은 과연 같을 것인가(같다면 바꿀 필요가 없다), 아니면 두 번째 가능성이 더 클 것인가(그렇다면 바꾸어야 한다)?

이것은 베이즈 정리를 사용할 수 있는 전형적인 예다. 이 정리를 사용하기 위해서는 $P(A|B_1)$, $P(A|B_2)$, $P(A|B_3)$가 더 필요하다.

$P(A|B_1)$의 크기는 얼마인가? 풀어서 말하면, 만약 자동차가 문1 뒤에 숨겨져 있다고 했을 때, 퀴즈 진행자가 문3을 열어 보일 확률은 얼마인가 하는 것이다. 왜냐하면 문2를 열어도 되기 때문이다(아니면 아예 처음부터 정답을 알려 주든가). 퀴즈 진행자가 문2와 문3을 열 가능성이 반반이라고 가정하면, $P(A|B_1)=\dfrac{1}{2}$이 된다.

$P(A|B_2)$는 더 쉽다. 자동차가 문2 뒤에 숨겨져 있을 때, 퀴즈 진행자가 문3을 열 가능성은 얼마일까? 당연히 1이다. 왜냐하면 문2는 열어서는 안 된다(문2 뒤에는 자동차가 있으니까). 그리고 문1은 출연자가 이미 선택한 문이므로, 문1도 열 수 없다.

$P(A|B_3)$를 구하는 것도 역시 어렵지 않다. 답은 0이다. 자동차가

들어 있는 문을 열리가 없기 때문이다. 자, 이제 정리해 보자.

$$P(A\,|\,B_1)=\frac{1}{2},\,P(A\,|\,B_2)=1,\,P(A\,|\,B_3)=0$$

다음으로는 베이즈 정리를 적용한다.

$$P(B_1\,|\,A)=\frac{P(A\,|\,B_1)P(B_1)}{P(A\,|\,B_1)P(B_1)+P(A\,|\,B_2)P(B_2)+P(A\,|\,B_3)P(B_3)}$$

$$=\frac{\left(\frac{1}{2}\right)\cdot\left(\frac{1}{3}\right)}{\left(\frac{1}{2}\right)\cdot\left(\frac{1}{3}\right)+1\cdot\left(\frac{1}{3}\right)+0\cdot\left(\frac{1}{3}\right)}$$

$$=\frac{1}{3}$$

$$P(B_2\,|\,A)=\frac{P(A\,|\,B_2)P(B_2)}{P(A\,|\,B_1)P(B_1)+P(A\,|\,B_2)P(B_2)+P(A\,|\,B_3)P(B_3)}$$

$$=\frac{1\cdot\left(\frac{1}{3}\right)}{\left(\frac{1}{2}\right)\cdot\left(\frac{1}{3}\right)+1\cdot\left(\frac{1}{3}\right)+0\cdot\left(\frac{1}{3}\right)}$$

$$=\frac{2}{3}$$

즉, $P(B_1\,|\,A)$는 '바꾸지 말라!' 전략으로, $P(B_2\,|\,A)$는 '바꿔라!' 전략으로 자동차를 탈 확률을 의미하는 것이므로, '바꿔라!' 전략이 상품 당첨의 가능성을 두 배로 올린다는 결론이 나온다.

몬티 홀 문제: 그것이 알고 싶다

앞서의 분석을 주의 깊게 살피며 따라온 사람은 '바꿔라, 당첨 확률이 두 배로 높아진다!'라는 명제에 이르기 위해 몇 개의 가정이 필요했음을 기억할 것이다. 예를 들어 $P(A|B_1)=\frac{1}{2}$이라고 가정했었다. 사실 이것은 불가피한 것은 아니다. 퀴즈 진행자는 가능하다면(즉 문3 뒤에 자동차가 숨겨져 있지 않다면) 항상 문3을 열지도 모른다. 이것을 일반적으로 서술하기 위해, $P(A|B_1)=p$라고 하자. 여기서 p는 0에서 1 사이의 수이다. 그러면 앞서와 같은 분석을 통해 다음을 얻는다.

$$P(B_1|A)=\frac{p}{1+p},\ P(B_2|A)=\frac{1}{1+p}$$

$p<1$이므로 여기서도 역시 바꾸는 것이 유리하다고 나오지만(두 수 중 앞의 것이 항상 더 작으므로), 그 차이는 그렇게 크지 않을 수도 있다.

혹은 다른 접근방식도 있다.[*] 여기서 출연자는 다른 전략을 사용한다. 퀴즈 진행자의 의사에 상관없이 출연자가 '무조건' 결정을 바꾸는 것이다. 이 경우 다음과 같은 논증이 가능하다.

- 원래의 선택에서(그리고 선택을 바꾸지 않을 경우에도) 자동차를 탈 확률은 $\frac{1}{3}$이다. 왜냐하면 애초에 자동차를 숨길 때 모든 문에 똑같은 가능성이 부여되기 때문이다.
- 선택을 바꿀 경우에는 첫 번째 선택이 틀렸을 때에만 자동차를 탈 수 있다. 이때의 확률은 $\frac{2}{3}$다.

---

[*] 이 점을 지적해 주신 하이델베르크의 디터 푸페 교수에게 감사의 말을 전한다.

이것을 조금 더 상세히 설명해 보겠다. 자동차가 문1, 혹은 문2, 혹은 문3 뒤에 숨겨져 있을 확률을 p_1, p_2, p_3라고 하면 — 문1을 골랐을 때 — 결정을 바꾸지 않고 자동차를 탈 확률은 p_1과 같고, 결정을 바꾸고 자동차를 탈 확률은 p_2+p_3와 같다.

이 두 번째 분석에서 퀴즈 진행자가 아무런 역할도 하지 않는 것 때문에 좀 혼란스러워하는 독자도 있을 것이다. 그러나 자세히 들여다보면 두 분석 방법이 모두 옳다는 것을 알 수 있다.

첫 번째 분석에서는 문1이 선택되고, 문3(염소가 그려져 있는)이 열린 상태에서 분석이 시작됐다.

두 번째 분석에서는 상황이 다르다. 퀴즈 진행자의 역할은 전혀 중요하지 않다. 그리고 무조건 결정을 바꾼다. 어쨌든 상이한 정보가 상이한 확률을 만든다는 것은 직관적으로 이해하기 어려운 문제다.

15 힐베르트의 호텔에는 항상 빈 방이 있다

힐베르트의 호텔

무한성은 수학의 많은 주제들 중 하나다. 그러나 수학자들이 다루는 무한성은 다소 생소한 법칙의 지배를 받기 때문에 일반인에게는 좀 적응이 안 되는 주제이기도 하다. 여기서는 가장 단순한 자연수의 무한집합, 즉 $1, 2, 3, \cdots, n, \cdots$의 경우를 다루도록 하겠다. 1638년의 『새로운 두 과학에 대한 논의 및 수학적 설명』에서 갈릴레이는 무한의 세계에서 나타나는 기이한 현상에 대해 서술하고 있다. 당시 살비아티는 (위 책의 등장인물) 자연수만큼 무한히 많은 제곱수 $1, 4, 9, 16, \cdots, n^2, \cdots$이 있다는 것을 발견했기 때문이다. 머릿속에 종이를 하나 놓고 윗줄에는 무한히 계속되는 자연수를, 그 아랫줄에는 그 수의 제곱수를 두 줄로 나란히 적어 보라. 그러면 하나의 무한집합에서 일부를 제거해도 '똑같은 개수만큼'이 그대로 존재한다는 것을 알게 된다.

수학자 다비드 힐베르트(1862~1943)는 '힐베르트의 호텔'이라는 이

름으로 알려져 있는 재미있는 비유를 생각해 냈다. 이 호텔에는 1, 2, 3, …, n, …의 번호가 붙은 무한히 많은 수의 방이 있다. 연휴를 맞아 호텔은 만원이다. 그런데 밤늦게 손님이 도착해 방을 하나 달라고 한다. 이런 경우 보통은 손님을 돌려보내지만 힐베르트의 호텔은 다르다. 1호 방의 손님에게 2호 방으로 옮겨 달라고 한다. 2호 방 손님은 3호 방으로 옮기고, 3호 방 손님은 4호 방으로……, 이런 식으로 계속한다. 그러면 1호 방이 비게 되고, 새로 온 손님이 그 방에 든다. 이제 모두 조용히 잠을 잘 수 있다, 고 생각했지만 잠시 후 여덟 명의 손님이 들이닥친다. 이 여덟 명의 손님은 다 따로 여행하는 사람들이고, 모두 독방을 원한다. 이제 1호 손님은 9호로, 2호 손님은 10호로, 이런 식으로 다시 방을 옮겨야 한다.

　무한집합을 체계적으로 연구하기 시작한 것은 19세기에 들어서였다. 이 분야의 개척자는 독일의 수학자 게오르크 칸토어다. 그러나 칸토어는 이것 때문에 많은 동료 수학자들에게 따돌림을 당해야만 했다. 칸토어의 반대자들은 수학의 대상은 구체적이고 구성 가능한 것이어야 한다고 주장했다. 현대에 이르러 칸토어의 수학자로서의 명예는 완전히 회복되었다. 그리고 무한은 오늘날 수, 기하학적 도형, 확률 등과 같이 수학자들이 매일 사용하는 도구가 되었다.

그럼 잠은 언제 자냐고요!

그나저나 한밤중의 소동은 아직 끝나지 않았다. 호텔 근처의 역에 무수히 많은 여행객들이 도착했기 때문이다. 여행객들은 지쳐 있고, 원래 힐베르트의 호텔에 예약이 되어 있던 사람들이다.

그러나 호텔은 빈 방이 없이 꽉 찼다. 그럼 이 사람들을 모두 돌려 보내야 할까? 그럴 수는 없다. 모두에게 전화를 걸어서 다시 한 번 이동이 시작된다. 1호 손님은 2호로, 2호 손님은 4호로, 3호 손님은 6호로……(즉 방 번호가 계속해서 두 배의 수로 바뀐다). 이렇게 하면 홀수 번호를 가진 모든 방이 비게 된다. 새로 도착한 손님들은 홀수 번호의 방에 든다.

지금 하고 있는 것이 비록 무한성의 현상을 알기 쉽게 설명하기 위한 사고 실험이긴 하지만, 위의 해결책에 대한 현실적인 반론을 하나 짚고 넘어가지 않을 수 없다. 지금 n호 방에 묵고 있는 손님 n은 $2n$호 방으로 옮겨야 한다. n이 작은 수일 때는 짧은 거리이기 때문에 별 문제없이 금방 이동할 수 있지만, 만약 n이 엄청나게 큰 수일 경우 현재의 방에서 새로운 방으로 이동하는 데 어마어마한 시간이 들 것이다. 그러니 호텔 손님들이 축지법 같은 것을 쓰지 않는 한 이 이동은 유한의 시간 내에 이루어질 수 없다.

이런 문제는 이미 맨 처음 상황에도 해당된다. 방을 옮겨야 한다는 사실을 모든 손님에게 동시에 알릴 수 있다면 문제가 없다. 모두 동시에 짠! 하고 옮긴 뒤, 10분 뒤에는 편히 잠들 수 있을 테니까. 하지만 누구나 알고 있듯이 빛의 속도보다 빠른 연락 방법은 없기 때문에, 가장 멀리 떨어진 방에서는 아마 다음날 아침이나 되어야 이동 소식을 전해 들을 수 있을 것이다.

16 파이 곱하기 지름

π(파이)

만약 수학자들을 대상으로 설문조사를 해서 가장 중요한 수를 하나 꼽으라고 한다면 아마 원주율 π(파이)가 뽑힐 것이다. π가 기하학에서 중요한 역할을 한다는 것은 일반적으로 널리 알려진 사실이다. '원주＝π×지름'과 같은 공식을 아느냐 모르느냐는 학교 시험성적에도 지대한 영향을 끼친다.

사실 '원주율'은 수학의 거의 모든 분야에서 접하게 되는 수다. 심지어 눈을 씻고 봐도 원 비슷한 것은 찾아볼 수 없는 분야에도 π는 존재한다. π가 확률론에서 중요한 역할을 한다는 사실은 몇 년 전 모든 10마르크 지폐를 들여다보기만 해도 알 수 있다.(여기서 π는 수학자 가우스의 얼굴 옆에 그려진 종형곡선의 공식 속에 들어 있다).[*]

---

[*] 25장 참조

π는 수로서도 아주 특별하다. 예를 들어, 원 모양의 밭에 뿌릴 씨를 계산하기 위해 π를 공식에 대입하고 싶으면 $\pi=3.14$라고 소수점 몇 자리까지만 끊어서 사용하면 된다. 하지만 이미 입증되었듯이, 소수점 뒷자리가 아무리 길어져도 이 수를 정확히 표현할 수는 없다. π라는 수를 정확히 알고 싶으면 무한한 소수점 뒷자리가 필요하다는 말이다. 사실 π에는 '초월수'로, 수의 서열에서 가장 복잡한 수에 속하는 수다. 이 사실은 이미 19세기에 증명되었다. 이때 2,000년 동안 풀리지 않고 있던 '원적법'(33장 참조)에 대한 문제도 함께 해결되었다.

모든 소수점 뒷자리를 구하는 것이 불가능하다면 최대한 많이 구하는 수밖에 없다. 수학계에서는 실제로 정교한 이론과 컴퓨터를 동원해 가장 꼬리가 긴 π 구하기 경쟁이 벌어지고 있으며, 신기록도 계속해서 나오고 있다. 지금까지의 기록은 수십억 자리에 달한다. 이러한 사실은 π가 아직도 수많은 비밀을 간직하고 있다는 것을 말해 주며, 사람들은 계산을 통해 이 비밀의 열쇠를 찾으려 한다.

끝으로, π는 수학자뿐 아니라 수학 비전공자들에게도 매혹적인 수라는 것을 언급해야 할 것 같다. π 팬클럽도 있고, 몇 년 전에는 π에 대한 영화도 나왔다. 지방시에서 만든 향수 π가 그 영화에 잘 어울리지 않을까?

성경 속의 π

행간을 읽을 수 있는 사람이라면 성경 속에서도 π를 찾을 수 있다.

"(히람이) 또 바다를 부어 만들었으니 그 직경이 십 규빗이요,

그 모양이 둥글며 그 고는 다섯 규빗이요, 주위는 삼십 규빗 줄을

두를 만하며"(열왕기상 7장 23절)

여기서 '바다'는 솔로몬의 성전 앞에 있는 성수 그릇을 의미한다. 우리는 이것을 둥근 원모양으로 상상할 수 있다. 그러면 성경 텍스트에서 아래와 같은 정보를 알 수 있다.

$$원주 \div 지름 = 3$$

π구하기 대회에서라면 꼴찌를 했을 수치다. 반면에 바빌로니아와 이집트 사람들은 $\pi \approx \dfrac{22}{7} = 3.142\cdots$ 라는 수로 훨씬 정확한 근사치를 냈다. 그러나 이 부정확함은 성수 그릇 위의 테두리를 재지 않고 아래 부분을 측정했기 때문일 수도 있다.

π에 대한 몇 가지 추정

π에 대한 사실 몇 가지는 수학적 지식을 거의 동원하지 않고도 설명할 수 있다. 정사각형 속에 든 원을 하나 상상해 보자(그림 14의 왼쪽 그림).

원이 정사각형과 만나는 하나의 접점에서 반대편의 접점까지 원을 따라가면 원주의 반에 해당하는 거리를 통과하게 된다. r이 반지름이라고 했을 때 이 거리는 $\dfrac{2 \times \pi \times r}{2} = \pi \times r$이 된다. 정사각형의 테두리의 길이가 $4 \times r$이라는 것을 생각하면 이미 다 설명된 셈이다.

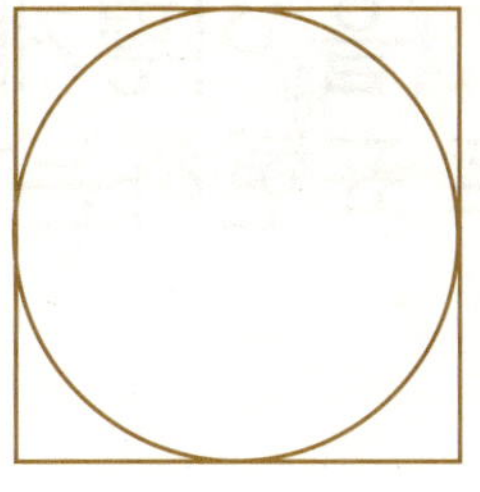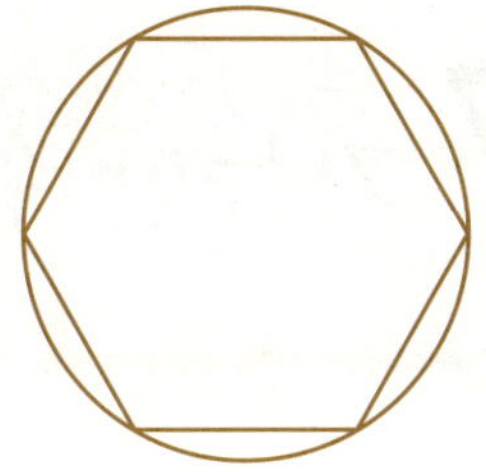

$\pi \times r$은 $4 \times r$보다 작다. 이 부등식에서 r을 제거하면 'π는 4보다 작다'는 결과를 얻을 수 있다. 이것과 비슷한 방식으로 π가 3보다 크다는 사실도 설명할 수 있다.

이번에는 하나의 육각형을 둘러싸고 있는 원을 상상해 보자(그림 14의 오른쪽 그림 참조). 육각형의 모서리를 따라가면 원이 육각형과 만나는 접점과 그 반대편 접점 사이의 거리가 정사각형 때보다 짧다. 육각형의 모서리 세 개를 따라가면 접점과 그 반대편 접점을 연결할 수 있는데, 이때 각 모서리의 길이는 r(원의 반지름)과 같다. 그러므로 $3 \times r$은 $\pi \times r$보다 작다. 즉, 3은 π보다 작다.

위의 그림에는 다른 정보가 하나 더 숨어 있다. 정사각형을 따라가는 길은 원 위로 가는 길보다 훨씬 멀다. 그러나 육각형을 따라가는 길은 원 위로 가는 길보다 조금 짧을 뿐이다. 이것은 π가 4보다 3에 훨씬 가까이 위치하고 있음을 알려 준다.

17 알 수 없는 우연을 어떻게 계산 가능한 수치로 표현하는가?

확률론의 극한명제

우연이란 사전에 계산 될 수 있는 성질의 것이 아니다. 아무리 똑똑한 수학자라도 게임에서 이기고 질 확률 이상의 것을 계산해 내지는 못한다.

그러나 이것은 진실의 단면일 뿐이다. 무작위성의 영향력이 증가할수록 불확실성은 점점 줄어든다. 각각 50퍼센트의 똑같은 확률로 '그림'이나 '수'가 나오는 동전 던지기를 예로 들어 보자. 동전 던지기는 어떤 일을 결정하기 힘들 때 공정한 수단으로 사용된다. 예측은 불가능하기 때문이다. 그러나 동전을 열 번 던져서 '그림'이 나오는 횟수를 세면 평균적으로는 뚜렷한 치우침이 나타난다. 동전을 열 번 던졌을 때 '그림'이 다섯 번 나올 확률(약 25%)은 열 번 나올 확률(천 분의 일)보다 훨씬 크다. 동전을 던지는 횟수가 많아지면 이런 경향은 더욱 커진다. 동전을 여러 번 던지면 던질수록 '그림'이 나오는 횟수는 시도한 총 횟수의 절반을 중심으로 하는 작은 구간에 압도적으로 집중된다.

이 현상의 수학적 근거는 가장 중요한 확률론의 극한정리 중 하나다. 극한정리의 결과들은 예측불허의 상태에서 결정적 사실로 넘어가는 과정을 잘 보여 준다. 이런 사실은 이론적 견지에서만 흥미로운 것이 아니다. 양자역학에서 말하듯 미시 세계에서는 우연한 과정들이 지배한다. 단지 상상을 초월하는 우연의 과정들이 겹쳐 있기 때문에 세계는 원래 이렇게 결정지어져 있다는 환상을 가지는 것뿐이다. 선거 날 저녁의 결과 예측도 같은 원리를 따른다. 아직 알려지지 않은(예를 들어, 독일의 선거에서 사민당이 얻은 표의) '확률'도 작은 비율의 개표 결과만 알아도 상당히 정확하게 계산할 수 있다.

이런 이유로 슈퍼마켓에 가는 손님이나 교통국의 열차 운행시간 담당자도 극한정리에 의지할 수 있는 것이다. 어느 날 갑자기 모든 손님이 베이킹파우더를 산다든가 역 근처에 사는 사람들이 모두 8시 50분 열차를 타는 일은 극히 드물지 않겠는가.

자기 사업을 시작하라

수많은 극한정리들이 가지는 공통점은 우연적 영향이 겹칠수록 우연은 점점 더 줄어든다는 것이다. 용돈을 벌어볼 목적으로 거리축제에 리어카를 끌고 나와 주사위 도박장을 연다고 해보자. 계산이 너무 복잡해지지 않도록 손님들은 단 한 번만 주사위를 던질 수 있게 하자. 주사위를 던져서 '6'이 나오면 상금으로 30유로를 받는다. 다른 숫자가 나오면 꽝이다. 각 게임마다 $\frac{1}{6}$의 확률로 30유로가 나간다. 즉, $\frac{1}{6} \times 30 = 5$이므로 매번 5유로가 나간다고 생각하면 된다. 그렇다면 게임비는 적어도 5유로보다 많아야 한다. 손해 보는 장사를 할 수는 없지 않은가. 게임비를 7유로라고 하자. 이 때 손님 한 명이 가져오는 이익은 얼마나 될까? $\frac{1}{6}$의 확률로(상금 30유로에서 게임비 받은 것 7유로를 빼면) 23유로의 손해를 볼 것이고, $\frac{5}{6}$의 확률로 7유로를 벌어들일 것이다. 그러므로 손님 한 명당 평균적으로 들어오는 돈은 다음과 같다.

$$-\frac{1}{6}\cdot 23+\frac{5}{6}\cdot 7=\frac{-23+35}{6}=2$$

어느 날 운이 좋아서 손님이 300명 온다면 $2\times 300=600$유로의 수입을 기대할 수 있다. 그리고 확률론의 중심극한정리에 따르면 — 손님이 300명일 때 — 600유로의 이득을 볼 확률은 거의 100퍼센트다. 하필이면 전날 돼지꿈을 꾼 손님들만 찾아와서 하루 수입이 550유로일 가능성은 아주 희박하다. 반면 650유로가 넘는 수입도 기대하기 힘들다.

우연이 자취를 감추다

다음으로는 중심극한정리에 대한 예 하나를 소개하겠다. 일단 공정한 동전을 열 번 던진다고 해보자. 여기서 '그림'은 평균 다섯 번 나올 것이다. 자세한 확률은 다음과 같다.

그림이 나올 경우의 수	확률
5회	24.6%
4~6회	54.2%
3~7회	77.4%

이제 동전을 100번 던진다.

그림이 나올 경우의 수	확률
50회	7.95%
45~55회	72.9%
40~60회	96.5%

다음은 1,000번 던졌을 때의 값이다.

그림이 나올 경우의 수	확률
500회	2.52%
490~510회	49.2%
480~520회	80.6%
470~530회	94.6%

정확하게 500번 '그림'이 나오는 것을 기대하기는 힘들지만 편차가 많아야 30번인 것은 6퍼센트보다 작다.

확률이 점차 줄어드는 것을 눈으로 확인하는 것도 가능하다. 50퍼센트의 확률로 1유로를 따거나 잃는 게임을 상상해 보자. 각 게임의 값을 $x_1, x_2, \cdots, x_n$이라고 하자. 예를 들어 1, 1, -1, 1, -1, $\cdots$이 나올 수 있다. n번째 판까지 게임을 했을 때 얻을 총 이득을 계산하기 위해서는 처음에 나오는 수의 합만 구하면 된다. 이 예에서는 $n=1, 2, 3, \cdots$일 때 수는 1, 2, 1, 2, 1, $\cdots$이다. 평균적으로 얻게 될 이득을 계산하기 위해서는 n번째까지의 총 이득을 n으로 나누면 되는데 그 값은 다음과 같다.

$$1, 1, \frac{1}{3}, \frac{1}{2}, \frac{1}{5}, \cdots$$

특기할 점은 이 수들이 점점 0에 가까워진다는 것이다. 다음 그림은 평균 이득이 어떻게 변해 가는지를 보여 준다. 처음에는 그래프가 행운과 불운 사이를 왔다 갔다 한다. 그 다음에는 불운이 이어지다가 점점 행운을 가리키는 위쪽을 향한다. 그러나 장기적으로 봤을 때 이득을 보거나 손해 볼 확률은 거의 같다. 즉, 평균 이득이 0을 향해 간다는 것이다.

그림 15 | 우연이 자취를 감추다……

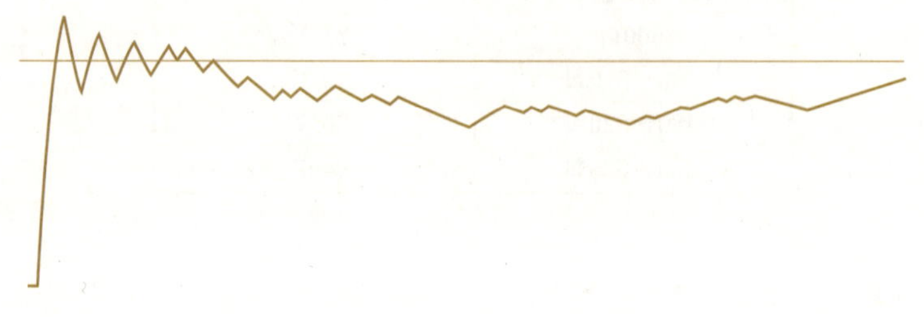

백만 달러 상금: 소수는 어떻게 분포되어 있는가?

소수 분산

이번 장에서는 다시 소수에 대한 이야기를 해보자. 소수는 2,000년 전 처음으로 연구되기 시작한 이래 꾸준히 그 매력을 잃지 않고 있다(건망증이 심한 독자들을 위해 덧붙이자면 소수는 자신보다 작은 수들의 곱으로 쓸 수 없는 수를 말한다. 그러므로 7과 19는 소수이지만, 20은 소수가 아니다). 이제까지 지구상에 살았던 수학자들 중 가장 위대한 인물 중 하나인 카를 프리드리히 가우스도 소수의 매력에 빠져들었다. 가우스는 모든 수의 집합에서 소수가 어떻게 분포되어 있는지 알고 싶어 했다. 쉽게 말하면 우리가 알지 못하는 '아주 큰 수의 세계'에는 얼마나 많은 소수가 존재하는가가 그의 관심사였다.

일단 두 가지 사실은 명백하다. 첫째, 소수는 불규칙하게 나타난다. 1에서 100 사이의 소수에만 특정한 표시를 하면 다소 무작위적인 패턴이 만들어진다. 두 번째는 큰 수보다 작은 수가 소수일 가능성이 크다는 것인데, 큰 수에는 잠재적인 약수가 존재할 가능성이 많기 때문이다.

가우스는 오늘날 우리가 '실험적 수학'이라고 부를 만한 실용적인 방법으로 연구를 했다(현대의 실험적 수학에서는 당연히 컴퓨터가 동원된다). 가우스는 구체적 계산을 통해 오늘날 소수정리로 알려진 추측에 도달했다. 0부터 정해진 하나의 수까지의 범위 내에서 소수가 차지하는 비율이 얼마나 되는지 알아보는 계산은 상당한 근사치까지 구할 수 있다는 것이다. 정해진 수가 k자리의 수일 때 소수의 비율은 거의 정확하게 $\frac{0.43}{k}$ 이다(앞으로 더 자세하게 설명된다). 1,000보다 작은 수라면, 이 때 $k=3$이므로 $\frac{0.43}{3}$, 즉, 0.143, 14.3퍼센트다. 1,000,000아래의 소수 비율은 $\frac{0.43}{6}$ 즉 7.2퍼센트다.

가우스의 추측이 수학적 사실로 밝혀진 것은 이미 그가 죽은 뒤였다. 19세기 말엽, 아다마르(1865년생의 프랑스의 수학자 – 옮긴이)와 발레 푸생(1866년생의 벨기에의 수학자 – 옮긴이), 두 수학자가 각각 엄밀한 증명을 해보였다. 하지만 이게 이야기의 끝은 아니다. 이 범위에 해당하는 한 문제에는 2000년 이후 백만 달러의 상금이 걸려 있다.

소수정리

다음 그림의 막대그래프는 소수의 성장과정을 잘 보여 준다. 왼쪽부터 k번째 선분은 k번째 소수를 높이 k에 나타낸 것이다. 예를 들어 네 번째의 막대(검은색으로 표시되어 있다)는 네 번째 소수 7을 의미한다. 그래서 이 막대는 x축의 7에서 시작해서 그 다음 소수인 11에서 끝난다.

소수정리에 의하면, 큰 수 x의 막대그래프는 $\dfrac{x}{\log x}$에 의해 꽤 근접한 근사치까지 계산이 가능하다.

위의 식을 적용할 수 있기 위해서는 수 x의 자연로그 $\log x$를 알아야 한다*. 여기서 이 수는 $(2.71828\cdots)^y = x$일 때의 y와 같다. 조악하지만 단순화하면 k자리 수의 로그 값은 대략 $\dfrac{k}{0.43}$의 근사치로 표현할 수 있다(예를 들어 8,000의 정확한 로그 값은 $8.987\cdots$인데, $\dfrac{4}{0.43} = 9.302\cdots$이다).

몇 가지 예를 통해 근사치의 장점을 더 활용해 보자. $x = 100000000$

---

* 36장 참조.

일 때 x보다 작은 소수는 5,761,455개인데, 이것은 $\dfrac{x}{\log x}$의 몫과 332,774개 차이가 난다. 대략 6퍼센트의 오차를 보인다. $x=10000000000$일 때는 x 아래의 소수가 344,052,511개인데, 소수정리에 의한 예측에서는 이천만 개나 더 적게 나온다. 소수가 대단히 많음에도 오차는 4퍼센트보다 조금 클 뿐이다.

위에서 말한 '꽤 근접한 근사치'의 의미에 관련해서 좀더 주의깊게 분석하면 복잡하고 닫힌 공식으로 더 나은 결과를 얻을 수 있음을 알 수 있다. 이제까지 나온 공식 중에는 소수의 개수를 놀랄 만큼 정확한 근사치로 계산해 내는 것도 있다.

이 공식에서는, 예를 들어 $x=100000000$일 때의 오차가 단 754개(대략 만분의 일)이고, $x=10000000000$일 때는 3,104개로 심지어 십만분의 일보다 작은 오차를 낸다.

비록 아무도 의심하고 있지 않지만, 이 공식의 정확한 오차의 규모를 증명하기 위해서는 먼저 풀어야 할 문제가 있다. 바로 오랫동안 풀리지 않고 있는 리만 가설이다. 클레이 수학연구소(Clay Mathematics Institute)는 이 문제의 해답에 백만 달러의 상금을 걸고 있다(더 자세한 내용은 웹 사이트 www. claymath.org에서 볼 수 있다).

19 5차원 케이크는 어떤 모양일까?

차원이란?

일상생활에서도 재미없는 책이나 영화를 두고 일차원적이라는 말을 쓴다. 하나의 이야기가 곁가지 없이 직선적으로 진행된다는 뜻이다. 그렇다면 이차원, 삼차원이라는 것은 정확하게 무엇을 의미하는가? '차원'이란 무엇인가?

간단히 말하면, 기하학적 도형에서 말하는 차원이란 한 점을 인식하는 데 필요한 수의 개수이다. 선을 예로 들어 보자. 하나의 선 위에 P라는 점을 찍었다. 이 점 하나로 모든 설명이 가능하다. 점 P에서 얼마만큼 오른쪽으로 가 있는지 알기만 하면 된다(음수는 왼쪽으로 이동하는 것으로 해석한다). 그러므로 선은 1차원이다.

이와 비슷한 이유로 지구 표면은 2차원이다. 위도와 경도로 모든 점을 설명할 수 있기 때문이다. 잘 알고 있듯이 공간은 3차원이다. 만약 공간과 시간을 동시에 설명하고자 한다면 네 개의 수가 필요하다. 그리고 이것이 상대성 이론의 4차원 시공간이다.

수학자들의 연구에는 종종 훨씬 더 많은 수의 차원이 등장한다. 마치 이차원적 매체인 사진에서 3차원적 공간을 알아볼 수 있는 것과 같이, 수학자들은 문제의 중요한 관점을 재현해 주는 2차원적 혹은 3차원적 그림을 가지고 일을 한다. 예를 들어, 5차원적 공간은 다섯 개의 수를 가진 대상의 집합이라고 생각하면 된다.

어렵고 추상적으로 들리지만 일상생활에서도 비슷한 예를 찾을 수 있다. 보통 케이크 만드는 법에 보면 필요한 재료의 중량이 표시돼 있지 않은가? 만약 밀가루, 설탕, 버터, 달걀, 베이킹파우더의 양이 200, 100, 80, 20, 3그램으로 정해져 있다면 케이크 만드는 데 필요한 정보는 다 가진 것이다. 상당히 맥 빠지는 설명이긴 하지만, 사실 5차원이라고 해서 뭐 대단히 특별한 것이 있는 것도 아니다.

4차원으로 도약하기

수학자들의 두뇌구조는 일반인과 똑같기 때문에 그들의 직관력도 삼차원을 넘어서지 못한다. 그럼에도 불구하고 수학자들은 꽤 높은 차원을 문제 없이 다룰 수 있다. 중요한 것은 한 문제의 근본적인 요지를 2차원이나 3차원의 그림으로 표현할 수 있어야 한다는 것이다. 예를 들어 거리에 관한 문제라면 그림으로도 두 대상을 구별할 수 있어야 한다. 똑같은 거리만큼 떨어져 있는 두 점이라면 그림에서도 똑같은 거리로 나타내주어야 한다는 말이다. 원칙적으로는 열차의 운행 시간표에서 중요한 정보만 간단하게 보여주는 것과도 비슷하다. 중요한 것은 이 역에서 다음 역으로 가는 데 시간이 얼마나 걸리는가 하는 정보이기 때문에 운행 시간표에 상세한 노선을 표시할 필요는 없는 것이다.

수학자들이 어떻게 4차원에 접근하는지 알아보기 위해 예를 들어보자. 먼저 3차원을 가지고 연습해 보자. 2차원까지밖에 상상하지 못하는 존재가 있다 치고, 이 존재에게 어떻게 하면 3차원 정육면체를 이해시킬 수 있을까? 다음의 그림으로 할 수 있다.

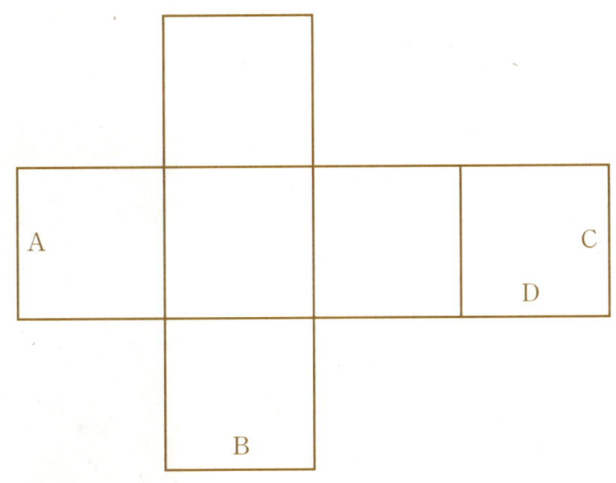

이것은 흔히 볼 수 있는 정육면체의 전개도이다. 이 전개도 위에 2차원적 존재를 세워놓고 산책을 시켜 보자. 산책의 규칙은 다음과 같다.

- 이 안에서 마음대로 움직일 수 있다. 하지만 이 전개도를 떠나는 것은 불가능하다.
- 그림 밖으로 벗어났다는 착각이 들 경우 실은 다른 점에서 들어간

것이다. 정확히 말하자면 A를 벗어나면 곧장 B에서 진입하는 셈이고, C를 떠나는 것은 D로 들어가는 것등을 뜻한다.[*]

우리에게는 전혀 문제가 되지 않지만, 2차원적 존재는 이런 방법으로 연습을 함으로써 정육면체에 익숙해질 수 있다. 산책로가 끊임없이 계속되므로 2차원적 존재는 곡면에 끝이 없다고 생각할 것이다. 하지만 정육면체의 면적은 유한하다. 유한한 양의 페인트로 칠할 수 있는 것이다. 산책길에 익숙해진 이차원적 존재는 더 세밀한 정보를 알아낼 것이다. 예를 들어 각 점마다 최대한 멀리 떨어진 점이 대응한다는 것을 알게 될 것이다. 이는 3차원에서의 대척점에 해당한다.

이제 이 연습을 한 차원 높은 곳에서 해 보자. 이제 3차원적 존재인 '우리'가 4차원의 공간을 경험해야 한다. 이 연습의 목표는 적어도 4차원적 정육면체의 3차원적 겉면에 대해 이해하는 것이다. 우리는 그림에 보이는 놀이터의 정글짐처럼 생긴 구조물 안에 놓인다. 그리고 '기어오르기 규칙'이 적힌 종이 한 장을 받는다.

- 이 구조물을 벗어나면 안 된다.
- 어딘가로 기어서 빠져나간다는 착각이 들 경우 사실은 다른 곳으로

---

[*] 접힌 상태의 정육면체에서 서로 인접한 모서리를 지날 때마다 다른 면으로 이동하는 것을 상상하면 된다.

기어들어가는 것이다. 예를 들어 '맨 위'로 빠져나가면 '맨 아래'로 기어들어가는 것이다(이와 비슷한 규칙이 반복된다).

- 여기서 설명하지 않은 다른 규칙도 더 있다.

실제로 이런 방법으로 우리는 우리의 직관이 닿지 않는 이 기하학적 구조물의 구조를 알아낼 수 있다.

참고로 화가 살바도르 달리는 그의 그림 속에 이 '하이퍼큐브'를 그려 넣었다(《십자가에 못박힌 예수 *Crucifixion, Corpus Hypercubus*》, 1954). 하이퍼큐브에 못 박힌 예수는 아마도 인간들이 직관으로 이해할 수 없는 신성을 의미하는지도 모른다.

20 여자상업고등학교

수학과 언어에서의 결합법칙과 교환법칙

'컴포지션'(Composition)이라는 시적인 말이 수학에서 쓰일 때는 언제나 두 개의 대상이 새로운 하나의 대상을 만들어낼 때다. 예를 들어 x와 y라는 두 수에서 합 $x+y$나 곱 $x \times y$가 만들어질 때가 그렇다. 일상생활에서는 언어를 떠올려볼 수 있다. '여자'와 '친구'가 만나 '여자친구'가 되듯이 문구들이 만나서 의미를 가진 문장을 형성한다.

이렇게 합성을 연구하다 보면 두 개 이상의 원소를 사용하게 되고, 그러면 자칫 문제가 생길 수 있다. 예를 들어 x, y, z로 덧셈을 할 때, $x+y$를 한 뒤 거기에 z를 더할 수도 있고, $y+z$에 x를 더할 수도 있다. 기호로 쓰면 $(x+y)+z$ 혹은 $x+(y+z)$가 된다. 두 경우의 답이 같을 경우 결합가능하다(associative)고 한다. 이렇게 '착한' 합성의 경우에는 괄호투성이의 복잡한 계산을 하지 않아도 되어 좋다.

잘 알려진 바와 같이 수의 덧셈과 곱셈에서는 결합법칙이 성립한다.

$(1+2)+3=1+(2+3)$이고, $(3\times4)\times5=3\times(4\times5)$이다. 그러나 이렇게 착한 합성만 있는 것은 아니다. x, y에서 몫 $\dfrac{x}{y}$를 합성할 경우는 전혀 착하지 않다. 예를 들어 $\dfrac{\left(\dfrac{20}{2}\right)}{2}$와 $\dfrac{20}{\left(\dfrac{2}{2}\right)}$은 전혀 다른 결과를 나타낸다(첫 번째 결과는 5, 두 번째는 20이다).

언어의 합성은 결합적이지 않다. 예를 들어 '아버지가방에들어가신다'에서 아버지가 방에 들어가시는 것인지, 가방에 들어가시는 것인지 확실하지 않다.

이러한 의미의 다중성은 '미스터피자배달', '붕어빵장수' 같은 명사의 결합에서도 나타난다. 붕어빵장수는 붕어라는 빵장수인가?

……어느 호텔의 '주말 웰니스' 상품에는 이런 문구가 적혀 있었다.

"접수처에서 대여 샴페인 바구니를 받으실 수 있습니다."

'대여 샴페인의 맛은 과연 어떨까? 적어도 바구니는 가져도 되겠지…….'

……아기들이 바라는 것이 너무 많을 때 찾아 가세요.

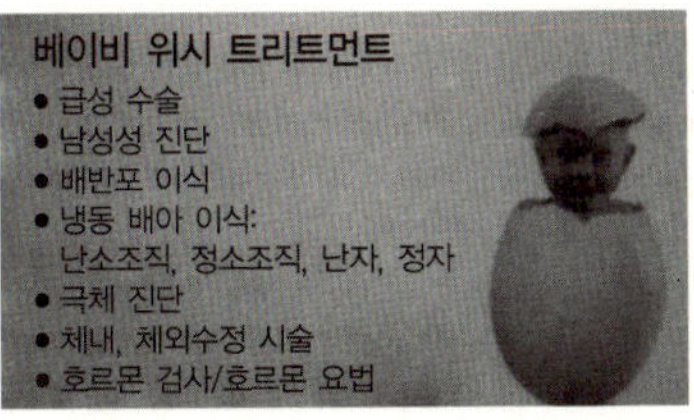

절약의 생활화(괄호라도 절약하자)

결합법칙이 성립할 경우 괄호를 절약할 수 있다. 그러나 결합법칙이 성립하지 않을 때 괄호가 빠졌을 때 생기는 모호함은 심각하다. 피연산자의 수가 많으면 그 위험도 기하급수적으로 늘어난다. 원소가 a, b, c 세 개뿐일 때는 $(a \circ b) \circ c$거나 $a \circ (b \circ c)$, 두 경우밖에 없다. 여기서 '$\circ$'는 합성을 의미한다. 피연산자가 a, b, c, d 네 개일 때는 훨씬 더 많은 가능성이 존재한다. $(a \circ b) \circ (c \circ d)$일 수도 있고, $((a \circ b) \circ c) \circ d$일 수도 있고, $(a \circ (b \circ c)) \circ d$일 수도 있고, $a \circ ((b \circ c) \circ d)$일 수도 있고, $a \circ (b \circ (c \circ d))$일 수도 있다. 여기서는 괄호가 꼭 필요하다. 괄호가 없으면 모두 다른 결과가 나올 수 있기 때문이다.

결합법칙이 없으면, 사태는 점점 복잡해진다. 결합법칙이 없을 때 심각해지는 것으로는 많은 기본적인 구성을 할 수 없다는 것이다. 예를 들어, $a \circ a \circ a \circ a$ 대신 a^4로 축약하려면 이 표현이 유일하게 정의됐음이 확실해야만 한다. 괄호의 위치에 따라 $a \circ a \circ a \circ a$가 다섯 가지 다른 결과를 낼 수 있다면 a^4라는 표현이 무슨 의미가 있겠는가?

예를 들어 a, b가 자연수일 때 $a \circ b = a^b$이라고 해보자. 여기서 결합법칙은 성립하지 않는다. 거의 모든 a의 경우 $a \circ a \circ a$만 계산하려고 해도 괄호의 유무가 중요한 차이를 만들어 낸다. 만약 $a = 3$이라면 $(3^3)^3 = 729$이다. 그러나 $3^{(3^3)}$은 19,683이다. a가 더 큰 수라면 그 차이는 더욱 커진다. $(9^9)^9$은 '겨우' 77자리 수이지만 $9^{(9^9)}$은 수백만 자리에 육박한다. 실은 이 수가 9 세 개로 만들 수 있는 가장 큰 수다.

경기주간과 주간경기

결합성 외에 수학자들이 중요하게 여기는 합성의 성질은 교환성이다. 순서에 상관없이 결과가 같을 때, 즉 $a \circ b = b \circ a$일 때 교환성이 내재한다(혹은 교환법칙이 성립한다)고 한다.

덧셈과 곱셈에서는 교환법칙이 성립하지만 나눗셈에서는 성립하지 않는다. 4를 2로 나눈 것은 2를 4로 나눈 것과 다르다. 조금 전에 살펴본 a^b도 교환이 되지 않는다. 2^5과 5^2은 엄연히 다른 수다(물론 $2^4 = 4^2$이라는 예외가 있기는 하다. 그러나 그 밖에 서로 다른 자연수 a, b에서 $a^b = b^a$인 경우는 없다).

대부분의 경우 결합법칙은 성립하지만 교환법칙은 성립하지 않는 경우가 많다. 그래서 비가환 군이나 비가환 기하의 경우 연구하기 힘들다.

언어에서는 결합법칙이 성립하지 않듯 교환법칙도 성립하지 않는다. 철판요리는 요리철판과 다르며, 경기주간은 주간경기와 아무 상관도 없다.*

연산의 성질 중 아직 한 가지 남은 것이 있다. 학교에서 배운 기억이 나는 사람도 있을 텐데, 괄호를 풀어서 만들어지는 분배법칙이다. $a \times (b+c)$는 $a \times b + a \times c$와 항상 같다. 언어에서는 치의법대라고 했을 때 치대, 의대, 법대로 풀어쓰는 것과 같다.

여기서 중요한 것은 하이픈을 반드시 써야 한다는 것이다. 요즘은 영어의 유입으로 아무런 비판 없이 하이픈을 생략하는 일이 잦은데, 아래 그

---

* 원래 본문의 주석에는 스페이드에이스의 새로 바뀐 독일식 바른 표기에 대한 내용이 나온다. 그러나 원문의 예 '스페이드에이스와 에이스스페이드'에서 독일어의 어의를 살리는 것이 불가능해 다른 예 경기주간/주간경기로 대체했고 따라서 주22도 생략했다. — 옮긴이

림에서 볼 수 있듯이 팻말에 '피부와 성병'이라고 자기 병원을 소개한 여의사의 경우처럼 오해가 발생할 수 있다(옳은 독일식 표기는 '피부-&성병'이다. – 옮긴이).

21 Fly me to the moon

수학의 구체적 응용

'수학에 아직도 발견할 게 더 남았나요?'

수학자들이 가끔 자신의 직업을 말하고 난 뒤 상대방에게 듣게 되는 말이다. 아마 아직 홍보가 덜 돼서 모르는 사람이 많은 것 같은데, 사실 수학처럼 재미있는 학문은 없다. 또한 수학은 고도의 창의성을 필요로 하는 일이며 현실에서 발생하는 문제에 대한 구체적 해답을 제시할 수 있는 학문이다. 수학의 이미지 쇄신을 위해 이 장에서는 수학이 얼마나 재미있는지 수학자의 어깨 너머로 배워 보기로 하자. 문제의 설정을 이해하기 위해 우선 두꺼운 얼음 층으로 뒤덮인 하르츠(하이네의 『하르츠 기행』으로 유명한 북부 독일의 산지 이름 – 옮긴이) 산맥을 떠올려 보자. 이쪽 산꼭대기에서 같은 높이의 저쪽 산꼭대기로 이동하려면 방향을 잘 잡아서 힘차게 미끄러져 내리기만 하면 된다. 그러면 중력에 의해서 속도가 붙을 것이고 산비탈을 미끄러질 때 생긴 힘으로 목적지까지 단번에 올라갈 수 있다.

훨씬 더 복잡하긴 하지만 우주여행에서도 똑같은 원칙을 사용한다. 우주공간에도 점과 점 사이의 구간으로 표현되는 많은 길들이 존재한다. 한 점에서 다른 점으로 이동할 때 태양, 달, 혹성의 인력을 잘 활용하면 에너지를 전혀 소비하지 않고도 목적지에 도달할 수 있다. 요즈음에는 이런 식으로 장기간의 우주탐사 계획을 세운다.

물론 지나갈 점들은 당연히 사전에 꼼꼼히 계산되어야 한다. 그리고 궤도를 벗어나지 않기 위해 필요한 최소한의 항로변경도 파악해야 한다. 이런 계산에 필요한 수학은 실로 방대하다. 수십 년 동안의 이론수학과 응용수학의 기반이 마련되지 않았더라면, 그리고 오늘날과 같은 뛰어난 성능의 컴퓨터가 없었더라면, 우주비행의 항로계산 같은 것은 꿈도 못 꾸었을 것이다.

파더본 대학의 M. 델니츠 교수 팀은 이 문제를 연구하고 있다(위 그림의 제공자이기도 하다). 이것은 정말 수학으로 인해 가능한 수많은 연구들 중 하나에 불과하다(더 많은 것을 알고 싶은 사람은 웹사이트 www.mathematik.de의 information/actual projects 메뉴를 참고하기 바란다).

 침팬지도 이해하는 5분 수학

'선반을 떠날 준비가 된' 수학

그동안 수학은 방대한 양의 방법론과 결과들을 축적해 와서 선반에서 꺼내 곧 사용될 준비가 돼 있다. 물론 수학이 지난 백 년간 이뤄낸 성과들을 보면 문제 자체가 가진 매력이 크게 작용했음을 알 수 있다. 사실 구체적 응용에 대한 생각은 애초에 고려조차 않은 경우가 많았다. 하지만 이미 알려진 수학적 도구를 적용해서 실질적 응용 문제를 푸는 일은 의외로 많다.

역사에서 한 가지 예를 찾아보라면 원뿔곡선을 들 수 있다. 원뿔곡선이란 원뿔을 날카로운 칼로 잘랐을 때 생기는 단면, 즉, 원, 타원, 포물선, 쌍곡선을 말한다. 이미 고대 그리스의 수학자들은 원뿔곡선에 대한 상당한 지식을 가지고 있었다. 이 주제에 대한 초창기의 연구물은 기원전 200년 경에 아폴로니우스가 쓴 책이다[여기서 말하는 책은 『Conics』(원뿔곡선론)라는 책이다. – 옮긴이].

그로부터 1,700년 후, 동로마 제국 말기에는 그리스 수학자들의 지식이 중앙 유럽에서도 큰 관심을 받았다. 그러나 몇 세기에 걸친 번역과 필사의 과정에서 오역과 오자가 난무해 잘못 전달된 내용이 많았다. 16세기와 17세기의 생각 있는 과학자들은 원본의 내용을 최대한 정확하게 복원시키는 데 힘을 쏟았으며, 그 노력의 결과로 아폴로니우스의 작품도 수학자들 사이에 널리 알려지게 되었다.

이것은 또한 천문학자 케플러가 코페르니쿠스의 세계관을 측정 자료와 일치시키려고 할 때 큰 도움이 되었다. 코페르니쿠스는 행성들이 태양을 중심으로 한 원궤도를 따라 돈다고 주장했다. 하지만 17세기 초반 천체 측정이 더 정밀해지면서 밝혀졌듯 딱히 맞는 얘기는 아니었다. 여기서 케플러는 반짝이는 아이디어를 생각해내고 원궤도에서 타원궤도로 연구의 관심을 돌린다. 그리고 케플러는 타원에 대해 알아야 할 모든 것을 아폴로니우스의 책에서 찾을 수 있었다.

이런 예는 상당히 많다. 아인슈타인의 상대성이론(20세기 초반)도 리만의 미분기하학(19세기 중반) 없이는 생각할 수 없고, 여러 방향에서 투사한 광선의 흡수율을 측정하여 3차원 물체를 재구성하는 컴퓨터 단층촬영(1960년대)의 기초가 되는 수학도 이미 그로부터 50년 전에 완성되었다.

그러나 지금 든 예들은 모두 예외에 속한다. 응용에서 발생하는 문제를 수학적인 문제로 연구하려면 처음부터 시작해야 하는 경우가 많다. 어쨌든 이렇게 지적인 매력과 구체적인 현실 문제의 해결 사이의 상호작용 때문에 사람들은 수학에 빠져든다.

22 나머지의 연산

a mod b: 수의 모듈로 계산과 페르마의 정리

만약 꼬마곰 젤리 81개를 5명의 아이들에게 똑같이 나눠 준다면 각자에게 16개씩 돌아가고 하나가 남을 것이다. 수학자들은 이것을 '81 모듈로 5는 1'이라고 표현한다. 일반적 표현으로는 'm 모듈로 n'은 m을 n으로 나누었을 때의 나머지를 말한다. 이 '모듈로' 계산법은 수학의 여러 분야에서 중요한 역할을 한다.

그림 18 ┃ 81 모듈로 5는 1

수학자가 아닌 사람들도 일상생활에서 이 계산법을 아주 능숙하게 사용한다. 예를 들어 39일 뒤에 어떤 요일이 오는지 알고 싶으면 직관적으로 39 모듈로 7로 계산한다. 답은 4, 즉 오늘이 만약 월요일이라면 39일 뒤는 4일 후와 요일이 같은 금요일이 되는 것이다. 다른 예로 50시간 뒤에 시계의 시계바늘이 어떤 숫자를 가리키고 있을지 생각해 볼 수 있다. 50 모듈로 24는 2다. 그러므로 50시간 뒤 시계바늘은 지금 시각보다 두 시간 뒤를 가리키고 있을 것이다.

여기까지는 별로 특별한 것이 없다. 널리 사용되고 있는 계산법에 전문용어를 붙인 것뿐이다. 그러나 수학자들에게 모듈로 계산은 그 이상의 큰 의미를 지닌다. 수에 대한 많은 놀라운 성질들이 이런 모듈로 연산으로 설명할 수 있기 때문이다. 소수 n, 그리고 1보다 크고 $n-1$보다 작은 수 k를 상정해 보자. 만약 수 k를 $(n-1)$번 제곱한다면 어떻게 될까? 재미있게도 모듈로 n을 계산했을 때의 결과는 언제나 1이다. 꼬마곰 젤리의 예에서 $n=5$(아이들의 수는 5명, 이 수가 소수라는 것을 기억할 것), $k=3$이었다. 3을 $(5-1)$번 곱하면 $3 \times 3 \times 3 \times 3 = 81$이다. 81

모듈로 5는 1이라는 것은 앞서 얘기했던 일반적인 결과를 그대로 따르고 있다.

소수의 경우 위와 같은 모듈로 계산을 하면 항상 1이 나온다는 것은 이미 오래 전부터 알려진 사실이다. 프랑스의 수학자 피에르 드 페르마가 17세기에 발견했다. 모듈로 테크닉은 특히 최근의 암호학에서 중요한 역할을 하고 있다. 이런 연구에 사용되는 소수는 수백 자리에 육박한다(23장에서 자세히 소개된다).

$6 \times 6 = 1$

일반적인 덧셈과 곱셈을 한 뒤 다시 모듈로 n을 취하는 덧셈과 곱셈을 생각하면 '나머지'$(0, 1, \cdots, n-1)$도 보통의 수와 다를 것이 없다.

예를 들어, 모듈로 7의 계산에서 3 곱하기 5는 1이다. 3×5 모듈로 7은 1이기 때문이다. 같은 이유로 4 더하기 6은 3이다. $4+6$은 모듈로 7로 계산하면 3이다.

이처럼 모듈로 계산은 일반적인 계산과 많은 공통점을 가지고 있는데, 특히 n이 소수일 때는 더욱 그렇다. 이런 경우, (0만 빼고) 모든 수는 다른 수를 곱해 1이 되게 할 수 있다. 예를 들어 수 6을 택하고 계산해보자. $1 \times 6, 2 \times 6, 3 \times 6, 4 \times 6, 5 \times 6, 6 \times 6$을 모듈로 7로 차례대로 계산하면 그 나머지는 각각 6, 5, 4, 3, 2, 1이 된다. 즉, $6 \times 6 = 1$이다(이것은 소수가 아닌 수에는 적용되지 않는다. 예를 들어 $n=12$라면 $4 \times x = 1$모듈로 12인 수 x를 찾는 것은 불가능하다. $4 \times x$를 12로 나누면 0, 4, 8만이 나머지로 나오기 때문이다). 이렇게 풍부한 대수적 성질로 보아 모듈로 산술이 수학적으로 중요함을 짐작할 수 있다. 예를 들어, 덧셈의 교환법칙도 여전히 성립한다. 어떤 수 n을 모듈로로 하여 $a+b$는 항상 $b+a$와 같다.

23 일급비밀!

RSA 암호체계와 오일러 공식

소수에 대해서는 이미 여러 장에서 언급했다. 여기서는 암호화를 연구하는 학문인 암호학에 큰 소수들이 어떤 혁명을 가져왔는지 살펴보겠다.

아주 큰 소수 두 개를 발견했다고 하자. 이 두 수는 나만이 알고 있고, p와 q라고 부른다. 여기서 '크다'는 것은 수백 자리 수를 가리킨다. 이제 p와 q를 곱하고 그 곱한 값을 n이라고 하자.

이 때 n속에 숨겨진 p와 q를 알아내는 것은 거의 불가능하다. 실질적으로 가능한 시간 내에 두 수를 재구성해 내는 방법은 현재까지 알려져 있지 않다. 성능 좋은 컴퓨터를 동원해 수천 년을 찾는다고 해도 마찬가지다.

현대암호학은 이 원리를 이용한다. 여기서 사용되는 수론의 명제는 이미 몇 백 년 전에 발견된 것이다. 암호를 작성하는 사람은 n을 이용

해 주어진 수를 조작한다. 이 때 원래의 p와 q를 알고 있는 사람만이 그 암호를 풀 수 있게 조작해야 한다. 만약 누군가에게 메시지를 받아야 하는데, 그 내용이 일급비밀이어서 다른 사람이 모르게 해야 한다면, 그 사람에게 수 n과 이것의 조작방법을 알려 주어라. 물론 그 전에 메시지는 숫자화되어야 한다. 그렇게 작성된 메시지가 배달되면 다른 사람들은 이 메시지를 해독할 수 없다. p와 q를 알고 있는 당신만이 읽을 수 있다.

이 방법에서 획기적인 것은 사실상 모두가 보는 앞에서 모든 일이 벌어진다는 것이다. 암호화에 필요한 n이나 암호 방법, 암호화된 메시지는 모두에게 공개된다. 그래서 이것을 '공개키 암호방식'이라고 부른다.

앞에서 'n을 이용한 수의 조작'에 대해 잠시 언급했는데, 여기서의 수학적 핵심원리는 다름 아닌 앞 장에서 다룬 모듈로 계산법이다. 수론에서 나온 이 계산법이 예를 들면 지름신이 강림하신 네티즌들의 쇼핑에서 어마어마한 양의 기밀정보 전달에 사용되고 있다는 사실은 수학자들에게도 새삼 놀라운 일이 아닐 수 없다.

RSA 암호체계를 이용한 암호화

공개키 암호방식이 무엇인지 자세히 알아보기 위해서는 몇 가지 개념과 예를 통한 이해가 필요하다. RSA 암호체계[*]의 원리는 대략 다음과 같다.

기초

RSA 암호체계의 기초는 사실 22장에서 설명한 모듈로 계산법이다. 즉, 211 mod 100＝11이 왜 참인지만 알면 된다.[**] 그리고 계산기를 사용하면 다음의 등식이 성립한다는 것도 확인할 수 있을 것이다.

$$2652528598121910586363084804479023 \bmod 1459001 = 897362$$

사실

이미 22장에서 이 놀라운 사실을 소개한 바 있는데, n이 소수이고, k가 1과 $n-1$ 사이의 수일 때 다음의 등식이 성립한다.

$$k^{n-1} \bmod n = 1$$

수학자들은 이 식을 '페르마의 소정리'[***]라고 부른다. 이 등식의 양변에 k를 곱하면 다음과 같다.

---

[*] 1977년 이 방법을 창안한 세 수학자, 리베스트, 샤미르, 아들레만의 이니셜을 따서 만든 이름이다.

[**] 여기서 211 mod 100＝11은 211 모듈로 100은 11과 같다는 말을 줄여 쓴 것이다. 앞으로는 이런 식의 표현을 사용할 것이다.

[***] '페르마의 대정리(마지막 정리)'에서는 훨씬 더 까다로운 문제를 다룬다. $n > 2$ 일 때 방정식 $a^n + b^n = c^n$ 을 만족하는 0이 아닌 정수 a, b, c는 존재하지 않는다는 것이다. 89장 참조.

$$k^n \bmod n = k$$

이 식은 여기서 증명하지 않고, 바로 다음의 설명에 사용하겠다.

쉽게 이해할 수 있도록 수를 대입해 보자.

$n=7$이고 $k=3$이면, $k^n=3^7=2187$이다.

실제로도 $2187 \bmod 7 = 3$이다.

이제 소수가 아닌 다른 수에도 이 식의 적용이 가능하도록 일반화하는 작업이 필요한데, 이것을 처음 증명해 낸 사람이 수학자 레온하르트 오일러(1707~1783)다. 오일러의 정리를 이해하기 위해서는 먼저 '서로소'의 개념을 알아야 한다. 수 m과 n 사이의 공약수가 1뿐일 때, m과 n은 '서로소'라고 한다. 즉, 15와 32는 서로소다. 반면에 15와 12는 두 수 모두 약수 3을 가지기 때문에 서로소가 아니다.

임의의 수를 n이라고 할 때, $\varphi(n)$['n의 피(phi)']는 1과 n 사이에 있으면서 n과 서로소인 수가 몇 개인지를 표시한다. 만약 $n=22$라면 1, 3, 5, 7, 9, 13, 15, 17, 19, 21이 n과 서로소다. 즉, $\varphi(22)=10$이다. 오일러의 정리에서는 k가 n과 서로소일 때 다음과 같아진다.

$$k^{\varphi(n)} \bmod n = 1$$

시험 삼아 $n=22$, $k=13$이라고 해보자. 결과는 다음과 같다.

$$k^{\varphi(n)}=13^{10}=137858491849$$

그리고 $137858491849 \bmod 22$의 값은 정말 1이다(암산으로도 계산이 가능한 예를 원한다면 $n=6$, $k=5$라고 해보자. $\varphi(6)=2$이고 $5^2 \bmod 6$
은 역시 1이다).

한 가지 덧붙일 것은 페르마의 소정리는 특수한 경우로 이해될 수 있
다는 것이다. p가 소수일 때, p보다 작은 임의의 수와 p 사이에는 공약
수가 있을 수 없다(p는 약수가 없는 것이나 다름없기 때문이다). 그래서 1,
2, ···, $p-1$는 p와 항상 서로소다. 즉 $\varphi(p)=p-1$이다. 이 경우 오일
러 정리는 페르마의 소정리와 같아진다.

RSA 암호체계

먼저 서로 다른 큰 소수 p와 q를 찾아 그 곱 $n=p \times q$를 구한다(여기
서 큰 소수라 함은 몇 백 자리 정도를 의미한다). p와 q는 소수이므로, 1과 n
사이에서는 n과 서로소가 아닌 수가 p와 q의 배수뿐이다. 그래서
$\varphi(n)=(p-1) \times (q-1)$이다. 예를 들어 보자.

p가 3이고 q가 5일 경우 $n=15$이다. n과 서로소인 수는 다음과
같다.

1, 2, 4, 7, 8, 11, 13, 14, 즉 $8=(3-1) \times (5-1)$개이므로,

$\varphi(15)=8$이다.

이제 k와 l이라는 두 수가 필요한데, $k \times l$은 모듈로 $\varphi(n)$으로 1이
어야 한다.

이것으로 준비단계는 끝났다. p, q, l은 금고 속에 넣어 두어야 하고,
n과 k는 전화번호부 상호 편에 등재해도 된다. 이제 메시지를 보내려는

사람은 ASCII 같은 코드를 이용해 메시지 내용을 블록으로 된 긴 수열로 바꾸어야 한다. 예를 들면 50개의 숫자가 한 블록을 이루도록 말이다. 드디어 암호화가 시작된다. 한 블록을 m이라고 할 때, $m^k \bmod n$의 값을 구한다(이 값을 r이라고 부르자). n과 k를 알고 있으므로 계산이 가능하다. 모든 블록을 이런 식으로 계산한 뒤, 그 결과(즉, r들)를 보낸다. 메시지가 수신자의 손에 들어오기까지의 과정에서 암호화된 메시지를 보고 싶은 사람은 봐도 상관없다.

이제 암호해독을 해보자. 먼저 금고를 연다. 그 속에 든 정보(즉 p, q, l)를 가지고 $r^l \bmod n$을 계산한다. $r^l = (m^k)^l = m^{kl}$이고, $k \times l$은 1 모듈로 $\varphi(n)$으로 1과 같다. 이렇게 해서 $k \times l = s \cdot \varphi(n) + 1$인 수 s가 얻어진다. 그 다음 계산은 아래와 같다.

$$r^l \bmod n = m^{kl} \bmod n$$
$$= m^{s\varphi(n)+1} \bmod n$$
$$= m \cdot (m^{\varphi(n)})^s \bmod n$$

오일러의 피 함수에 의하면 $m^{\varphi(n)}$(따라서 이 수의 s번째 거듭제곱)은 1 $\bmod n$이다. 요약하면 다음과 같다.

$$r^l \bmod n = m \bmod n = m$$

$m < n$이게 해 두면 위 식의 마지막 등호가 성립하게 된다. 이렇게 해서 모두에게 공개되어 있는 r로부터 m을 알아낼 수 있다.

그러나 이것은 $\varphi(n)$, 즉 $(p-1)(q-1)$을 아는 사람만이 풀 수 있다. n으로부터 p, q를 알아내는 사람은 누구나 암호를 읽어낼 수 있다. 이것이 최근 인수분해가 주목받는 이유이기도 하다. 실제로 응용되는 예에서는 아주 큰 수가 사용되지만 여기서는 작은 수를 가지고 구체적인 예를 들어 보자. $p=47$, $q=59$라고 하자. 그러면 $n=47\times59=2773$이다. 이 수는 모두에게 공개된다. 이제 k와 l이 필요하다. $k=17$, $l=157$이라고 하자. $\varphi(n)$은 $46\times58=2668$이고, $17\times157=2669$, 곧 $1 \bmod \varphi(n)$이므로 적합하다. 수 2773과 17은 모두에게 공개해도 되지만 47, 59, 157은 잘 숨겨둔다. 이제 암호를 풀어보자. 만약 전달하고 싶은 메시지가 1115라고 해보자. 먼저 컴퓨터를 이용해 $1115^{17} \bmod 2773$을 계산한다. 결과는 1379다. 이것을 엽서에 써서 수신자에게 보낸다. 수신자는 $1379^{157} \bmod 2773$을 계산한다. 컴퓨터가 이것을 계산하는 시간은 천분의 일 초다. 결과는 1115다. 중간에 이 엽서를 가로채 몰래 복사해 놓은 사람이 있다고 해도 이 수를 알아낼 수는 없을 것이다.

길 브레스의 마술 트릭

"혼돈 속의 질서." 이 말은 지금부터 소개하려는 마술 트릭을 한마디로 잘 정의해 주는 말이다. 이 마술 트릭을 위해서는 같은 수의 빨간 카드와 검은 카드로 구성된 카드 한 벌이 필요하다. 스카트 카드면 적당하다. 먼저 미리 빨간 카드와 검은 카드가 번갈아 놓이도록 준비해 둔다.

이제 세 번의 우연을 거쳐야 한다. 첫 번째 사람에게 카드를 반 정도

그림 21 | 색깔이 겹치지 않도록 카드를 준비한다.

떼라고 한다. 두 번째 사람에게는 영화에서 전문도박사들이 하는 것처럼 '리플 셔플'을 이용해 두 개의 카드더미를 잘 섞으라고 한다. 카드가 촤르륵 소리를 내며 양손에서 번갈아가며 한 장씩 떨어져 하나의 더미로 포개지도록 하는 기술 말이다. 이제 섞인 카드를 부채모양으로 펴들고 세 번째 사람에게 같은 색깔의 카드가 두 개 겹치는 부분에서 다시 카드를 떼라고 한다.

카드를 달라고 해서 그대로 위아래로 포갠다. 언뜻 생각하면 이렇게 우연의 과정을 세 번이나 거쳤으니 질서라고는 찾아볼 수 없는 뒤죽박죽이 되었을 것 같다. 그러나 사실은 그렇지 않다. 카드를 차례차례 펼쳐보면 1, 2번의 카드는 색깔이 다르며 3, 4번의 색깔이 다르고 5, 6번의 색깔도 다르며 나머지도 마찬가지이다. 카드더미 위에 보자기를 씌우거나 책상 밑으로 잠시 숨겼다가 꺼내 놓으며 주문을 외우는 따위의 연기를 곁들이면 훌륭한 마술 트릭이 된다. 주문을 외운 뒤 위에서부터 한 장씩 차례로 카드를 보여 주면 된다.

이 현상의 배후에는 흥미로운 수학적 원리가 숨겨져 있다. 세 번의 우연 처리에도 불구하고 서로 다른 색깔의 카드가 쌍으로 나타나는 현상

은 수학자들이 '불변량'이라고 부르는 조합론적인 방법으로 설명할 수 있다. 20세기 초반에 이 트릭을 발견한 마술사 길브레스는 아마도 수많은 시행착오를 거쳐 이 결과에 이르지 않았을까 싶다.

마술 트릭의 변화된 형태

이 트릭을 시도해보고 싶은 사람들을 위해 변화된 형태를 하나 소개하겠다. 오리지널 트릭은 다음과 같은 순서로 요약된다.

- 카드를 준비한다(카드의 수는 짝수로, 색깔은 번갈아가며 놓이도록).
- 카드를 떼게 한다, 그리고 '리플 셔플'을 이용해 카드를 섞는다.
- 카드의 색깔이 겹치는 곳에서 카드를 떼게 한다, 그리고 카드 두 더미를 포갠다.

그러면 모든 카드의 짝(카드1과 카드2, 카드3과 카드4 등)이 서로 다른 색깔을 가지게 된다.

변화된 형태는 다음과 같다. 먼저 오리지널 트릭에서와 똑같은 방법으로 카드를 준비한 뒤, 카드를 떼게 한다. 이제 두 카드더미의 맨 밑에 있는 카드가 같은 색깔인지를 알아내야 한다. 카드 섞는 사람에게 건네주면서 살짝 보면 된다.

그 다음은 오리지널 트릭과 같다. '리플 셔플'을 이용해 카드를 섞으라고 한다. 그런 다음 이번에는 다시 한 번 카드를 뗄 필요도 없이 바로 마술을 보여 주면 된다. 이 변화된 형태의 장점은 색깔이 겹치는 곳을 찾아내기 위해 상대방에게 카드를 부채모양으로 펼쳐 보여주지 않아도 된다는 것이다. 그러면 보통의 잘 섞인 카드와 달리 이 카드에는 빨강과 검정이 상당히 규칙적으로 반복되게 놓여 있다는 것을 들키지 않을 수 있다.

이제 두 가지 경우가 있다. 두 카드더미의 밑바닥에 놓인 카드가 서로 다른 색이었던 경우는 아무것도 바꿀 필요 없이 그냥 카드를 보여 주면 된다. 모든 카드의 짝은 서로 다른 색깔로 이루어져 있을 것이다.

맨 밑에 놓인 카드가 둘 다 빨강이거나 둘 다 검정일 경우는 조금 복잡해진다. 주문을 외면서 맨 위의 카드를 맨 밑으로 보낸다. 그러면 카드의 짝들은 다시 빨강색 카드 하나와 검정색 카드 하나씩을 가지게 된다. 이렇게 하기 싫다면 맨 처음의 카드 짝을 보여줄 때 맨 위와 맨 밑의 카드 두 장을 보여준 뒤, 첫 번째 경우에서처럼 계속하면 된다. 행운을 빈다!

여기서 수학이 하는 일은 무엇인가? 마술 쇼를 하다가 창피 당할 일이 없다는 확신을 주는 것이다. 물론 지금 말한 것이 참이라는 것을 증명하는 것도 가능하다. 그러나 이론은 다소 복잡하므로 독자들의 정신건강을 위해 여기서는 다루지 않는 편이 좋겠다.

25 어떻게 하면 천재가 되는가?

천재 수학자 가우스

　어떻게 하면 천재가 될 수 있을까? 1777년에 태어나 1855년에 세상을 떠난 카를 프리드리히 가우스를 가장 위대한 수학자라고 말하는 사람이 많다. 마르크화를 통화로 쓰던 시절에는 중요한 문화적 인물로 인정받아 10마르크 지폐의 모델이 되기도 했다. 그의 업적 몇 가지도 그 옆에 그림으로 그려졌다. 예를 들면 확률론에서의 그의 업적을 상징하는 유명한 종 모양의 곡선을 볼 수 있다.

　현대의 수학자 중에서 진정으로 가우스라는 경이로운 존재를 이해한다

고 말할 만한 사람은 거의 없다. 그의 저서들은 수십 년 동안 수학 연구의 표준으로 여겨졌지만, 새로운 발견들을 제때에 출판하지 않은 사람으로도 유명하다. 동시대인들이 아직 이해할 준비가 안 됐다고 믿었던 이유도 있고, 지금은 수학의 발전에 거대한 영향을 끼치는 것으로 알려진 그 당시 자신의 발견들을 중요하지 않게 여긴 탓도 있다.

그림 24 | 하르츠의 브로켄 산(山)

가우스는 동시대인들이 아직 비유클리드 기하학을 이해하지 못할 것이라고 생각했고, 그것은 사실이기도 했다. 당대의 수학자들(그리고 칸트와 같은 철학자들)에게는 단 하나의 기하학, 즉 유클리드가 이미 2,500년 전에 정리한 유클리드 기하학만이 존재했다 — 삼각형의 세 각의 합은 180도이다, 모든 직선에 대해, 직선 위에 있지 않은 점을 지나는 평행선은 딱 하나씩 있다, 등등. 가우스는 이것이 여러 기하학 중 하나에 불과하다는 것을 알았다. 그는 1821년 실제 측정을 통해 유클리드 기하학이 우리가 사는 세계와 맞아떨어진다는 것을 알아냈으나, 이것 또한 오차범위 내에서라는 결론에 이르렀다. 그가 잰 삼각형의 세 꼭짓점은 브로켄 산(하르츠), 인젤스베르크(튀링어 발트), 호어 하겐(괴팅겐)이었다.

자연을 기술할 때 ― 예를 들어 아인슈타인의 일반상대성이론에서 ― 비유클리드 기하학이 필요하다는 사실을 사람들이 깨달은 것은 그로부터 많은 시간이 지난 뒤였다.[*]

가우스를 수학자로만 본다면 옳지 않은 평가다. 물리학의 전자기학과 천문학에서 그가 남긴 업적은 엄청나다. 그는 행성의 궤도 예측을 위해 완전히 새로운 수학적 방법을 사용했다. 소행성 세레스의 위치를 수학적 계산을 통해 예측해낸 일로 젊었을 때부터 학계의 주목을 받았다.

가우스의 명성은 오늘날까지 이어져 심심치 않게 그의 이름을 접할 수 있다. 국제수학자연맹에서 주는 가장 큰 상 하나에 최근 '가우스상'이라는 이름이 붙여졌다. 독일의 대학 도시들을 돌아다니며 치르는 독일수학회의 가장 권위 있는 행사의 이름도 '가우스 강의'다.

17각형과 페르마 소수

겨우 스무 살의 나이에 가우스는 수론과 기하학 사이의 중요한 연관 관계를 밝혀냈다. n개의 똑같은 크기의 변을 가지며 두 변 사이의 각이 모두 똑같은 도형(정다각형)의 작도에 관한 것이었다. 여기에는 컴퍼스와 자만 사용해야 한다.

학교에서 기하를 배워본 사람은 $n=3$인 도형을 쉽게 작도한 기억이 있을 것이다. 먼저 선분을 하나 그린다. 컴퍼스로 선분의 크기만큼 벌리

---

[*] '비유클리드 기하학'의 주제는 80장에서 자세하게 다뤄진다.

고 선분의 양 끝점을 중심으로 하는 원 두 개를 그린다. 두 원의 교점이 삼각형의 세 번째 점이 된다. $n=4$일 때에도(이 경우는 정사각형이므로) 직각만 그리면 되니 전혀 어렵지 않다. 그러나 큰 수의 다각형인 경우에는 어떻게 해야 할까?

정오각형과 정육각형은 이미 고대인들도 그릴 줄 알았다. 혹시 모든 n을 그릴 수 있는 것일까? 아니다! 작도 가능한 n이 정확히 무엇인지는 가우스 덕분에 세상에 알려졌다. 이 n을 구하기 위해서는 먼저 2의 거듭제곱 더하기 1로 표시할 수 있는 소수를 찾아야 한다. 이런 소수를 페르마 소수라고 한다. 지금까지 알려진 가장 큰 페르마 소수는 65537이다. 간단한 예를 들자면 $5=2^2+1$, $17=2^4+1$이 있다. n이 페르마 소수이거나 이런 소수의 곱이면 (여기에 2의 거듭제곱을 곱한 수인 경우) 대응하는 정n각형을 작도할 수 있다. 다른 수는 안 된다. 예를 들어 7은 위와 같은 꼴로 쓸 수 없다. 그래서 컴퍼스와 자만 가지고 정7각형을 그리는 일은 불가능하다(물론 대충 비슷하게는 그릴 수 있겠지만, 수학자들에게 정확하지 않은 칠각형은 관심이 아니다). 가우스는 상당히 어린 나이에 17각형 문제를 집중적으로 연구했으며 작도가능하다는 것을 보였다.

그림 25 | 17각형

깜짝 놀란 선생님

다른 위대한 인물의 경우처럼 가우스에 대해서도 수많은 일화가 전해 내려온다. 가끔 그 진실성이 의심스럽기도 하지만 그 사람의 성격을 적나라하게 보여준다는 점에서 일화는 큰 의미를 지닌다. 다음은 그 중 가장 유명한 일화다(한번쯤 들어본 사람도 있을 것이다).

가우스가 학교에 들어간 지 몇 달 안 되었을 때의 일이다. 선생님은 아이들에게 자습을 시키기 위해 문제를 하나 냈다. $1+2+\cdots+100$은 얼마인가 하는 것이었다.

잠시 후 가우스가 손을 들고 정답은 5050이라고 말했다. 다른 아이들처럼 번거롭게 $1+2+\cdots+100$을 계산한 것이 아니라 합해야 할 수를 아래와 같은 방법으로 능숙하게 요약했기 때문이었다.

$$1+2+\cdots+100=(1+100)+(2+99)+\cdots+(50+51)$$

이 계산법의 장점은 모든 괄호의 합이 101이라는 데 있다. 즉, 더해야 할 수 50과 101을 곱하기만 하면 되는 것이다. $50 \times 101 = 5050$이다.

수학의 다른 분야에서든 '실생활'에서든, 어떤 접근법을 썼느냐에 따라 문제가 쉬워지느냐 어려워지느냐를 보여주는 일화다.

26 수학자들에게는 음악적 재능이 있다?

반음과 2의 12제곱근에 관하여

‘수학자들은 음악을 좋아한다.’는 편견은 쉽사리 사그라들지 않는 것 같다. 수학과 학생들을 자주 대하는 사람은 아마 그것이 편견이라는 것을 알 것이다. 수학자가 음악을 좋아하는 것은 의사나 변호사와 크게 다를 것 같지는 않다. 그러나 분명한 사실 하나는 음악과 수학이 매우 긴밀하다는 것이다.

이미 2,500년 전 피타고라스는 두 음이 간단한 수학적 관계 안에 있을 때 훨씬 듣기 좋은 화음이 만들어진다는 것을 발견했다. 예를 들어 현 하나가 다른 현보다 두 배 더 길면(재질이나 장력 같은 다른 것은 같을 때) 짧은 현이 내는 소리가 긴 현이 내는 소리보다 정확히 한 옥타브 높다(현재 우리가 아는 바에 따르면, 더 높은 음정의 주파수, 즉 초당 진동수가 낮은 음정의 주파스의 딱 두 배다). 완전 5도의 경우, 이 비율은 2 대 3이다. 피타고라스학파는 이 원리로 음계를 만들었는데, 단순한 수학적 관계와 귀를 즐겁게 하는 음악을 주는 것과의 관계가 — 모든 문화권에서 발견된다 — 무엇인지는 여전히 숨어 있었다.

그러나 피타고라스 음계에는 결정적인 단점이 있었다. 음조변화를 위해 새로운 기본음을 사용할 경우, 새 음계의 수학적 관계와 기존의 음계에서의 관계가 맞아떨어지지 않았다는 것이다.

이런 점을 보완하기 위해 나온 아이디어가 바로 '민주주의적인' 12음계인데, 옥타브를 열두 개의 평등한 반음으로 나누어 버린 것이다. 반음을 높일 때 진동수는 $\sqrt[12]{2}$, 즉 1.059463094배로 증가한다. 이렇게 해서 300년 전에 평균율*이 탄생했고, 요한 세바스티안 바흐는 '고른율 클라비어 곡집'을 통해 — 각각 스물 네 개의 장조와 단조로 쓴 서곡과 푸가 악보의 모음집 — 악기를 다시 조율하지 않고도 어떤 조성으로도 연주할 수 있음을 보여주었다.

음악과 수학의 긴밀한 관계는 이것으로 끝나지 않는다. 20세기 많은 작곡가들은 조율법부터 대규모 음악 구성 형식에 이르기까지 다양한 수학적 관계를 작곡에 이용하였다. 예를 들어 작곡가 이안니스 크세나키스는(1922-2001 – 옮긴이) 확률론, 게임이론, 군론을 작곡의 편제 원리로 이용했다.

그러나 수학이 아무리 훌륭한 학문이라고 해도 슈베르트의 소나타나 좋아하는 팝송을 들을 때의 감동을 수학 공식으로 설명하는 것은 불가능할 것이다.

---

* '고른율'이라는 용어는 반음 간격이 거의 비슷한 조율법이면 어느 때든 사용할 수 있다. 여기에서 '평균율'이라는 용어는 반음이 정확히 2의 12제곱근인 경우만 지칭하기로 하자.

피타고라스 음계와 반음계

왜 여기서 갑자기 2의 12제곱근에 대한 이야기가 나오는가? 예를 들어 옥타브를 n개의 부분으로 균등하게 나눈다고 생각해 보자. 여기서 n은 자연수다. 기타 만드는 사람이라면 기타 목에서 기타의 중간까지 프렛을 붙이는데, 한 옥타브 위의 소리에 대응하도록 마지막 프렛은 정확하게 중간에 오도록 조정을 해야 할 것이다. 소리의 간격이 모두 같으려면, 개방현과 첫 번째 프렛이 내는 음정 사이의 진동수의 비는 첫 번째 프렛과 두 번째 프렛이 내는 음정 사이의 진동수의 비와 같아야 하고, 그 뒤도 마찬가지다. 이 진동수의 비를 x라고 하면 쉽게 계산할 수 있다. k개의 반음만큼 차이가 난 두 음정을 동시에 퉁기면[**] 진동수의 비는 x^k이다. 특히 n번째 음은 옥타브와 일치해야 한다. 그러므로 $x^n=2$이다. 평균율로 조율하는 경우 $n=12$이고, 그래서 $x^{12}=2$라는 등식에 이르게 한다. 답은 $x=\sqrt[12]{2}=1.0594\cdots$이다.

그림 26 ｜ 평균율로 조율된 악기

 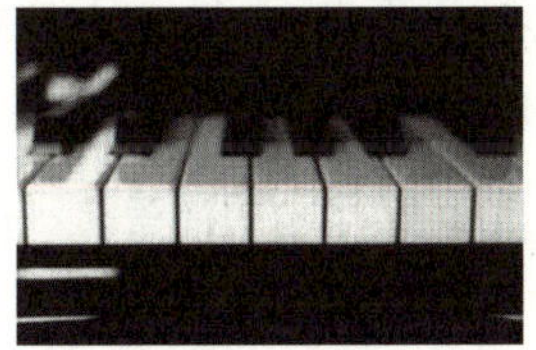

[**] 이 두 개의 음은 물론 똑같이 조율된 서로 다른 두 개의 기타에서 만들어져야 한다.

C#에서 C까지, 또한 D에서 C#까지의 진동수의 몫은 1.0594이다.
이것으로 D에서 C까지의 진동비율을 계산할 수 있다.

$$\text{'D에서 C까지'} = \text{'D에서 C\#까지'} \times \text{'C\#에서 C까지'}$$

$$= 1.0594\cdots \times 1.0594\cdots = 1.12246\cdots \text{이다.}$$

다음 표는 피타고라스 음계와 평균율로 조율한 음계의 진동수 비를
명시한 것이다(C장조 음계).

	피타고라스 음계	평균율
도	1	1
레	1.12500	1.12246
미	1.26563	1.25992
파	1.33333	1.33484
솔	1.50000	1.49831
라	1.68750	1.68179
시	1.89844	1.88775
도	2	2

양쪽의 진동수 비가 거의 동일하다. 예민하지 않은 귀를 가진 사람은
거의 차이를 느끼지 못할 정도다. 그래서 대중 음악에서는 평균율이 거
의 주류인데, 초기의 악기들로 연주됐던 음악일 때는 연주자들이 작곡
당시의 소리를 내기 위한 시도를 자주 한다.

27 어, 또 줄을 잘못 섰잖아?

줄 서기

이번 장에서는 다시 인간의 심리에 대한 연구를 해보자. 마트에서 계산을 할 때나 우체국에서 줄을 서 있을 때 내 줄보다 내 옆에 있는 줄이 훨씬 빨리 짧아진다는 생각을 한 적이 있는가? 아마 세상 모든 사람이 그렇게 생각할 것이다. 그러니 억울해 할 필요는 없다. 그리고 그 이유 또한 아주 간단하게 설명된다.

예를 들어 거의 비슷하게 긴 줄 다섯 개가 있다고 해 보자. 그렇다면 우연히 가장 빠른 줄에 서게 될 확률은 $\frac{1}{5}$, 즉 20퍼센트다. 다른 말로 하면 오늘도 또 줄을 잘못 설 확률이 80퍼센트라는 얘기다. 이런 일이 반복된다고 생각해 보라. 재수 더럽게 없다는 생각이 드는 것은 당연하다.

이미 앞에서 여러 번 언급했듯이, 수학적 이해에 적합하지 않게 발달된 유전자 때문에 인간의 생각과 실제 사이에는 괴리가 크다. 기하급수적 증가를 상상하는 문제나 몬티홀 문제를 (14장) 직관적으로 이해하는 것이 힘든 이유가 다 여기에 있다.

앞으로 함께 생각해볼 문제에 앞서 밝혀 
두자면, 줄서기는 이미 오래 전부터 수학에
서 체계적으로 연구해온 문제이다. 확률론
연구 분야에서는 빼놓을 수 없는 터줏대감이 바로 '대기 이론(queueing theory)'이다.

그 쓰임새도 다양하다. 기다림의 타이밍 문제를 완전히 파악할 수만 있다면 신호등을 켜고 끄는 최적의 시간 간격을 알아낼 수도 있고, 인터넷에서 데이터를 보낼 때 네트워크의 가장 빠른 접속점을 찾아내 시간을 단축시키는 일도 가능해진다.

대기 이론

대기 이론은 확률론의 연구 분야다. 설명을 쉽게 하기 위해 가게를 하나 상상해 보자. 가게에 손님들이 들어온다. 그리고 볼일을 본 뒤 다시 나간다. 가게는 레스토랑일 수도 있고 백화점의 열쇠 코너일 수도 있다. 아니면 박물관에 구경 온 관광객이나 웹사이트의 방문자들을 '손님'으로 가정할 수도 있다.

다음과 같이 가정해 보자.

- 손님들은 무작위적으로, 그리고 한 사람씩 들어온다. 여기서 '무작위적으로'는 다음 손님이 언제 도착할지 모른다는 뜻이다(전문 용어로는 '지수분포 도착시간'). 그리고 단체손님은 일단 배제된

다.[*] 그러나 경험으로 미루어 볼 때 어떤 시간 간격으로 손님이 오는지 예상하는 것은 가능하다. 손님은 평균 K초마다 한 명씩 온다고 하자.

- '가게'에 들어오는 손님은 바로바로 일을 처리할 수 있다(가게에는 직원이 충분히 많다). 손님이 가게에 머무는 시간도 도착시간과 마찬가지로 원래는 정확히 예측할 수 없다. 그러나 경험적 평균치로 예상할 수는 있다. 이것을 L이라고 부르자. 이 L초 동안 '손님'은 가게에서 일을 처리한다.

경우에 따라 이 조건에 잘 맞아떨어질 수도 있고 그렇지 않을 수도 있다. 직원이 많고 빈 테이블이 꽤 많은 레스토랑이라면 잘 맞아떨어질 것이다. 보행자 거리에 위치한 관광객들이 많이 찾는 성당의 경우도 위의 조건에 상당히 근접한다고 할 수 있다. 매개변수 K와 L은 독립이고 상황에 따라 다르다. 성당의 경우, K가 작으면 관광객이 많이 오는 것이고, K가 크면 반대로 관광객이 적은 것이다. L은 성당의 볼거리를 의미한다고 할 수 있다. L이 작으면 관광객들이 잠시 들여다보기만 하고 떠나는 것이고, L이 크면 오랫동안 구경한다는 것을 의미한다(베드로 성당을 떠올려 보라!).

문제는 주어진 시간에 손님의 수를 예측하는 것이다. 질적으로만 보자면 상황은 명백하다. K가 크고 L이 작으면 '손님'이 없어 파리 날린다는 뜻이다. 하지만 우리는 좀 더 정확히 알고 싶다. 열쇠 코너에 기다

---

[*] 위의 예에서 관광객을 단체 관광객으로 상상할 수도 있다. 그러나 여기서 우리는 개인 고객만을 전제로 한다.

리는 손님을 위한 의자는 몇 개나 비치해야 하는가, 레스토랑에서 직원은 몇 명이나 두어야 하는가? 확률론을 사용하면 이런 예측이 가능해진다. 몫 $\dfrac{L}{K}$을 λ으로 표시하자. 이 λ가 특정한 순간 가게 내에 있는 손님의 수를 나타낸다. 그러면 k명의 손님이 가게에 있을 확률은 다음과 같이 주어진다.

$$\frac{\lambda^k}{k!}e^{-\lambda}$$

여기서 $k!$는 곱 $1 \times 2 \times \cdots \times k$('$k$팩토리얼')를 줄여 쓴 것이다. 그리고 $e = 2.718\cdots$은 오일러의 수로서 자연로그[*]의 밑이다.

예를 들어 K＝60, L＝120이라고 해보자. 평균 60초마다 손님이 한 사람씩 들어오며, 손님이 가게에 머무는 시간은 평균 120초라는 말이다. 즉, λ＝2이고, 정확히 k명의 손님이 가게에 있을 확률은 다음 표와 같다.

k	0	1	2	3	4	5
손님이 있을 확률	0.135	0.271	0.271	0.180	0.090	0.036

네 개의 의자를 비치한다면 열쇠를 맞추러 온 손님이 서서 기다릴 일은 거의 없을 것이다. 많아봐야 네 명의 손님이 올 확률은 0.135＋0.271＋0.271＋0.180＋0.090＝0.947이므로, 다섯 명 이상의 손님이 올 확률은 1－0.947 즉, 5퍼센트가 약간 넘을 뿐이다.

---

[*] 이것에 대해서는 42장에서 자세히 다룬다.

28 부당하게 저평가된
수, 0(영)

0(영)

수는 추상이다. 사과 다섯 개의 집합과 배 다섯 개의 집합이 가진 공통점은 원소가 다섯 개라는 것이다. 여기서 '다섯'이라는 개념이 나온다. 그리고 사람들은 곧 이 개념에 기호를 붙여 사용하는 것이 얼마나 편한지 알게 된다. 이것은 모든 문화권에서 공통적으로 나타나는 현상이며 유치원 아이들도 능숙하게 다루는 간단한 수학이다.

그렇다면 영은 어떤가? 집합에 원소가 하나도 없는 일은 별 대단한 일이 아니다. 그럼에도 불구하고 영에 따로 기호를 붙여야 한다는 의견이 관철되기까지는 수백 년이라는 시간이 걸렸다. 예를 들어 로마숫자에는 영이 없었다. 이 수 체계가 계산에 적당한 체계가 아니었다는 것은 쉽게 상상할 수 있을 것이다. 영이 도입되고 나서야 큰 수도 일목요연하게 표현할 수 있고, 계산도 편하게 할 수 있게 되었다.

구구단을 외울 줄 알고, 한 자리 수의 덧셈과 곱셈을 할 줄 아는 사람이라면 별 어려움 없이 아주 큰 수도 셈할 수 있다. 여기서 0이 근본적으로 중요한 역할을 담당한다. 예를 들어 702에서 0은 10자리 수가 없다는 것을 나타낸다. 그리고 하나의 수 뒤에 0이 많이 따라올수록 그 수의 가치는 높아진다. 1000의 1은 10의 1보다 훨씬 큰 가치를 지닌다.

인도인의 자리표기법에서 0은 하나의 특수부호일 뿐이었다. 그 자리에 아무것도 오지 않는다는 것을 표시하기 위한 부호였다(물론 아무것도 쓰지 않는 것보다는 훨씬 실수를 줄일 수 있었다). 카플란은 그의 책 『0의 역사』[*]에서 이렇게 썼다. "마치 쉼표가 알파벳이 아니듯 영은 숫자가 아니었다." 16세기 초에 들어서야 영은 '완전한 가치를 지닌' 수로서 수 체계에 편입된다.

수학자들에게 있어서 0은 숫자를 표현하는 큰 역할 이상의 의미가 있다. 0은 가장 중요한 수 중 하나이다. 이것은 더했을 때 아무런 변화를 일으키지 않는 0의 순수한 성질에 기인하는데, 이 성질 때문에 '중립적 원소' 혹은 '덧셈의 항등원'이라는 표현을 사용하기도 한다. 수의 세계에서 0은 양수와 음수의 중간에 서서 중심의 역할을 한다.

그러나 0이 완전히 자리를 잡은 것은 아니다. 아마 늦어도 2100년을 앞둔 연말에 또 한 번 큰 토론이 있을 것이다. 시간계산을 0에서 시작할 것인지, 아니면 1에서 시작할 것인지를 두고 22세기가 시작되는 정확한 시점이 어디인지 의견이 분분해질 것이기 때문이다.

---

[*] 옥스포드 대학 출판사, 2000년.

어떻게 미지수를 찾을 것인가?

간단한 덧셈 문제를 가지고 셈에서 영의 활약상을 살펴보도록 하자. 여기서는 아래와 같은 정수의 범위를 떠나지 않을 것이다.

$$\cdots, -2, -1, 0, 1, 2, 3, \cdots$$

먼저 일 단계에서는 위에서도 말했지만 영이 셈의 결과를 변화시키지 않는다는 사실을 다시 한 번 각인하자. y가 어떤 수이든 상관없이 $y+0=y$이다. 이 단계에서는 '늘 영으로 돌아갈 수 있다'에 대해 알아 보자. 이 말은 y가 어떤 수이든 $y+w=0$인 w를 구할 수 있다는 말이 다. 즉, $y=5$라면 $w=-5$이고, $y=-13$이라면 $w=13$이 된다. 보통 이 w를 $-y$로 표시하고 'y의 (덧셈의) 역원'이라고 부른다. 방금 살펴 보았듯이 $-(-13)$은 13이다('부정의 부정은 긍정이다'라는 말로 외었던 원리가 바로 이것이다).

이제 방정식을 풀 준비가 되었다. 다음의 방정식에서 x를 구해 보자.

$$x+13=4299$$

미지수 x를 구하기 위해서는 각 항에 13의 덧셈의 역원인 -13을 더 하면 된다. 그러면 아래와 같은 식이 된다.

$$x+13+(-13)=4299+(-13)$$

왼쪽 항은 $x+\{13+(-13)\}$로 바꿔 쓸 수 있다. 덧셈의 결합법칙이 성립하기 때문이다[*]. 그리고 $13+(-13)$은 0이다(역수를 더한 이유는 0을

---

[*] 20장 참고.

만들기 위한 것이었다). 원래는 $x+0$이라고 써야 하지만 0의 '중립적' 성질 때문에 그냥 x라고만 써도 된다. 정리하면 $x=4299+(-13)$이다. 보통은 $x=4299-13$이라고 쓴다. x가 4286이라는 것은 초등산수 실력이면 누구나 알 수 있다.

아주 번거롭게 계산을 해보았다. 물론 수학자들도 $x+13=4299$라는 과제를 받으면 바로 각 항에서 13을 뺀다. 여기서는 방정식 풀이의 어느 부분에서 0의 성질이 중요해지는지 정확하게 살펴보고 싶었던 것이다.

29 수를 세라!

이항계수: 몇몇을 조합한 결과

조합론은 수학의 여러 분야에서 중대한 역할을 하고 있는 권위 있는 연구 분야다. 어마어마하게 큰 수들이 등장하기는 하지만 그 기본내용은 단순하게 가능성의 가짓수를 세는 것이다. 예를 들어 이번 주 토요일에 로또를 사서 여섯 개의 숫자를 다 맞힐 가능성은 얼마나 될까?

1부터 49까지 번호가 적힌 작은 공 49개가 잘 섞여 있는 통을 상상해보자. 이 통에서 여섯 번 공을 꺼내 그 숫자를 로또에 표시한다.

49개 중 6개의 숫자를 뽑을 경우의 수는 얼마일까? 첫 번째 공에서는 49개의 경우의 수가 있다. 두 번째 공에서는 48개, 세 번째 공에서는 47개, 이런 식이다. 전부 해서 $49 \times 48 \times 47 \times 46 \times 45 \times 44$개의 경우의 수가 있다. 그러나 잠깐! 이 모든 가능성이 다 다른 로또조합을 뜻하지는 않는다. 여러 사람이 순서만 다르게 똑같은 숫자를 뽑을 수도 있다. 2, 3, 34, 23, 13, 19의 순으로 뽑은 경우는 23, 2, 34, 3, 13, 19의 순으로 뽑은 경우와 똑같아져 버린다. 그래서 같은 수들이 $6 \times 5 \times 4 \times 3 \times 2 \times 1 =$ 720가지의 방법으로 배열될 수 있다는 점을 계산에 포함시켜야 한다. 하나의 수가 첫 번째 자리에 올 가능성은 6가지, 두 번째 자리에 올 가능성은 5가지, 이런 식이기 때문이다. 그러므로 제대로 된 가짓수를 구하기 위해서는 $49 \times 48 \times 47 \times 46 \times 45 \times 44$를 $6 \times 5 \times 4 \times 3 \times 2 \times 1$로 나누어야 한다. 이렇게 해서 나온 가짓수가 13,983,816이다. 이 수는 이미 이 책의 첫 장에서 언급했다.

수를 셀 수 있는 사람은 확률 계산도 할 수 있다. 13,983,816개의 똑같은 경우 중 단 한 경우이기 때문에 로또에서 여섯 개를 다 맞힐 확률이 $\dfrac{1}{13983816}$ 이라는 사실이 힘 빠지게 할 뿐이다.

수백 년에 걸친 조합론의 역사에서 쌓인 이런 수 조합의 결과물은 셀 수 없이 많다. 수학자가 아니더라도 일상생활에서 흔히 접하게 되는 예도 많다. 예를 들어, 오늘 저녁 파티에서 게임 파트너를 정하기 위해 여자들의 이름을 쓴 쪽지를 모자에 넣은 뒤 남자들에게 하나씩 뽑으라고 한다면 아내나 여자친구의 이름을 뽑는 사람이 적어도 한 사람은 나올 것이다. 이 확률은 약 63퍼센트다.

가짓수 세기의 네 가지 기본문제

가짓수 세기에서는 언제나 뽑은 개수가 문제시된다. 전체 원소가 n개인 곳에서 k개의 원소를 뽑는 것이다. 그래서 셈을 시작하기 전에는 항상 두 가지 결정을 미리 해 두어야만 한다. 첫 번째는 뽑은 순서를 따질 것인가의 문제이고, 두 번째는 여러 번 뽑아도 되는가의 문제이다.

이 두 문제의 답에 따라 네 가지 경우가 생긴다.

경우 1: 순서가 중요하다. 여러 번 뽑아도 된다.

네 글자짜리 단어를 예로 들어 보자. 순서가 중요한 것은 OTTO는 엄연히 TOTO와는 다른 단어기 때문이다. 그리고 같은 글자를 여러 번 뽑아도 된다. OTTO에서처럼 같은 글자가 반복되는 경우도 많기 때문이다.

가짓수를 구하는 것은 아주 간단하다. n개의 가능성 중에서 k번 뽑기를 하는 것이므로 전부 $n \times n \times \cdots \times n = n^k$이다. 알파벳은 총 26개이므로 $n=26$, 네 글자 단어를 뽑으므로 $k=4$이다.

$$26^4 = 456976$$

즉, 456,976개의 네 글자 단어를 만들어낼 수 있다(여기에는 OTTO 뿐만 아니라 EXXY처럼 무의미한 네 글자 단어도 포함된다).

다른 예를 들어 보자. 0, 1, …, 9의 열 개의 숫자 중에서 네 개의 숫자를 뽑으면 네 자리 수를 얻게 된다. 여기서는 당연히 순서가 중요하다. 뽑기의 반복도 허용된다. 그러면 $n=10$, $k=4$이므로 $10^4=10000$, 즉 만 개의 가능성이 있다(이것은 은행의 현금 자동지급기를 사용할 때 필요한 비밀번호의 가짓수와 같다. 자동지급기를 쓰는 사람 수를 생각해 볼 때 많은 수는 아니다. 아마도 당신과 똑같은 비밀번

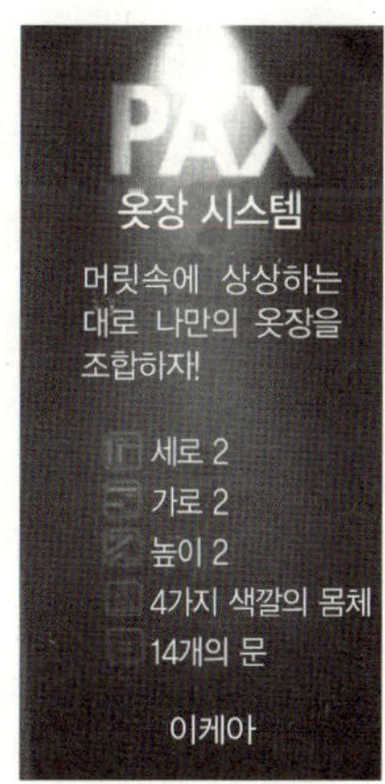

호를 쓰는 사람이 있을 것이다).[*]

여러 개의 집합에서 각각 뽑기를 해야 할 경우에는 또 문제가 달라진다. 만약 5개의 전채 요리와 7개의 주 요리, 3개의 디저트로 식단을 짠다면 과연 몇 개나 되는 식단을 짤 수 있을까? 앞에서 살펴보았던 것과 같은 원리로 $5 \times 7 \times 3$의 곱을 구하면 된다. 즉, 105개의 식단을 짤 수 있다.

그렇다면 이케아에서 제공하는 각각의 조립부품을 이용해서 만들 수 있는 PAX 옷장의 가짓수는 $2 \times 2 \times 2 \times 4 \times 14 = 448$개다.

경우 2: 순서가 중요하다. 여러 번 뽑기는 허용하지 않는다.

$n=20$, $k=11$의 전형적인 예로 20명의 학생 중 골키퍼, 왼쪽 수비수 등등 11명의 축구팀을 뽑는 것이 있다. 여기서는 순서가 중요하다. 골키퍼가 갑자기 미드필더가 된다면 완전히 다른 팀이 될 것이다. 그리고 뽑기의 반복이 허용되지 않는다. 같은 사람이 골키퍼를 하면서 동시에 미드필더를 할 수는 없는 노릇 아닌가.

이와 비슷한 예로 위원회에서 일할 사람을 뽑는 예가 있다: 회장, 부회장, 서기, 총무. 여기서도 순서가 중요하다. A씨가 회장이고 B부인이 총무인 위원회와 자리가 뒤바뀐 경우의 위원회는 아주 다른 모습일 테니 말이다. 또한 같은 사람이 감투를 두 개나 써서도 안 된다. 즉 뽑기를 반복할 수 없다.

이 경우의 계산도 단순하다. 첫 번째 뽑기에서는 n개의 가능성이 있

---

[*] 비밀번호를 공유하는 이들이 있다는 것을 증명하기 위해서는 '비둘기 집 원리'를 이용해야 하는데, 이것에 대해서는 62장에서 자세히 다룬다.

다. 두 번째 뽑기에서는 $n-1$개의 가능성이 있으며(첫 번째 뽑은 것은 더 이상 뽑을 수 없으니까), 그 다음은 $n-2$, 이런 식으로 k번 뽑을 때까지 계속 곱하는 것이다. 그러므로 각 단계의 뽑기에서 가능한 수의 곱은 다음과 같다.

$$n \cdot (n-1) \cdots (n-k+1)$$

(마지막 원소가 $n-k+1$이라는 것은 k개의 원소가 있다는 것을 확인시켜 준다.)

축구팀의 예를 보자.

$$20 \times 19 \times \cdots \times (20-11+1) = 20 \times 19 \times \cdots \times 10 = 6704425728000$$

즉, 6조 개 이상의 축구팀을 만들 수 있다.

이제 8명의 사람이 입후보한 위원회의 예를 보자.

$$8 \times 7 \times 6 \times 5 = 1680$$

즉, 1,680개의 위원회를 꾸릴 수 있다.

경우 3 : 순서는 중요하지 않다. 여러 번 뽑기는 허용하지 않는다.

아마 이 경우가 가장 흔하게 나타나는 경우일 것이다. 앞에서 든 로또 당첨의 예('49 중에 6')도 여기에 속하며, 비슷한 예도 수없이 많다.

- 몇 장의 스카트 카드패가 있을 수 있는가(32 중에 10)?
- n명의 사람들이 서로 끌어안거나 악수를 나누며 헤어지는 가짓수는 몇일까? n명 중 두 사람만이 끌어안거나 악수를 나눌 수 있을 테

니 $k=2$인 경우가 된다.

- $n=8$권의 읽지 않은 책이 있다. 그 중 $k=4$권의 책을 휴가에 가져가려고 한다. 얼마나 많은 가능성이 있을까?

로또 당첨 확률의 해답은 이미 앞에서 밝힌 바와 같다.

$$\frac{n \cdot (n-1) \cdots (n-k+1)}{1 \cdot 2 \cdots k}$$

이 표현은 수학에서 자주 사용되기 때문에 전용 기호가 붙게 되었다.

$$\binom{n}{k} = \frac{n \cdot (n-1) \cdots (n-k+1)}{1 \cdot 2 \cdots k}$$

'n 조합 k'이라고 읽으며 '이항계수'라고 부른다.

스카트 카드의 예에 이 식을 적용하면 가능한 스카트 카드 조합의 가짓수는 64,512,240이다. 그리고 20명이 끌어안거나 악수를 나누며 헤어지는 가능성은 $\dfrac{20 \times 19}{1 \times 2} = 190$이다.

경우 4: 순서는 중요하지 않다. 여러 번 뽑아도 된다.

이것은 잘 일어나지 않는 경우이다. k개의 공을 n개의 서랍에 나누어 담는다고 생각해 보자. n개의 수에서 하나의 수를 '뽑는 것은' 다음 공을 몇 번째 서랍에 넣는지를 결정하는 것과 마찬가지다. 하나의 서랍에 여러 개의 공을 집어넣을 수 있다, 즉 뽑기를 반복해도 된다. 그리고 먼저 서랍4에 넣은 뒤 서랍2에 넣어야 한다거나 하는 식으로 순서를 따지지 않아도 된다. 이 가짓수를 구하는 데에는 꽤 머리를 써야 한다. 다음은 그 결과다.

$$\binom{n+k-1}{k}$$

두 개의 공을 다섯 개의 서랍에 넣는 가능성은 아래와 같다.

$$\binom{5+2-1}{2}=\binom{6}{2}=\frac{6\cdot5}{1\cdot2}=15$$

여섯 개의 공을 열 개의 서랍에 넣는 가능성은 아래와 같다.

그림 27 | 두 개의 공을 세 개의 서랍에 넣는 가능성: $\binom{3+2-1}{2}=\binom{4}{2}=6$

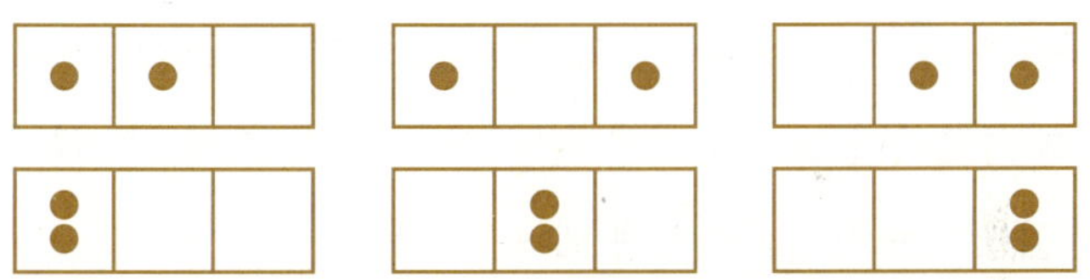

$$\binom{10+6-1}{6}=\binom{15}{6}=\frac{15\cdot14\cdot13\cdot12\cdot11\cdot10}{6!}=5005$$

이 예는 얼핏 보기엔 난해한 학문적인 문제에 불과해 보이지만, 예를 들어 입자물리학에서 k개의 전자가 n개의 전자껍질에 들어가는 방법의 수를 알고자 할 때 사용할 수 있다.

독학으로
천재가 된 남자

인도의 수학자 라마누잔

많은 시간을 들여 테크닉을 익히고 골치 아픈 증명 때문에 머리 싸맬 필요 없이 곧바로 수학적 진실에 이르는 길은 없을까? 사실 그런 길은 없다고 봐야 한다. 그런데 예외는 있다. 인도의 수학자 스리니바사 라마누잔(1887~1920)이 그 대표적인 예일 것이다. 이 장에서는 라마누잔의 극적인 삶에 대해 잠시 이야기해 보자.

라마누잔은 남인도의 가난한 지역에서 태어났다. 그는 우연히 얻게

그림 28 ┃ S. 라마누잔(좌)과 G. H. 하디(우)

된 공식 모음집을 토대로 독학으로 수학의 기본원리를 익혔다. 그렇게 혼자 힘으로 수론의 많은 공식을 발견했다. 그 중에는 유럽의 수학자들이 이미 알고 있는 것도 있었지만 대부분은 새로운 것이었다. 대학졸업장이 없었기 때문에 자신의 능력에 맞는 일자리를 구하지 못한 라마누잔은 육체적으로나 정신적으로 완전히 쇠진한 상태로, 틈이 날 때마다 새로운 수학적 지식을 찾으며 하루하루를 살아가고 있었다.

명문 캠브리지 대학교와 인연이 닿은 것은 행운이었다. 라마누잔은 유럽의 여러 수학자들에게 편지를 써서 보냈는데, 공식을 가득 끼적거려 놓은 편지 속에서 그의 비상함을 알아본 사람은 오직 한 사람뿐이었다. 편지가 인연이 되어 캠브리지로 간 라마누잔은 수년간 저명한 수학자들과 함께 생산적인 연구 활동을 했다. 그러나 강도 높은 연구와 낯선 환경에의 부적응으로 병이 나 곧 영국을 떠났다. 그리고 인도로 돌아온 뒤 얼마 지나지 않아 죽었다.

라마누잔이 가졌던 수학적 진실에 이르는 직관력은 아마도 영원히 인류의 수수께끼로 남을 것이다. 그의 파란만장한 생애를 생각하면 씁쓸함을 감출 수 없다. 라마누잔 같은 천재들의 능력이 단지 그들이 태어난 나라의 교육정책이 뒷받침해 주지 않는다는 이유 때문에 능력을 계발하지 못한 채 운명의 손에 내맡겨진다는 것은 한번쯤 깊이 생각해 봐야 할 문제다.

라마누잔이 현대에 살았다면 더 많은 기회를 얻었을까?

라마누잔이 쓴 혼란스러운 편지를 보고 고드프리 해럴드 하디(1877~1947)가 발신자의 천재성을 직감한 것은 수학의 역사에 있어서는 큰 행운이라고 할 수 있다. 다른 유명한 수학자들도 라마누잔의 편지를 받았지만 그의 재능을 알아보지 못했다.

이것은 오늘날에도 충분히 일어날 수 있는 일이다. 대학에서 일하는 수학자들은 새로운 수학적 발견이라며 보내 오는 수많은 편지와 이메일을 받는다. 대부분의 경우, 쓱 한 번만 훑어봐도 오류가 있거나 이미 발견된 내용이라는 것을 금방 알 수 있다. 이런 편지에 등장하는 단골메뉴는 페르마의 정리의 '증명', 원적문제, 골드바흐의 추측 문제다.* 이런 논증에는 항상, 정말 하나도 빠짐없이 기본적인 오류가 들어 있다. 가끔은 오류들이 금방 눈에 띄지 않게 숨겨져 있는 경우도 있다. 그럴 때면 그 논증한 사람을 이해시키는 데 아주 많은 시간이 든다. 이것이 귀찮아서 답장을 하지 않을 경우, 욕먹을 각오를 단단히 해야 한다. "이런 중대한 발견을 알아보지 못하다니 당신이 수학자의 자격이 있소? 당신네 대학도 마찬가지요!" 그래서 많은 연구기관들이 — 예를 들어 프랑스 아카데미 — 이런 편지에 아예 응답하지 않는 정책을 택하고 있다.

그러나 페르마/원적/골드바흐 수준 아래로 살펴보면, 가끔씩 비전문적 수학 세계에서 보내져 오는 아주 흥미로운 아이디어들과 만나볼 수 있다. 지난 십 년간의 경험에서 라마누잔 같은 천재는 없었지만, 체계적 교육을 받지 않은 사람의 참신한 아이디어에 놀랄 때가 많다.

---

* 89장, 33장, 49장 참고.

난 수학이 싫어요, 왜냐하면……

왜 수학은 인기가 없을까?

대부분의 사람들이 학창시절의 수학시간을 아주 나쁜 기억으로 떠올린다. 막 초등학교에 입학한 아이들은 숫자세기의 열혈 팬들이다. 백까지 셀 수 있다는 것을 보여주기 위해서 숨이 가쁘게 숫자를 센다. 그러다가 중학교에 들어갈 때쯤 되면 수학의 이미지는 말도 못하게 실추되어 있다. 고등학교 때부터는 몇몇 소수를 제외한 대부분의 학생들은 아예 손을 놓는다.

이유는 다양하다. 그 중 큰 이유는, 정말 재미있는 문제에 접근하게 될 때까지 알아야 할 기본원리를 배우는 것이 지루하기 때문이다. 이것은 물론 삶의 다른 분야에서도 일어나는 일이다. 프랑스어 단어와 문법을 익히지 않으면 프랑스어로 된 소설을 읽을 수 없다. 올림다단조 음계를 연습하지 않으면 '달빛소나타'를 칠 수 없다. 그러나 특히 수학에서는 테크닉을 연습하는 수준에서 머무는 것이 위험해 보인다. 음악과 비유하면, 코드 연습만 하고 그 코드로 어떤 음악을 연주할 수 있는지 모른다면 얼마나 재미없겠는가.

기본적인 셈을 넘어선 단계에서도 문제는 마찬가지다. 수학으로 세상의 문제에 정말 더 잘 대처할 수 있는 것인지 묻게 된다. 풍자저널 '타이타닉'에 '세상을 등진 수학'에 대한 농담이 실린 적이 있다. '만약 닭 한 마리 반이 하루 반나절 동안 한 개 반의 달걀을 낳는다면, 하루에 한 마리의 닭이 낳는 달걀의 개수는?'

이 책을 자발적으로 읽고 있는 독자라면 분명히 극단적 수학 혐오자는 아닐 것이다. 그러나 왜 다수의 국민들이 그토록 수학을 싫어하는지 여론조사라도 하고 싶은 심정이다. 그렇게 해서라도 해결방안이 모색된다면 좋겠다.

수학 혐오자들이 줄고 있다?

신문에 칼럼을 게재하면서 나는 독자들이 내게 수학에 대한 의견을 보내주기를 바랐다. 물론 몇몇 독자들의 의견이 국민의 의견을 대표한다고 보기는 어렵다. 하지만 사람들이 수학이 인기 없는 이유로 항상 다음의 두 가지를 꼽는다는 것은 주지할 만한 사실이다.

- 수학 교사들이 수학을 뜬구름 잡는 과목으로 만들었다. 증명과 논리적 구성을 저학년부터 너무 빨리 가르치기 시작한다. 수학 시간에는 다수의 학생들이 '수학 포기자'가 된다. 아주 나쁜 기억으로는 반의 나쁜 성적 때문에 수학 교사들에게 비꼬는 말을 들은 일이

꼽혔다.

- 두 번째는 도대체 이 공식이 어디에 쓸모가 있는지 알려주지 않는다는 것이다. 수학이라는 학문과 실생활과의 관계가 전혀 생성되지 못한다는 의견이 많았다. 가장 긍정적인 의견이라고 해봐야 두뇌게임 정도다.

내가 너무 낙관적인지도 모르겠지만 수학을 혐오하는 경향은 점차 줄어들고 있다. 광고에서도 수학은 더 이상 장식적인 역할로서가 아니라 (어렵다! 난해하다!) 지성적인 분위기를 대변하는 역할로 투입되곤 한다. 적어도 정치가나 연예인들이 자기가 학교 다닐 때 수학을 얼마나 못했는지 자랑스럽게 떠벌리는 일은 더 이상 없지 않은가! 학교와 대학에서는 이런 분위기를 유지시키는 데 많은 노력을 하고 있다.

다음 문구를 보면 상황의 심각성을 잘 알 수 있다.

> 독일 국민 네 명 중 세 명은 셈을 못한다.
> (어느 사립학교의 광고 중에서)

……. 피사(PISA. OECD 국제학생평가 프로그램을 줄여 부르는 말이다. 읽기, 수학, 과학 세 분야에서 OECD 국가의 만 15세 학생들의 능력을 평가하는 프로그램이다. 독일은 이 테스트에서 상당히 저조한 성적을 내는 편이어서 테스트 결과가 나올 때마다 범국민적 토론이 벌어지곤 한다 - 옮긴이)의 시험 답안지는 이런 모습일 수도 있다.

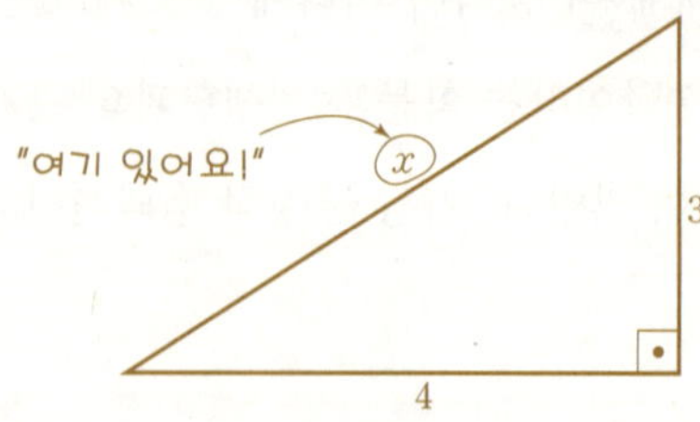

시사만화가 울리 슈타인도 이 테마에 착안하여 피사 토론을 소재로 한 그의 책에서 다음의 두 가지 상황을 재치 있게 그려냈다.

교사: 정말 너무 한다, 얘들아. 또 너희들 중 80퍼센트가 이해를 못했잖니?

한 학생이 화를 내며: 우린 30명도 안 돼요!

피자 가게 점원: 네 조각으로 잘라줄까, 아니면 여덟 조각으로 잘라줄까?

남자아이: 네 조각이요. 여덟 조각은 다 못 먹어요.

현대판 오디세우스, 세일즈맨

세일즈맨의 문제

독일의 여러 도시에 거래처를 가진 회사가 있다고 하자. 회사의 홍보 담당자는 새로운 상품을 소개하기 위해 회사차를 끌고 전국을 돌아야 한다. 어떻게 돌아야 할까? 당연히 모든 거래처에 한 번씩만 들러야 할 테고 전체 주행거리가 최대한 적게 나와야 할 것이다. 이렇게 최적의 경로를 찾는 문제가 바로 수학자들 사이에서 그 유명한 '세일즈맨 문제'다. 이름 때문에 비즈니스에 관련한 특수한 문제라고 생각할 수도 있는데 그렇지 않다. 이 문제는 어떤 일을 계획할 때(예를 들면 레이저 드릴로 전자회로판에 65,000개나 되는 구멍을 뚫어야 할 때) 흔히 부닥치게 되는 문제다.

사실 언뜻 생각하면 전혀 어려워 보이지 않는다. 방법의 가짓수는 한정되어 있으므로 머리를 잘 굴려보면 가장 빠른 길이 나타날 것으로 생각된다. 그러나 이것은 이론적으로나 가능한 일이다. 실제로 전국일주

의 가능성을 따져보면 무수히 많은 가짓수가 나오기 때문에 이런 생각
은 일찌감치 버리는 것이 좋다. 물론 진짜 세일즈맨이나 아니면 다른 이
유로 최단거리를 찾아내야 하는 사람들은 실질적으로 가능한 시간 내에
최적의(혹은 최적에 가까운) 경로를 찾아내는 구체적인 노하우를 가지고
있을 것이다. 그래도 근본적인 문제는 남는다. 이 문제는 얼마나 어려운
것일까? 수학의 역사상 아무도 효율적인 알고리즘을 개발할 정도로 명
민한 사람이 없었기 때문에 어려운 걸까? 아니면 도시의 수가 너무 많아
지면서 가능한 경로의 수가 폭발적으로 늘어나기 때문에 이 문제가 '내
재적으로' 어려운 까닭에 적절한 시간 내에 풀 수는 없기 때문인걸까?

사실 세상의 세일즈맨들은 이 문제에 별 관심이 없을 것이다. 하지만,
암호 체계의 안정성의 근거가 되는 어떤 문제와 이 문제가 본질적으로
는 동등한 정도의 난이도를 갖는 문제라는 것은 말해 두고 싶다. 백만
달러의 상금이 걸려 있는 것도 그런 이유에서다.

P=NP 문제

한 번씩 들러야 할 도시가 전부 50개라고 치자. 도시들 간의 거리는
표로 나와 있다고 하자. 이 회사도 경제위기에 대응해야 하기 때문에 최
대한 기름 값이 적게 드는 여행을 해야 한다. 출장비를 내주어야 하는
총무는 아마 다음의 질문에 관심을 보일 것이다.

2,000킬로미터로 전국일주를 하는 방법은 없을까?

다음의 두 가지 방법을 생각해 보자.

- 모든 여행코스를 하나하나 대조해 봄으로써 문제를 해결하려는 것은 달걀로 바위치기다. 여행을 시작할 때는 50개의 가능성이, 그 다음 도시에서는 49개의 가능성이, 그 다음은 48, 이런 식으로 계산하면 다음의 결과가 나오기 때문이다.

$$50 \times 49 \times \cdots \times 2 \times 1$$
$$= 30414093201713378043612608166064768844377641568960512000000000000$$

이 정도면 최신 성능의 컴퓨터도 허덕인다.

- 찍는 방법도 있다. 머릿속으로 하나의 코스를 생각한 뒤 전체 주행거리를 계산해 보아서 2,000킬로미터가 넘지 않으면 답이 나온 것이다.

다시 말하면 이 문제는 어마어마한 행운이 따라 주어야만 풀 수 있는 문제이다. 행운 없이는 대대손손 여행코스만 계산하고 있어야 한다. 결론은 누군가 실질적으로 가능한 시간 안에 이런 문제를 풀 수 있는 방법을 생각해 내야 한다는 것이다. 부끄럽게도, 아직까지 아무도 이 문제를 증명하지 못했다. 전문가들은 P=NP 문제라는 표현을 쓴다. 여기서 P는 빠른 해결방법이 있는 것을 의미하고[*], NP는 제시된 답이 맞는지 틀리는지 합리적인 시간에 확인할 수 있는 문제를 말한다. 이 P=NP 문제에 백만 달러가 걸려 있다.[**]

---

[*] 다항시간 내에 답을 구할 수 있다.
[**] P=NP 문제는 57장에서 다시 다루어진다.

예시: 여행경로 선택하기

다음의 예에서는 임의로 선택하는 방법으로 컴퓨터에서 20개의 도시를 뽑았다. 그리고 60장에서 다루게 될 '시뮬레이티드 어닐링'의 절차를 통해 여행경로를 만들었다.

그림 29 ┃ 제시된 여행경로의 한 예

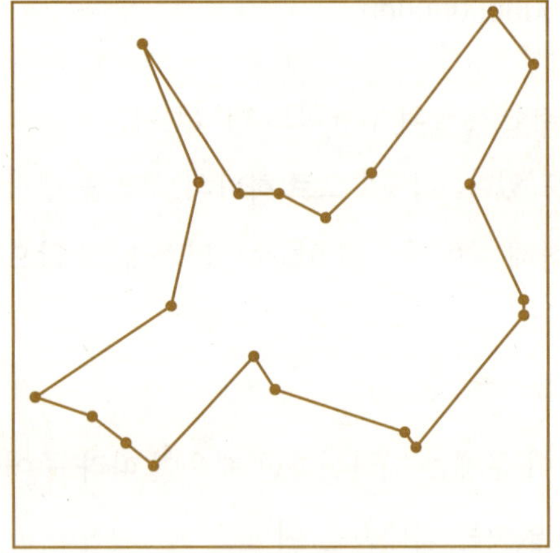

33 원적문제: 자와 컴퍼스로만

원의 넓이를 구하라!

언제부턴가 일상에서도 '원적문제'라는 말을 사용하게 되었다. 보통 해결이 거의 불가능해 보이는 문제를 표현할 때 이 말을 쓴다. '원적문제'에는 2,000년이 넘는 긴 시간 동안 많은 수학자들을 매료시킨 재미있는 이야기가 숨어 있다.

이야기는 고대 그리스에서 시작된다. 이 시대는 유클리드의 『원론』을 바탕으로 기하학이 탄탄한 토대를 마련한 시기다. 사람들은 자와 컴퍼스만 가지고 주어진 길이로 어떤 길이를 작도할 수 있는지 알아내기 위해 많은 힘을 쏟았다. 현대를 사는 우리에게는 왜 하필이면 그런 조건을 만들었는지 이해가 안되는데, 그것은 그 당시 사람들이 직선과 원을 특별히 완벽한 형태로 믿었기 때문이다.

학교 다닐 때 누구나 한번쯤 작도를 해봤을 것이다. 각을 반으로 쪼개거나, 정육각형을 그리거나, 탈레스의 원을 이용해 주어진 빗변을 가지고 직각삼각형을 구하는 등 컴퍼스와 자만 가지고도 많은 것을 할 수 있다.

　그러나 이 시대 사람들을 애먹인 문제는 이렇게 간단한 것이 아니었다.

자와 컴퍼스만 가지고 a를 반지름으로 하는 원의 면적과 같은
정사각형을 그리려면 어떻게 해야 하는가?

　이것이 바로 2,000년이 넘도록 많은 사람들이 노력했음에도 풀지 못한 원적문제다. 이 문제는 1882년이 되어서야 풀렸는데, 재미있는 사실은 해답이 기하학이 아니라 대수학 쪽에서 나왔다는 것이다.

　대수학자들은 수백 년에 걸쳐 수를 자세히 연구했고, 정확한 의미에서 '쉬운' 수와 '어려운' 수가 있다는 것을 알아냈다.[*] 컴퍼스와 자로 작도할 수 있는 수는 '쉬운' 수의 일부라는 것은 이미 오래 전부터 알려진 사실이다. 그러므로 누군가 원주율 π가 '어려운' 수라는 것을 증명해 내기만 하면 원적문제도 해결할 수 없다는 것이 증명되는 셈이었다. 많은 수학자들이 이 문제에 달려들었고, 결국 증명을 해낸 사람은 린데만이라는 수학자였다. 린데만이라는 이름에는 아마 영원히 이 말이 따라다닐 것이다. 어쨌든 수학에서 원적문제는 일상에서의 '가끔 불가능하다'는 의미와 달리 정말 해결 자체가 불가능한 문제다.

---

[*]　'쉬운 수'란 대수적 수라 부르는 것이고, '어려운 수'는 초월수라 부르는 것이다. 48장에서 더 다룬다.

컴퍼스와 자를 이용한 작도

작도에 대해 자세히 알아보자. 종이 한 장, 컴퍼스, 자가 있다. 종이에는 단위 길이가 표시된 선분이 그려져 있다. 이렇게 모든 조건이 구비되어 있는 상태에서 길이가 2인 선분을 작도하는 일은 어렵지 않다. 자로 직선을 하나 그은 뒤 이 직선 위에 컴퍼스로 단위 길이를 두 번 재어 옮긴다. 이런 식으로 3, 4, 5, … 모든 자연수를 작도할 수 있다. 그리고 컴퍼스를 옮기는 방향을 조절함으로써 덧셈과 뺄셈도 할 수 있다.

이제 반직선을 알아보자. 한 점에서 뻗어나가는 반직선 두 개가 있다. 그림에서 볼 수 있듯이 두 반직선은 두 개의 평행선과 만난다.

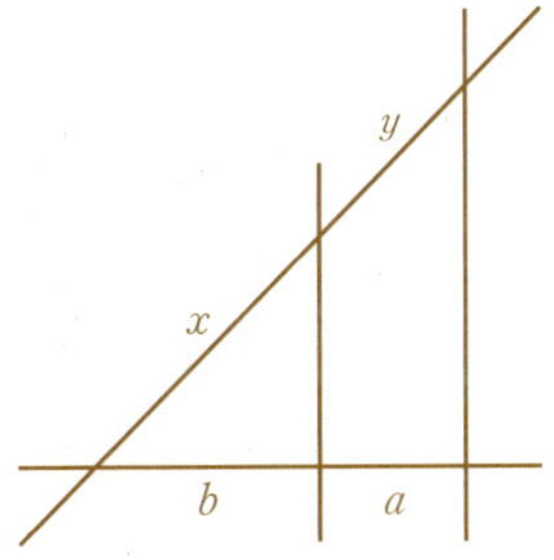

작은 삼각형과 큰 삼각형이 닮았으므로 다음 식을 얻는다.

$$\frac{x}{y} = \frac{b}{a}$$

만약 y를 단위 길이로 두고, a와 b는 이미 작도된 길이로 본다면 x의 길이는 $\frac{b}{a}$이다. 즉 작도 가능한 두 개의 길이가 있을 때 그 몫 또한 작도가 가능하다. 곱도 마찬가지다. a를 단위 길이로 두면 a는 1이므로 $x=b\times y$이다.

이제까지 살펴본 내용을 요약해 보자. 주어진 선분들을 연결하면 '$+$, $-$, $\times$, $\div$'을 사용하는 모든 연산의 작도가 가능해진다.

덧셈, 뺄셈, 곱셈, 나눗셈만 가능한 것이 아니다. 제곱근도 구할 수 있다. 다음의 직각삼각형을 보자. 높이의 제곱은 빗변의 구간의 곱과 같다는 것은 학교에서 배웠을 것이다($h^2=p\times q$).

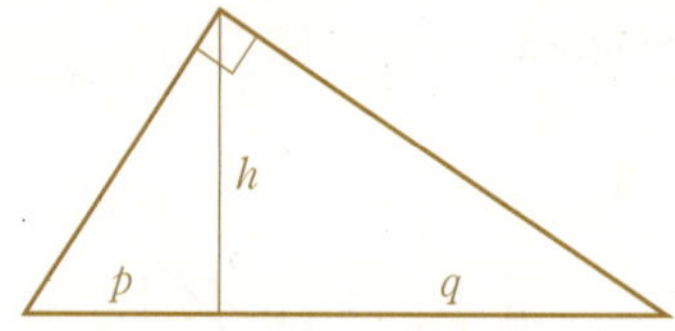

$p+q$를 삼각형의 빗변으로 하고 높이가 h인 직각삼각형을 작도해야 한다.

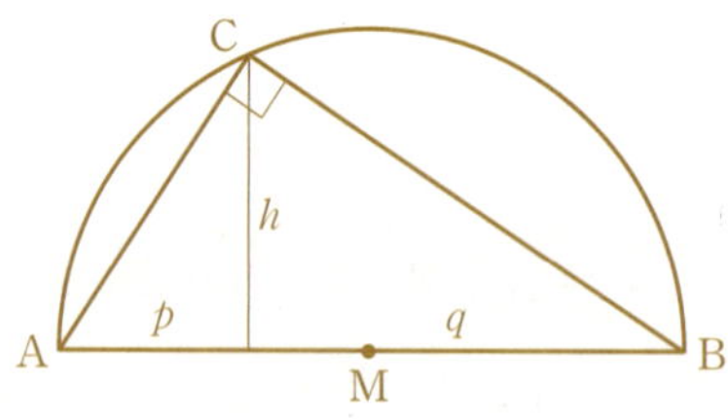

길이가 $p+q$인 선분 $\overline{AB}$에 수직인 선분을 그림 32에서처럼 작도한다. AB의 중점 M을 작도한 다음 M을 중심으로 하는 반원을 그린다. 수직선과 반원이 만나는 교점을 C라 하면 초등 기하로부터, 각 $\angle ACB$는 직각이다. 작은 두 삼각형과 큰 삼각형이 서로 닮아 있으므로, 닮은 삼각형들을 이용하면 비례식 $h/q=p/h$를 얻는다. 다시 말하면 h는 $p \times q$의 제곱근이다. p를 단위 길이로 두면, q의 제곱근을 작도한 것이다.

지금까지 알아낸 것들을 조합하면 꽤 복잡한 수도 작도할 수도 있다. n(자연수), $+$, $-$, $\times$, $\div$, $\sqrt{}$로 표현할 수 있는 것이면 무엇이든지 가능하다. 예를 들어 다음의 수도 작도할 수 있다.

$$\sqrt{\dfrac{3-\sqrt{2}}{5}}+6$$

루트의 루트는 $\sqrt[4]{}$이기 때문에($\sqrt{}$, $\sqrt[8]{}$, $\sqrt[16]{}$ 등도 마찬가지다) 별 어려움 없이 작도할 수 있다. 이렇게 한다면 아무리 복잡한 수도 얼마든지 작도가 가능해 보인다. 그렇다면 수 π라고 해서 안 될 이유가 있을까? 엄청나게 큰 종이를 준비해서 n, $+$, $-$, $\times$, $\div$, $\sqrt{}$를 잘 조합하면 가능할 수도 있지 않을까? 이 책의 논의 수준은 훨씬 뛰어 넘지만 린데만의 증명에 따르면 불가능하다. 이제까지 작도된 수들은 모두 원주율 π보다 훨씬 '쉬운' 수였던 것뿐이다.

컴퍼스와 자만을 이용한 작도

'컴퍼스와 자만'이라는 조건은 아주 엄격하게 지켜져야 한다. 만일 자에 무슨 표시 같은 것이 있으면 안 된다. 이 차이를 설명하기 위해서 두 개의 표시가 되어 있는 자로 하나의 각을 정확히 삼등분할 수 있다는 것을 보여 주겠다. 이것은 엄격한 대수적 증명이 보여 주는 바와 같이, 이 규칙('컴퍼스와 자만')을 제대로 지킬 경우에는 불가능한 일이다.[*]

임의의 각 ∠CBA를 가지고 설명해 보겠다(다음 그림을 보라. 각은 세 점에 의해 결정되며, 가운데 점이 꼭짓점이다).

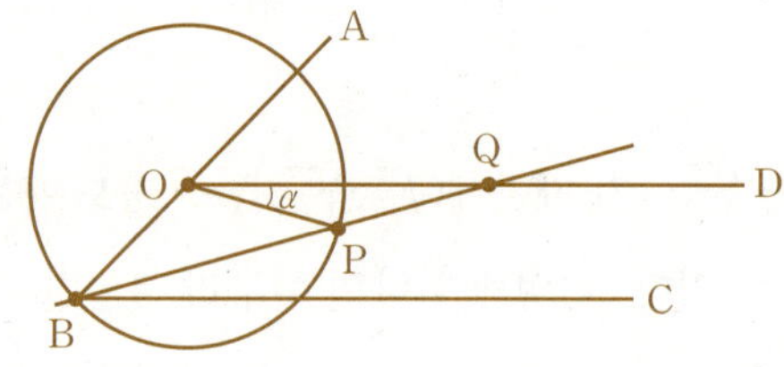

이 각을 삼등분해야 한다. 그리고 여기에 사용할 자에는 P와 Q라는 표시가 되어 있다. 먼저 $\overline{PQ}$의 길이를 B를 기준으로 해서 반직선 $\overline{BA}$ 위에 옮긴다. 이렇게 해서 생긴 점을 O로 표시한다. O를 중심으로 하는 원을 그린다. 그러면 이 원의 반지름의 길이는 $\overline{PQ}$와 같아진다. 원은 당연히 B를 지난다. O를 기준으로 $\overline{BC}$에 대한 평행선을 그려서 반직선

---

[*] 컴퍼스, 자, 그리고 작은 보조도구를 사용한 작도는 '뉴시스(neusis) 작도'라는 이름으로 17세기에 집중적으로 연구되었다.

$\overline{\text{OD}}$를 만든다.

이제 자를 동원한다. 먼저 자가 B 위를 지나도록 놓는다. 그리고 P가 원 위에 놓이도록 한다. 마지막으로 Q는 반직선 $\overline{\text{OD}}$ 위에 놓이도록 한다(그림 참조).

여기까지 했으면 다 끝난 것이나 다름없다. $\angle\text{POQ}$는 원래의 $\angle\text{CBA}$를 정확히 삼등분한 것과 같다.

이제 증명의 편의를 위해 $\angle\text{POQ}$를 α라고 부르자. 먼저 $\angle\text{PQO}$도 α와 같다는 것을 증명하자. 삼각형 OPQ에서 $\overline{\text{PO}}$와 $\overline{\text{PQ}}$의 길이는 같다(두 변의 길이는 원의 반지름과 같다). 따라서 두 밑각의 크기는 같다.

삼각형 OPQ의 모든 각의 합은 180°이고, 두 각의 크기를 이미 알고 있으므로 $\angle\text{OPQ}$의 크기는 $(180-2\alpha)°$라는 것을 알 수 있다. 따라서 $\angle\text{OPB}$도 2α이다. $\angle\text{OPB}$와 $\angle\text{OPQ}$를 합하면 180°이기 때문이다.

삼각형 BPO 역시 이등변삼각형이다. $\overline{\text{OP}}$와 $\overline{\text{OB}}$가 원의 반지름이기 때문이다. 즉, $\angle\text{OBP}$도 2α이다.

마지막 증명의 단계로 $\angle\text{QBC}$가 α라는 것을 밝혀 보자. 이 각은 $\angle\text{OQB}$와 일치한다. 두 각은 두 개의 평행선(반직선 $\overline{\text{BC}}$와 $\overline{\text{OD}}$)이 하나의 직선(자)과 교차할 때 생긴 엇각이기 때문이다. 정리하면 $\angle\text{OBC}$, 그리고 $\angle\text{QBC}$와 $\angle\text{OBQ}$의 합은 각각 3α이다. 즉, $\angle\text{POQ}$는 $\angle\text{CBO}$를 삼등분한 것과 같다.

구의 체적문제

위에서 보았듯이 '원적문제'는 작도의 규칙을 지킬 때에는 해결이 불가능하다. 그래서 일상생활에서 해결이 어렵다는 뜻으로 종종 사용한다.

2005년 밀 연립내각 협상에서 총리로 임명된 앙겔라 메르켈이 언론과의 인터뷰에서 "원적문제보다 더 어려웠다, '구의 체적문제' 만큼이나 어려웠다"는 표현을 한 적이 있다. 아마도 구를 같은 부피의 정육면체로 변환하는 문제를 의미한 것 같다. 반지름이 r인 구의 부피는 $\dfrac{4 \times \pi \times r^3}{3}$이고 변의 길이가 l인 정육면체의 부피는 l^3이므로, 식은 다음과 같다.

$$\frac{4}{3} \times \pi \times r^3 = l^3,\ \ \text{즉}\ \ l = \sqrt[3]{\frac{4}{3}\pi} \times r$$

다시 말하면 구의 체적문제는 $\sqrt[3]{\dfrac{4 \times \pi}{3}}$를 작도해야 한다.

이것이 가능했다면 위에서 언급한 방법으로 π의 작도도 가능할 것이다. 그리고 원적문제도 해결됐을 것이다.

그러나 컴퍼스와 자만을 가지고 세제곱근을 작도하는 것은 일반적으로 불가능하다.

앙겔라 메르켈의 말은 옳았다. 구의 체적문제는 원적문제보다 어렵다(단지 불가능한 두 개의 문제를 놓고 무엇이 더 어려운지 따지는 것이 의미가 있는지 모르겠다).

무한대 속으로의 한 걸음

귀납적 논증

무한을 파악하는 것은 어떻게 가능할까? 예를 들어, 첫 n개의 수들의 합이 항상 $n(n+1)$의 절반과 같다는 것을 어떻게 증명할 수 있을까? 4라는 숫자를 대입해 시험해보자. 첫 네 수의 합 $1+2+3+4$의 값은 10이고, 4를 위 식 $\dfrac{n(n+1)}{2}$에 대입했을 때도 $\dfrac{4(4+1)}{2}=10$이다. 4 대신 다른 수를 대입해서 계속 시험해 볼 수 있다. 그러나 언제나 그렇다는 것을 어떻게 장담할 수 있을까? 만 자리 수에서도, 1년간 생산된 잉크를 다 동원해야 찍어낼 수 있는 큰 수에서도 그렇다는 것을 어떻게 증명할 수 있을까?

하나씩 다 대입해 보는 방식으로는 어림도 없다. 세상의 모든 컴퓨터를 다 동원해도 20자리까지도 못할 것이다.

그럼 어떻게 해야 할까? 이런 명제가 참이라는 것을 증명하기 위해 수학자들이 사용하는 방법은 귀납법이다. 귀납법에서 할 일은 두 가지다. 먼저 대상이 되는 수 중 가장 작은 수를 사용해 이 명제가 참임을 밝힌다. 여기서는 가장 작은 수가 1이다. 첫 수의 합은 1이고, $\dfrac{1 \times 2}{2}$도 1이다. 그 다음으로는 어떤 수에서 참이면, 다음 수에서도 똑같이 참이라는 것을 증명해야 한다(아래에 풀이된다).

1일 때 명제가 참이므로 2일 때도 참이고, 2에 대한 증명이 되니까 3에 대해서도 증명이 되고, 이런 식으로 계속하다 보면 언젠가는 아주 큰 수도 증명이 될 것이다. 결과적으로 이 명제는 참이라고 할 수 있다. 마치 일렬로 쭉 늘어선 도미노 하나를 넘어뜨리면 그 다음 것들도 연쇄적으로 넘어지는 현상과 같다. 첫 번째 패를 넘어뜨리면 언젠가는 마지막 조각도 분명히 넘어진다는 이야기다.

귀납법의 큰 매력은 몇 줄 안 되는 증명으로 무한개의 명제를 증명할 수 있다는 것이다. 귀납법은 무한 개의 경우를 증명해야 하는 거의 모든 수학적 명제에 대해 증명할 수 있는 열쇠와도 같다.

귀납과정

이제 위에서 말한 합공식의 증명을 위한 귀납과정을 풀어보자.

$n+1$까지의 합, 즉 $1+2+\cdots+n+(n+1)$을 계산해야 한다. 앞 식 $1+\cdots+n$을 $\dfrac{n(n+1)}{2}$로 줄여 쓸 수 있다는 것은 이미 위에서 언급했다.

즉 $1+2+\cdots+n+(n+1) = \dfrac{n(n+1)}{2} + (n+1)$이다. 여기서 간단한 조작을 하면 $\dfrac{(n+1)(n+2)}{2}$가 된다. 이것이 바로 $n+1$을 위한 공식이다.

요약하면, n에 대한 식을 증명할 수 있으면 $n+1$에 대한 것도 증명할 수 있다.

공식은 어떻게 만들어지는가?

귀납법은 무한한 자연수에 대한 명제를 '형식적'으로 확인하는 방법이지만, 이러한 증명을 위해서는 명제를 찾아내는 일이 선행되어야 한다. 수학자들은 명제를 어떻게 찾아내는가?

여기서 바로 창의성이 요구된다. 직관, 경험, 행운뿐만 아니라 때로는 문제를 시각적으로 표현해 내는 능력도 필요하다. 명제가 어떻게 만들어지는지 앞의 예를 가지고 설명해 보겠다.

$$1+2+\cdots+n=\frac{n\times(n+1)}{2}$$

증명의 내용은 앞에서 이미 설명했다. 그런데 이 공식은 어떻게 만들어졌을까? 이 공식에 이르는 방법은 여러 가지다. 여기서는 두 가지를 소개하겠다.

하나는 $1+\cdots+n$의 합을 다음의 그림과 같이 상상하는 것이다.

그림 34 ┃ 시각화된 공식 $1+\cdots+n=\dfrac{n(n+1)}{2}$

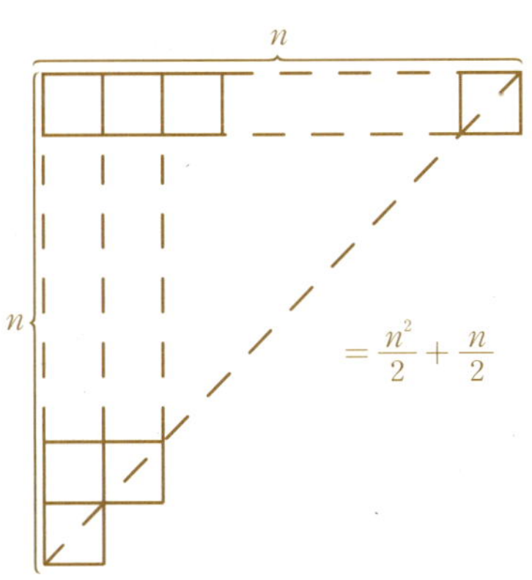

정사각형 하나에서 출발해 그 위에 두 개, 그 위에 세 개, 이런 식으로 정사각형의 수를 늘려가 n개의 정사각형이 놓일 때까지 계속 쌓는다. 그림으로 보면 마치 체스 판이 반으로 접힌 것처럼 보인다! 반으로 접힌 체스 판의 면적은 $\frac{n \times n}{2}$이다. 그러나 n개의 반쪽짜리 정사각형들이 대각선 바깥으로 삐져나와 있다. 정리하면 $1+\cdots+n$은 $\frac{n^2}{2}+n\left(\frac{1}{2}\right)$과 같다. 이것 역시 $\frac{n(n+1)}{2}$이다.

두 번째 방법은 25장에서 소개한 가우스의 일화에서처럼 하는 것이다. $1+\cdots+n$의 합은 $(1+n)+(2+(n-1))+\cdots$으로 쓸 수 있다. 즉 첫 번째 수와 마지막 수를 더하고, 두 번째 수와 끝에서 두 번째 수를 더하고, 이런 식으로 계속 더하는 것이다. 그러면 각각의 합이 모두 $n+1$로 같아진다. n이 짝수일 경우 $\frac{n}{2}$개이며, n이 홀수일 경우에는 $\frac{n-1}{2}$ 곱하기 $n+1$에다가 중앙에 위치한 수 $\frac{(n+1)n}{2}$을 더해야 한다.

결론을 말하면, n이 짝수일 때의 합은 $\frac{(n+1)n}{2}$이고, n이 홀수일 때의 합은 $\frac{(n+1)(n-1)}{2}+\frac{n+1}{2}$이다. 이 값 역시 $\frac{(n+1)n}{2}$이다. 즉, n이 짝수이든 홀수이든 상관없이 언제나 똑같은 합 공식을 얻게 된다.

또 하나의 귀납증명

귀납법으로 증명 가능한 사실의 예를 하나 더 들어 보자. 이번에는 'n개의 대상은 $1 \times 2 \times 3 \times \cdots \times n$가지의 방법으로 배열될 수 있다'는 명

제를 살펴보자.[*]

n이 작은 수일 때는 즉시 증명이 가능하다. 예를 들어 a, b, c 세 개의 대상의 배열 가능성은 $abc, acb, bac, bca, cab, cba$, 즉 $1 \times 2 \times 3 = 6$개이다.

'엄격한' 귀납증명을 하려면 다음과 같은 순서를 거쳐야 한다. 먼저 $n = 1$일 때의 명제가 참임을 증명한다. 대상이 하나일 때의 배열 가능성은 하나뿐이므로 $n = 1$일 때 명제는 참이다. 다음으로는 임의의 수 n에 대해 이 명제가 참임을 증명한다. 마지막으로 $n + 1$개의 대상에도 이 명제가 해당됨을 증명한다.

첫 n개의 대상을 1에서 n까지의 숫자가 씌어 있는 흰색 공이라고 생각해 보자. 그리고 $(n + 1)$번째 공은 붉은색이다. 모든 공의 배열 가능성을 알아내기 위해 우선 흰색 공의 배열 가능성을 알아보자. 앞서의 가정에 따르면 흰색 공이 배열될 가능성은 $1 \times 2 \times 3 \times \cdots \times n$이다. 이제 붉은 공을 어떻게 해야 할까? 맨 처음에 놓을 수도 있고, 두 번째 자리에 놓을 수도 있고, 맨 끝자리에 놓을 수도 있는 등 아주 다양한 가능성이 있다. 붉은 공이 $n + 1$개의 배열 가능성을 가진다는 말이다. 이렇게 해서 흰 공의 배열 가능성에서 모든 공의 배열 가능성을 알아낼 수 있다. $1 \times 2 \times 3 \times \cdots \times n$ 곱하기 $n + 1$, 식으로 정리하면 $1 \times 2 \times 3 \times \cdots \times n \times (n + 1)$이다. 이것으로 $n + 1$에도 이 명제가 참인 것이 증명되었다.

---

[*] 설명을 보충하자면, $n = 1$일 때의 배열 가능성은 1이고, $n = 2$일 때는 1×2이고, 이런 식으로 계속된다는 말이다. $1 \times 2 \times 3 \times \cdots \times n$은 $n!$으로 줄여 쓸 수 있으며 'n팩토리얼'이라고 읽는다. 27장 참조.

CD플레이어에 수학이 숨어 있다

부호화: 샘플링 정리

 어느 가정에서나 흔히 접할 수 있는 기계 중 가장 많은 수학을 담고 있는 것은 아마도 CD플레이어일 것이다. CD(콤팩트 디스크) 기술에 수학이 중요한 이유는 두 가지인데, 그 첫 번째는 연속적인 원음을 디지털화하면서 정보가 수많은 0과 1로 변환되는 과정 때문이다. CD음원을 읽어내려면 일 초당 44,000번의 진동이 측정된다. 신호처리에 관한 어느 연구 결과에 의하면 이것으로 인간이 들을 수 있는 모든 소리를 들을 수 있다고 한다(만약 인간의 청력이 더 좋거나 나빴다면 CD의 스캔비율도 지금과 달랐을 것이다).

 두 번째로 수학이 필요한 이유는 아무리 비싸고 훌륭한 기술을 사용해도 CD의 생산과 재생 과정에서 먼지나 고양이가 할퀸 자국 때문에 문제가 생긴다는 것이다. CD 속의 데이터를 읽을 수 없게 되어 속상했던 경험은 누구에게나 있을 것이다. 수백만 바이트 중 단 1바이트만 잘

못 전달되어도 파일 전체(예: JPEG 이미지, HTML 문서 등)를 읽지 못하게
되므로 이것은 큰 문제가 된다.

　그렇다고 해서 CD플레이어를 완벽하게 만들려고 한다면 CD도, 플레
이어도 대중적인 사용이 불가능할 정도로 비싸진다. 다른 가능성으로는
부호이론이 있다.* 수신자에게 메시지가 전달될 때 오류가 나더라도 내
용을 읽을 수 있게 하려면 어떻게 해야 할까? 열 글자짜리 문장을 모스부
호로 보내야 한다고 생각해 보자. 오타나 공기 중의 잡음에 의한 오류가
생길 수 있다. 그럼에도 불구하고 원래의 메시지가 잘 도착하게 하려면
어떻게 해야 할까? 똑같은 메시지를 '아주 여러 번' 보내는 방법이 있다.
수신자는 받은 메시지 중 가장 잦은 횟수의 것을 채택하면 된다. 그러나
CD에서 이 작업을 하려면 너무 시간이 오래 걸린다. 그래서 고안된 방
법이 원음의 길이를 실제로 보내지는 시그널보다 길지 않게 만드는 것이
다. 최근에는 CD 저장기술이 좋아져서 꽤 큰
홈집이 생겨도 CD 재생에 문제가 없게 되었다.
심지어 긁힌 자국이 있어도 재생할 수 있다.
LP판도 그러면 좋겠지만 레코드는 판 위의 먼
지 소리까지도 들을 수 있을 정도로 민감하다.

샘플링 정리
　음악이나 음향 신호가 가정의 CD플레이어에 도달하기까지는 다음의

---

* 　98장 참조.

과정을 거쳐야 한다. 먼저 음성신호를 디지털화해야 한다. 즉 아주 긴 0
과 1로 변환되어야 한다. '연속적인' 아날로그의 세계에서 '이산적인'
디지털의 세계로 변환하는 이 단계가 가장 중요한 단계다. 이 과정을 거
쳐야 음질의 손실 없이 데이터를 복사하거나 그 데이터로 다른 작업을 할
수 있다.

　이런 작업이 통하는 이유는 인간의 청력이 고도로 발달되지 않았기
때문이다. 만약 인간이 아주 높은 주파수의 소리를 들을 수 있었다면
CD는 나오지 못했을 것이다. 그러나 인간이 들을 수 있는 최고음역은
20킬로헤르츠이기 때문에 성공적으로 디지털화가 가능하다. 디지털화
는 다음 두 단계로 진행한다.

- 먼저 시그널을 필터를 통해 보낸다. 이 필터에서 인간의 귀로 들을
  수 없는 높은 주파수는 잘려나간다. 그러나 그 결과는 원음과 거의
  차이가 없다.
- 이렇게 제한된 주파수의 시그널을 재생하기 위해서는 충분한 횟수
  로 측정만 하면 된다.

두 번째 항목은 샘플링 정리에 관한 것이다. 자세하게 설명하면 다음
과 같다.

- 시그널에 여러 주파수가 섞여 있고, 그 중 최대 주파수가 f일 때 최
  대 $\dfrac{1}{2f}$의 간격으로 측정하면, 이 시그널을 복원할 수 있다.
- 예를 들어, 한 시그널 속에 최대 10킬로헤르츠의 주파수가 들어있

다면 샘플링 간격은 $\dfrac{1}{20000}$ 이면 충분하다. 다시 말하면 디지털 신호의 값을 일 초당 20,000번 읽어들여야(샘플링해야) 한다.

너무 추상적으로 들린다면 다른 분야의 예를 들어 보자. 일 초당 프레임 수를 조절할 수 있는 캠코더가 있다고 하자. 아들 녀석이 그네 타는 모습을 찍으려고 한다. 보통의 프레임 수를 적용하면 사실적인 동영상이 나올 것이다. 그러나 프레임 수를 너무 적게 하면 상당한 왜곡이 생길 수 있다. 아이는 그네를 크게 한 번 굴렀는데 프레임과 프레임 사이의 움직임은 아주 적게 구른 것처럼 나올 수 있다. 캠코더가 아이의 움직임을 다 읽어내지 못하기 때문이다. 샘플링 정리는 자연스러운 움직임이 나오게 동영상을 찍으려면 프레임 수를 몇으로 해야 하는지 알려주는 지표라고 할 수 있다.

36 멸종 위기에 처한 로그

로그 : 덧셈을 통한 곱셈

나이가 좀 있는 사람들은 학교에서 로그 계산을 했던 끔찍한(?) 기억이 날 것이다. 이 장에서는 로그의 부고장을 띄우려고 한다. 로그는 수학의 세계에서는 대체될 수 없는 중요한 입지를 가지고 있지만 엔지니어와 기술자들의 세계에서는 멸종 위기에 처해 있다.

로그의 장점을 설명하기 위해서 먼저 몇몇 단어의 정리부터 해야 할 것 같다. 우선 알아야 할 것은 수학자들이 거듭제곱을 어떻게 사용하는 가이다. 양수 a와 자연수 n에 대해 a^n은 a를 n번 곱하는 것을 뜻한다. 예를 들어, 3^4은 $3 \times 3 \times 3 \times 3$, 즉 81이며 10^6은 말할 것도 없이 백만이다. 만약 a를 자신과 n번 곱한 후, m번 곱한 것과 다시 곱하면 지수는 $n+m$이 되고, $a^{n+m}=a^n \times a^m$의 거듭제곱 법칙이 성립한다. 지수가 임의의 수일 때, 예를 들어 a의 제곱근을 $a^{\frac{1}{2}}$로 쓸 때도 같은 거듭제곱 법칙이 성립한다.

자, 이제 로그가 등장할 차례다. 계산이 복잡해지지 않도록 밑이 10인 경우만 살펴보자. b의 로그는 $10^m = b$인 수 m이다. 조금 전에 보았듯이 백만의 로그는 6인 것과 같은 이치다. 그러면 1,000의 로그는 당연히 3일 것이다. 일반적인 지수를 허용하였으므로 모든 양수는 로그 값을 갖는다는 게 중요하다.

중요한 것은 앞에서 언급한 거듭제곱 법칙에 따라 어떤 곱의 로그는 인수의 로그의 합과 같으며, 이런 방법으로 곱셈을 덧셈으로 변환할 수 있다는 것이다. b와 c를 곱해야 한다면 로그표에서 b와 c의 로그 값을 찾아 그 수를 서로 더한 뒤, 그 합을 로그 값으로 갖는 수를 찾으면 그것이 곱이다.

아직 컴퓨터가 널리 보급되지 않았던 시대에는 곱셈을 이런 식으로 했다. 즉 로그의 역할은 복잡하고 힘든 계산을 대신해 주는 것이었다. 사실 곱셈보다는 덧셈이 훨씬 쉽지 않은가? 이러한 문제의 '변형'은 일을 단순화시킨다. 일상생활에서도 이렇게 문제를 변형시키고 이동시키는 작업이 필요할 때가 있다.

또 하나의 부고장을 발행하는 데, 이건 최종적이며 회복 불가능하다. 이렇게 편리한 로그표는 사용자의 편의를 위해 계산자 형태로 만들어졌다. 이 계산자는 이제 박물관에나 가야 볼 수 있는 퇴물이 되어 버렸다.

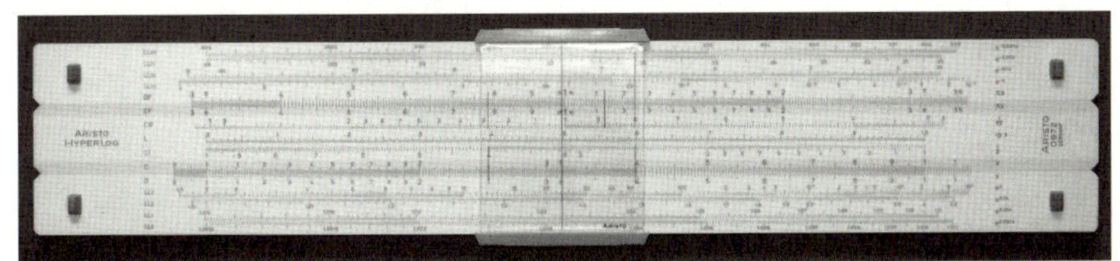

전형적인 로그 계산의 예

간단한 계산을 통해 부고장을 계속 써보자. 이번에는 계산기가 그리 흔하지 않던 시대에 하던 전형적인 로그 계산을 해보자.

예를 들어 3.45×7.61을 계산해야 한다고 치자. 계산한 값을 아직 모르니 x라고 부르겠다.

$$x = 3.45 \times 7.61$$

거듭제곱의 법칙에 따라 x의 로그는 3.45와 7.61의 로그의 합과 같다. 학교에서처럼 여기서도 상용로그를 사용해보자. 3.45의 로그는 0.53782 이고 7.61의 로그는 0.88138이다. 로그표에서 찾으면 이렇게 나온다. 즉 아직 모르는 x의 로그는 로그의 정의에 따라 $10^{\log x} = x$이므로

$$0.53782 + 0.88138 = 1.41920 \text{이다.}$$

$x = 10^{1.41920} = 26.25427$이다.

이 수를 알기 위해서는 로그표에서 1.41920이 로그 값인 수를 거꾸로 찾으면 된다.

그 결과는 거의 정확하다. 정확한 값은 다음과 같기 때문이다.

$$3.45 \times 7.61 = 26.2545$$

즉 문제를 로그로 변형시키면 복잡한 곱셈을 할 필요 없이 간단한 덧셈으로도 충분히 계산이 가능하다.

37 상 받을 만한 수학

아벨상과 필즈상

　혹시 수학에도 상이 있다는 말을 들어본 적이 있는가? 아직 들어보지 못했다면 아마 그 상금의 액수가 크지 않은 탓이거나 상을 받은 업적이 전공의 특성상 일반인에게 알려지지 않아서일 것이다.

　중요한 것만 짧게 요약해 보자. 수학사에 이름을 남기고 싶은 사람이 있다면 최대한 젊을 때 세간의 이목을 집중시키는 결과를 내놓아야 한

그림 36 | 수학자의 영예 – 필즈상

다. 이십대 중반이라면 딱 시작하기 좋은 나이인 것 같다. 그러면 4년마다 국제 수학자 대회에서 주는 필즈상을 바라볼 수 있다. 상금은 약 20,000달러이므로 갑자기 벼락부자가 될 일은 없다. 하지만 평생 먹고 살 걱정은 하지 않아도 된다. 여기저기서 서로 데려가려고 하기 때문에 일자리도 마음대로 고를 수 있고, 좋은 조건의 강연 문의도 줄을 선다. 필즈상은 그 명성으로 볼 때 '수학의 노벨상'과 같은 상이다. 그러나 수상자는 만 40세 이하로 제한되어 있고, 이 조건은 예외 없이 지켜진다 (그래서 지난 십 년간을 통틀어 가장 짜릿한 업적으로 평가되는 앤드류 와일즈의 페르마 정리의 증명은 1998년 베를린에서 열린 국제 수학자 대회에서 필즈상을 받지 못했다. 당시 와일즈의 나이가 사십을 넘었기 때문이다).

하지만 상금이 아주 많은 상도 있다. 지난 2000년 이후 어렵기로 소문난 문제 일곱 개에 각각 백만 달러의 상금이 걸려 있다. 내로라하는 석학들이 이를 악물고 덤벼들었지만 아직까지 한 문제도 풀리지 않은 상태다 (그리고리 페렐만이 푸앵카레 가설을 풀었다).

그 다음으로는 2003년에 제정된 아벨상이 있다. 아벨상의 상금수준은 노벨상과 비슷하다. 물주는 부자 나라인 노르웨이이다. 언젠가 이 상도 노벨상 수상식에 편입될 날이 오기를 희망해 본다. 아벨상의 첫 번째 수상자는 프랑스인 장 피에르 세르였다. 세르가 왜 600,000유로를 받았는지 아마추어에게 설명하기는 힘들다. 아마 이것은 오늘날의 학문이 너무 전문화되었기 때문일 것이다. 아니라고 생각하는가? 그러면 지난번 노벨 화학상을 받은 업적이 무슨 내용이었는지 말해 보라.

수학으로 부자 되기? 아마추어도 상을 탈 수 있을까?

수학에는 천재와 석학들도 풀지 못한 문제가 많다. 그 중 몇몇은 이미 이 책에서도 언급되었다(18장, 32장, 49장, 57장).

경우에 따라서는 상금이 상당한 금액이므로 문제를 푸는 사람은 명성만 얻는 것이 아니라 백만장자가 될 수도 있다. 그렇다면 과연 수학에 관심이 있는 아마추어들도 상을 탈 수 있을까? 수학의 역사에 보면 존중할 만한 것부터 놀랄 만한 것까지 아마추어 수학자들의 업적을 발견할 수 있다. 이 책에 소개된 사람 중에는 베이즈와 뷔퐁이 그런 예다(50장, 59장). 엄밀히 따지면 그 위대한 피에르 드 페르마도 법률가였으니 전문 수학자는 아니었다(89장).

비전문가가 아주 어려운 수학 문제를 푼다는 것은 사실 있기 힘든 일이다. 문제의 수준도 높을뿐더러 대부분의 가능성은 이미 누군가가 시도해본 상태이기 때문이다.

꼭 수학이 아니더라도 갑자기 뛰어든 아마추어가 그 분야 최고의 기록을 내는 일은 드물다. 여가 시간에 취미로 테니스를 치던 사람이 갑자기 윔블던 대회에 나가 우승을 하거나, 제대로 성악 수업을 받지 않은 사람이 오페라에서 '지크프리트'(리하르트 바그너의 가극 〈니벨룽엔의 노래〉의 주인공 — 옮긴이) 역할을 따내기는 힘들다.

공리는 뭣 하러 있나?

공리 시스템

네 살에서 일곱 살 사이의 아이들은 끊임없는 질문으로 주변 사람들을 성가시게 하곤 한다. 대화는 보통 '자동차는 어떻게 움직여?'라는 순진한 질문으로 시작한다. 그러나 모터, 연소, 화학작용 등등의 설명을 하다 보면 아무리 전문가라도 어느새 '그건 원래 그래!'라는 대답으로 토론을 끝내게 된다.

수학에서도 크게 다르지 않다. 원리의, 원리의 원리를 따지다 보면 끝도 없이 질문을 하게 되는 것이 수학이다. 그러나 이런 질문은 결국 비생산적으로 끝나기 때문에 더 이상 묻지 않아야 할 지점을 정하는데, 이것을 공리라고 한다.

최초의 공리체계는 이미 2,000년 전 유클리드에 의해 세워졌다(약 기원전 300년). 유클리드는 『원론』에서 기하학의 공리적 기초를 제시한다. 먼저 기하의 기본개념인 점과 선을 정의한 뒤 그 속성을 서술한다. 예를

들면 '두 개의 서로 다른 점 사이에는 그 위를 지나는 하나의 직선이 존
재한다.' 등이다.

그림 37 | 〈아테네 학당〉에 묘사된 유클리드(라파엘, 1510)

　현대에는 모든 수학 분야가 공리화되었다고 해도 과언이 아니다. 공
리는 기하뿐 아니라 수, 벡터, 확률에도 존재한다. 공리가 정해졌으면
이제 어떤 결과들이 나오는지 맘껏 연구할 수 있다. 끝없이 기본원리만
따지고 있는 것보다는 훨씬 재미있다.

　그런데 신기한 것은 몇 개 안 되는(예를 들어 기하학의) 공리에서 어떻게
이론이 생겨나고, 또 어떻게 그 이론이 우리를 둘러싼 세계의 수학적 모
델로서 기능하게 되는가 하는 것이다. 공리적 방법이 큰 성공을 거두자
다른 학문의 분야에서도 공리를 기초로 이론을 세우는 시도를 하게 되었
다. 그래서 역학에 대한 뉴턴의 주저서(『자연철학의 수학적 원리』)를 읽으
면 이미 제목에서부터 어딘지 모르게 수학교과서 같다는 느낌이 든다.

　'공리' 대신에 '게임규칙'이라는 말을 쓰면 이해가 훨씬 쉬워진다. 게
임의 규칙은(예를 들어 체스에서처럼) 이미 정해져 있다. 사람들은 이 규칙
의 근거를 찾는 데 머리를 쓰지 않는다. 오히려 이 규칙을 지키면서 하는

게임에서 이기기 위해 온 힘을 쏟는다. 이와 마찬가지로 수학자의 관심도 공리기 문제를 해결하는 데 도움이 되는지에 쏠려 있다.

힐베르트 프로그램

첫 번째 공리체계가 세워진 것은 2,000년 전이지만, 이 접근법이 성공리에 발전한 것은 고작 백 년 전부터다. 공리에 기반을 둔 수학 이론의 정립을 주장한 사람은 위대한 수학자 힐베르트였다. 기본적으로는 두 가지 목적을 달성하자는 것이다. 첫 번째는 공리에서 연역적 방법으로 결과를 도출함으로써 수학적 진실을 생산 가능하게 하자는 것이고, 두 번째는 의미를 가진 모든 명제가 참인지 거짓인지 구분해 낼 수 있어야 한다는 것이다. 예를 들어, '거듭제곱이 25인 수는 존재한다'는 '참!'이고, '$x=x+1$을 만족하는 x는 존재한다'는 '거짓!'이다.

그러나 그의 원대한 계획은 곧 물거품이 되었다. 젊은 논리학자 괴델이 나타나 '불완전성 정리'를 통해 이른바 '결정 불가능 명제'가 존재함을 증명했기 때문이다. 하나의 공리계에서 명제와 그 반대 명제가 동시에 추론될 수 있는지 아는 것은 불가능하다는 것과, 공리로 증명할 수 없는 참인 명제도 존재한다는 것도 증명되었다.

공리는 수학의 '법칙'

공리는 체스의 게임규칙과도 비슷하지만 법조항과도 비교할 수 있다. 법칙이 정해지고 나면 사람들은 처벌을 두려워하지 않고 할 수 있는 일이 있다. 변호사들에게도 도덕적 시비의 문제는 이차적인 문제일 뿐이고 법의 적용을 받느냐 아니냐가 관건이 된다. 수학에서도 법칙이 정해진 뒤 시간이 많이 흐르면 어떤 일이 생길지 알 수 없다. 바람직하지 않은 결론들만 나온다면 수정이 불가피해질 것이다. 마찬가지로 수학에서의 공리체계를 바꾸어야 할지도 모른다.

체스 게임과 달리 법에서는 도덕적인 문제도 등한시할 수 없는데, 수학도 마찬가지다. 수학자들은 자신의 연구가 인류공영에 쓰일 수도 있고 인류파멸에 쓰일 수도 있다. 예를 들어 최적화 문제는 비료를 만드는 데 쓰일 수도 있고, 생화학 무기를 개발하는 데 쓰일 수도 있다.

39 컴퓨터로 증명하기?

자동 정리 증명: 사색 정리

이 장에서는 기술의 발전과 함께 수학자들이 맞닥뜨리게 된 철학적 문제에 대해 이야기해 보자. 과연 어떤 조건을 만족해야만 수학적 문제가 증명되었다고 할 수 있을까?

기초가 이미 형성되어 있는 분야에서 '엄밀한 증명'이 무엇을 의미하는지에 대해서는 이미 2,000년 전에 의견일치가 이루어졌다. 증명하려는 명제를 기본 공리로부터 연역적으로 추론할 수 있으면 된다. 유클리드의 '기하학'이 그렇게 해서 만들어졌고 기하학을 모델로 한 다른 분야에서도 이 방법이 점차 자리를 잡아갔다. 그러나 19세기 중반이 되어서야 모든 수학 분야가 이 단계에 이르렀으니 시간이 꽤 오래 걸렸다고 할 수 있다. 무엇이 참이고, 어떤 증명이 맞는지는 수학계의 일반적인 의견이 무엇이냐와, 무엇이 전문가들의 축복을 받은 것이냐에 달려 있다.

이런 기준은 1970년대에 있었던 사색문제의 증명을 계기로 문제시되기 시작했다(사색문제란 지도를 색칠하는 문제인데 여기서 이 내용은 중요하지 않다. 99장에서 자세히 다루어진다). 이 증명에는 사람의 '손'으로는 할 수 없는 중요한 부분이 있었고, 이때 수학 역사상 처음으로 컴퓨터가 증명의 주체로 등장했다.

컴퓨터가 한 증명도 증명일까? 이것에 대한 수학자들의 의견은 예나 지금이나 분분하다. 대부분의 사람들은 컴퓨터 증명을 피하고 '고전적인' 방식으로 증명을 하려고 노력한다. 어떤 것들은 그렇게 해서 증명이 되기도 했다. 그러나 다수의 중요한 증명들은 역시 전자의 흐름에 맡길 수밖에 없다.

여기에는 고려해야 할 점 하나가 더 있다. 최근에는 컴퓨터들이 아주 간단한 증명 정도는 스스로 할 줄 안다. 그럼 과연 이 분야에서도 체스 컴퓨터가 이룬 발전을 기대할 수 있을까? 체스 컴퓨터들은 처음에는 무척 원시적이었고, 동호인들조차 못 이겼지만 지금은 체스 챔피언도 맥을 못 추게 하는 실력을 자랑한다. 만약 앞으로도 쭉 이렇게 된다면 수학자들은 큰 문제가 생긴 것이다.

이건 다 아는 거잖아…….

'이 증명은 유효한가?'라는 질문에 대한 답은 시대에 따라서만 달라지는 것이 아니다. 그 증명의 유효성에 대해 말하는 사람의 수학적 배경도 큰 역할을 한다. 예를 들어 모든 자연수(1, 2, 3…)에 관한 문제라면 대체로 수학적 귀납법을 사용한다.[*] 이 증명법만이 유한한 방법으로 무한을 설명할 수 있기 때문이다.

그러나 이 작업을 여러 번 하다 보면 이런 표준적 논증에 시간과 에너지를 들이는게 아깝다는 생각을 하게 된다. 그래서 '수학적 귀납법에 의하면 결과는 다음과 같다.'라는 표현을 사용하거나 아니면 이런 말조차도 생략하게 된다.

이런 실태는 수학과 신입생들을 뜨악하게 한다. 신입생들은 완벽한 증명을 원하는데, 전문가들은 증명을 자세하게 채울 필요가 없는 것이다! 학년이 올라가면서 초년생들도 시시콜콜 증명하지 않아도 익숙해진다. 물론 미심쩍은 경우에는 세세하게 증명을 하는 것이 좋다. 그러나 눈감고도 할 수 있는 증명을 하느라 학문적 연구를 위한 시간과 노력을 낭비해야 하는지는 의문이다.

컴퓨터도 수학적 창의성을 가질 수 있는가?

증명을 시작하기 전에 일단 무엇을 증명할 것인지 알아야 한다. 지름의 원주각이 직각이라는 사실에 아무런 의심도 품지 않는다면 이것을 증명할 생각조차 못할 것이다.**

수학적 발전에서 창의적 부분인 '증명하려는 명제는 어디서 나는가?'의 문제가 결과로 나와야 할 증명 자체보다 더 큰 의미를 가진다는 데에 수학자들은 의견을 같이 한다.

---

*   34장 참조.
** 이 내용은 탈레스의 정리로 47장에서 자세히 다루어진다.

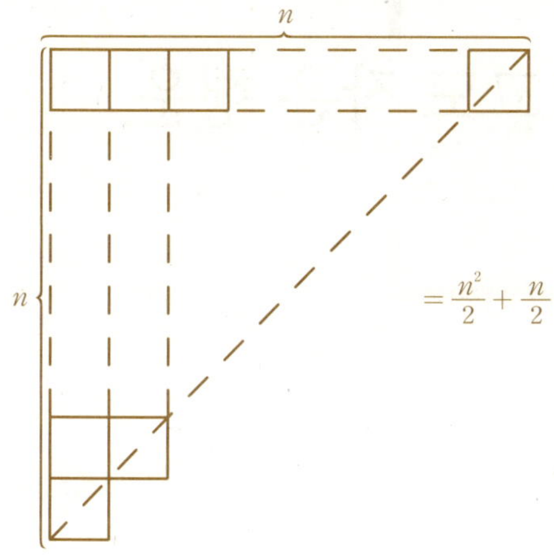

예로 자연수들의 합, $1+2+\cdots+n$은 언제나 $\dfrac{n(n+1)}{2}$와 같다는 명제를 살펴보자.* 이 귀납증명은 몇 십 년 전부터 컴퓨터도 할 수 있는 증명이다. 그러나 컴퓨터가 스스로 이 증명을 찾아낼 수 있었을지는 의문이다. 인간은 옆 그림의 반으로 접힌 체스 판을 상상하고 즉시 그에 해당하는 공식을 머릿속에 떠올린다. 그러나 컴퓨터는 미리 프로그래밍된 것만을 떠올린다. 그래서 컴퓨터 때문에 흥미로운 부분을 빼앗길까 걱정하는 수학자는 없다.

---

* 34장 참조.

40 크고도 작은 행운, 로또

0, 1, …, 6이 맞을 확률.

수학자에게 로또에 관해 질문할 기회가 생기면 사람들은 항상 일등에 당첨될 확률을 묻는다. 1장에서 이미 말했듯이 이 확률은 13,983,816분의 1로, 우울증을 유발할 정도로 낮다. 한 번 로또 일등에 당첨되려면 평균 잡아 270,000년 동안 매주 한 장씩 로또를 사야 한다. 기대수명이 70년인 사람이라면 매주 4,000장을 사야 한 번쯤은 당첨을 기대할 수 있다.

그러니 웬만하면 지금 가진 것으로 만족해야 한다. 아니면 작은 행운으로 위안을 삼을 수도 있다. 로또는 1부터 49까지의 수에서 여섯 개를 골라 배팅한다. 여섯 자리가 모두 맞아야 일등 상금을 타지만, 셋, 넷, 다섯 개의 수가 맞아도 상품이 있기 때문이다. 세 개의 번호를 맞힐 확률은 1.8퍼센트로 여섯 개를 맞힐 확률보다 훨씬 높다. 일 년 동안 세 자리가 맞은 것도 한 번도 없는 경우 '운수가 나쁘다'고 한다면, 52개의 로또 중에 세 개짜리가 당첨될 확률은 61퍼센트니 위안을 삼을 만하다.

네 개를 맞힐 확률은 약 천 분의 일로 그다지 높지 않다. 다섯 개를 맞힐 확률은 이백 분의 일 퍼밀(‰, 1000분의 일)로 더욱 낮다.

그리고 보너스 번호가 있다. 언뜻 생각하면 이것으로 당첨확률이 크게 증가할 것 같지만 수학적으로 계산하면 전혀 그렇지 않다. 다섯 개의 번호를 맞히고 보너스 번호를 맞힐 확률은 여섯 개를 다 맞힐 확률보다 겨우 여섯 배가 높을 뿐이다. 네 개를 맞힐 때와 세 개를 맞히고 보너스 번호를 맞힐 때의 확률 차이는 더 심하다. 확률은 1.33배 높아질 뿐이다. 그러니 새로 도입된 이 보너스 번호 규정을 두고 어마어마한 기회라고 떠들었던 것은 빈 수레가 요란한 격이다.

그러나 로또가 그리 나쁜 투자는 아니다. 로또 한 장 값으로 며칠 동안 대박의 꿈을 꿀 수 있고, 배당금으로 나가지 않는 돈은 공익을 위해 쓰이기도 하니까.

얼마나 작은 행운일까?

29장에서 소개한 개념으로 일등 당첨확률만 계산할 수 있는 것은 아니다. 기억을 환기시키자면, n개의 원소를 가진 전체에서 k개를 뽑는 조합의 가짓수는 $\binom{n}{k}$이다. 그러므로 여섯 개의 번호가 맞도록 뽑을 모든 경우의 수는 $\binom{49}{6} = 13983816$개다. 이제 로또에서 번호 세 개를 맞힐 확률을 계산해 보자. 세 개의 당첨번호가 들어 있도록 번호를 조합하는 가짓수는 과연 몇이나 될까? 먼저 여섯 개의 당첨번호 중에서 세 개의 번호가 들어 있어야 한다. 그 가능성은 $\binom{6}{3}$개다. 나머지 세 개의 번호는 43개의 숫자 중에서 조합해야 한다(전체 49개에서 6개의 당첨번호를 빼면 43개다). 즉 이 조합의 가짓수는 $\binom{43}{3}$이다.

이를 정리하면

$$\binom{6}{3} \cdot \binom{43}{3} = 246820 \text{이다.}$$

세 개의 번호를 맞게 뽑을 가짓수는 246,820이다. 전체 조합의 가짓수가 13,983,816개이므로 세 개가 맞을 확률은 다음과 같다:

$$\frac{246820}{13983816} = 0.0176466\cdots$$

확률은 1.8퍼센트가 조금 못 된다.

하나도 안 맞을 경우는 어떤가? 이 경우 여섯 개의 번호 모두 당첨번호가 아닌 43개 중에서 나와야 한다. 그 확률은 아래와 같다.

$$\frac{\binom{43}{6}}{13983816} = \frac{6096454}{13983816} = 0.43587\cdots$$

다음은 하나도 안 맞을 경우부터 여섯 개가 다 맞을 경우까지의 확률을 계산한 것이다.

k	맞힌 숫자 개수
0	0.436
1	0.413
2	0.132
3	0.018
4	0.001
5	$2 \cdot 10^{-5}$
6	$7 \cdot 10^{-8}$

보너스 번호

보너스 번호에 의해 당첨 가능성이 얼마나 높아지는지 계산해 보자.

다섯 개의 번호를 맞힐 가짓수는 $\binom{6}{5} \cdot \binom{43}{1} = 6 \times 43 = 258$ 이다. 다섯 개가 맞을 확률은 여섯 개가 맞을 확률보다 258배 높다.

다섯 개의 번호와 보너스 번호를 맞히려면, 먼저 당첨번호 중에서 다섯 개가 나와야 하고 $\left[\binom{6}{5}$의 가능성$\right]$, 동시에 보너스 번호를 맞혀야 한다. 즉 당첨 가능성은 $\binom{6}{5}$이다.

일등 당첨에는 단 하나의 가능성만이 존재하므로 이렇게 요약할 수 있다. '다섯 개의 번호와 보너스 번호를 맞힐 확률은 여섯 개의 번호를 다 맞히는 것보다 여섯 배 높다.'

41 응축된 생각: 공식은 왜 필요한가?

수식 쓰기의 장점을 살린 데카르트

수식은 수학의 언어와 같다. 수세기에 걸쳐 발전해온 전문화된 표기법은 자신의 생각을 경제적이고 효율적인 방법으로 전달하는 수단이며, 또한 문화의 경계를 뛰어넘는 이해수단이다. 뉴질랜드의 오케스트라가 독일어를 전혀 모르고도 베토벤의 9번 교향곡을 음악으로 울려 퍼지게 하는 것과 같다.

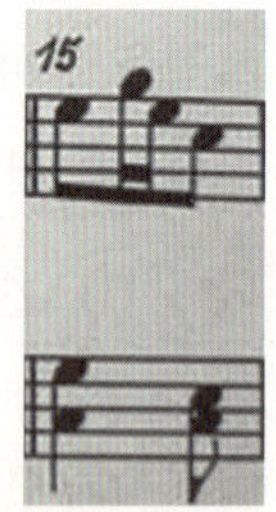

수식은 음표와 마찬가지로 근세에 발명되었다. 오늘날의 수학과 학생들은 16세기에 아담 리제가 쓴 책에서 수학적 내용을 뽑아내는 데 큰 어려움을 겪는다. 리제는 대수학을 다루고 있음에도 수식을 사용하지 않았다. 말하자면 그의 계산은 '산문'으로 쓰여 21세기에 읽기는 힘들다.

$3 \times x + 5 = 26$을 만족하는 미지수 x에 대한 명제라면 리제의

책에서는 이렇게 표현되었을 것이다. "수 하나를 생각하라. 그 수를 3과 곱하라. 거기에 5를 더하면 26이 나온다. 이 수는 몇인가?" 해를 구하는 방법 자체도 특이하다. 리제가 사용한 방식은 '레귤러 팔시'(regula falsi; false position method)인데, x에 시험적으로 두 개의 값을 주어 $3 \times x + 5$를 계산하는 것이다. 추정된 답들이 목표값 26으로부터 어느 방향으로 얼마나 떨어져 있는가에 따라 보간법(실험이나 관측에 의해 얻은 값으로부터 관측하지 않은 값을 추정하는 방법. 예를 들어 몇 개의 점을 이어 곡선을 만드는 것 ─ 옮긴이)에 의해 정확한 값 x를 정한다.

특수한 맞춤형 표기법으로 생각을 전달하는 방법은 음악과 수학에만 있는 것이 아니다. 댄스 스텝이나 체스 기보의 표기법, 혹은 설계도면이나 화학식을 떠올려 보라. 이 특별한 '언어'를 사용하는 사람들에게 이 언어의 장점이 뭐냐고 물어보면, 열이면 열 모두 의사소통을 편리하게 하는 것뿐만은 아니라고 대답할 것이다. 이 언어들을 사용하면 적합한 표현으로 본질적인 내용을 강조할 수 있기 때문에 창의적 사고에 많은 도움이 된다. 물론 거기에는 연습을 통해 공식을 빠르게 읽어낼 수 있는 능력이 전제된다. 악보나 체스기보 모두 마찬가지다.

마지막으로 강조하고 싶은 것은 수학에서 공식이 본질적인 부분을 차지한다고 말하는 수학자는 단 한 사람도 없다는 것이다. 공식은 자신의 작업과 동료들과의 의사소통을 위해 아이디어를 붙잡아두는 보조도구에 불과하다. 악보 읽기와 쓰기에 음악의 본질이 담겨 있다고 생각하는 음악가가 없는 것과 마찬가지다.

대수, 기하로부터 독립하다

오늘날 흔히 사용하는 표준표기법에 이르기까지 인간은 긴 역사를 거쳐야 했다. 중세에 $x^3=5$를 만족하는 x를 표현하기 위해서는 — 예를 들어, 부피가 5세제곱미터인 정육면체의 한 변의 길이를 구할 때 — 산문을 사용해야만 했다. '스스로의 수와 세 번 곱한 값이 5인 수는 몇인가?' 이 문제는 비교적 간단하지만, 이자 계산과 같은 복잡한 계산에서는 얼마나 번거로운 표현을 사용해야 했겠는가!

진보된 표기법의 바람이 처음으로 분 곳은 르네상스 시대의 이탈리아였다. 18세기에 들어서는 오늘날과 별 다를 바 없는 표준체계가 자리를 잡았다. 이 시대는 수학의 중요한 수들이 '세례'를 받은 때이기도 하다. 오일러는 지수함수의 밑에 'e'라는 명칭을 제안했고[*], 영국 쪽에서는 원주율에 π라는 이름을 붙이자는 의견을 내놓았다. 그리스 알파벳인 π가 영어의 p에 해당하고 p가 'perimeter'(둘레)를 연상시킨다는 이유였다.

표기법의 발전에 걸림돌이 된 것이 또 하나 있다. 근세까지는 주로 기하에 기초한 계산이 대세였다. 그래서 x^5이나 x^3+x 같은 유형의 표현

---

[*] 42장 참조.

은 난센스라고 생각했다. x^5에서 오차원의 물체를 떠올려야 하고 x^3+x는 부피(x^3)를 선분(x)과 더해야 하는, 말도 안 되는 문제라고 생각했다(사과와 배의 합을 어떻게 낸단 말인가?).

데카르트 이후에야 사람들은 기하학적 사고에서 벗어날 수 있었다. 이것은 수학적 연구결과의 응용범위를 근본적으로 넓히는 계기가 되었다. 오늘날에는 문제를 다루는 데 있어서 수많은 변수를 전제로 한다. 예를 들어 기차 운행시간표를 최적화하는 문제에서 그런 방식을 사용한다. 몇 백 년 전만 해도 똑똑한 사람들에게조차도 x^5이 당혹스러운 것이었다는 것을 생각하면 그저 새삼스러울 따름이다.

이자는 최대 얼마까지 불까?

오일러의 수 e와 지수함수

요즘은 돈을 은행에 가져가면 바보라고 한다. 더구나 이 나라에서는 최저 이자밖에 붙지 않는다. 저축액에 100퍼센트의 이자가 붙는 바나나 공화국의 은행을 상상해 보자. 1유로를 넣어 두면 1년 뒤에는 2유로가 된다. 누군가 이 규정을 이용해 돈을 불리려는 똑똑한 생각을 해내고 반 년이 지난 뒤 예금한 금액을 이자와 함께 찾는다. 1유로를 넣어 두었다면 1.5유로를 받게 된다. 이 돈을 받아 즉시 다시 예금한다. 다시 6개월이 지난 뒤 찾으면 1.5배, 즉 2.25유로로 불어나 있다. 만약 돈을 찾는 횟수를 늘려 3개월마다 한 번씩 돈을 찾아서 다시 예금할 경우, 1유로가 1년 뒤에는 $1.25 \times 1.25 \times 1.25 \times 1.25 = 2.44$유로로 상당히 많이 불어난다. 그렇다면 매일, 아니면 매 시간, 매 분, 매 초마다 돈을 찾았다가 다시 예금하면 돈이 더 불어나지 않을까?

미안하지만 이런 방법으로 돈을 불리는 데에는 한계가 있다. 넘어설

수 없는 수 2.7182…, 그 유명한 오일러의 수 e다.

일반소비자들이 0, 1, …, 9를 언제 어디서나 접하게 되는 것처럼 수학자들에게는 수 e가 어느 문제에서나 항상 등장하는 익숙한 수다. 원주율 π처럼 가장 중요한 수들 중 하나인 오일러의 수 e는 기하급수적 증가나(박테리아!) 기하급수적 감소(방사성 물질의 자연붕괴)에 관한 문제에서는 절대 빠지지 않는다. 그리고 확률에서도 자주 만나게 된다. 아직 십 마르크짜리 옛날 지폐를 가지고 있다면 가우스 초상 옆의 종형곡선의 공식을 살펴보라. 그 종형곡선이 그 자리에 그려질 이유는 충분하다. 종형곡선은 세상의 모든 우연을 지배하는 보편적 법칙을 표현한다. 그리고 여기서 수 e는 아주 중요한 역할을 한다.

이자는 최대 얼마까지 붙을 수 있을까?

예금의 횟수를 늘리면 돈이 계속 불기는 하지만, 돈을 끝없이 불릴 수는 없다는 놀라운 사실은 다음의 표에서 확인할 수 있다. 첫 번째 줄에는 1년에 걸쳐 균등하게 분포된 연이율 적용 횟수가 나와 있고, 두 번째 줄에는 1년 뒤에 결산한 총액이 나와 있다. 연이율이 100퍼센트라고 가정한 결과다.

연이율 적용 횟수	1	2	5	10	50	100
1년 후 결산액	2.000	2.250	2.488	2.594	2.692	2.705

n이 점점 커지는 가운데 한계치는 점점 오일러의 수 $e=2.71828182845904…$에 가까워지는 것을 볼 수 있다.

지수함수

오일러의 수에 접근하는 다른 방법도 있다. 예를 들어 인구증가의 모델을 얻고자 한다면, 다음의 속성을 가진 함수를 찾아내야 한다.

- 0의 자리에 미리 설정된 값을 놓을 수 있는 함수 f를 구한다. 이 값은 1로 표준화할 수 있다.
- 이 함수는 미분 가능한 함수여야 한다. 즉 어느 지점에서든 함수의 기울기에 대해 논할 수 있어야 한다. 말하자면 그래프가 대체로 얌전하다.
- 지점 x에서의 기울기를 $f'(x)$로 표현할 때 항상 $f'(x)=f(x)$이다. 특히 함수가 클수록 인구 증가율도 크다.

인구증가 모델과의 연관관계는 명백하다. 개체의 수가 많으면 재생산에 참여하는 쌍도 많으므로 인구수의 증가도 클 것이다.

위의 속성을 지닌 함수는 x에 e^x을 대응하는 함수 단 하나뿐이다. 따라서 다음과 같이 수 e를 규정할 수도 있다.

그림 38 | 지수함수

- 먼저 위의 함수 e^x가 위의 속성을 지닌 유일한 함수임을 증명하라.
- 그 다음 x가 1일 때의 함수 값을 통해 e를 정의하라. $f(1) = e^1 = e$ 이므로 정말 오일러의 수가 나온다.

이런 방법의 장점은 수 e의 중요한 응용을 바로 찾을 수 있다는 점이다. 증가나 감소의 과정(박테리아, 방사성 물질……)에서는 언제나 e^{ax} 유형의 함수가 등장한다. 개체수가 증가할 때는 a가 양수이고(박테리아), 감소할 때는 음수이다(방사성 물질의 자연붕괴).

다음은 전형적인 두 가지 예다.

그림 39 ┃ $a > 0$일 때 e^{ax} : 인구증가의 예

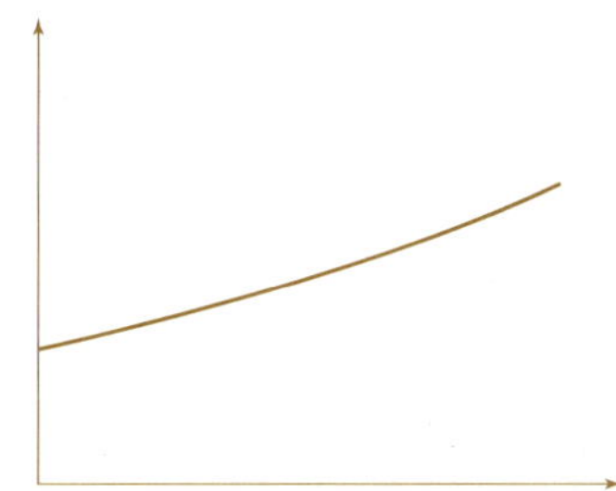

그림 40 ┃ $a < 0$일 때 e^{ax} : 방사성 물질의 자연붕괴의 예

첫 번째 예는 개체의 수(예를 들어 한 나라의 국민 수)와 시간의 관계를 나타낸 것이고, 두 번째 예는 방사능을 쏘인 건물 안의 방사성 물질의 수가 시간의 경과에 따라 줄어드는 과정을 그래프로 그린 것이다.

양자 계산은 어떻게 할까?

양자컴퓨터

몇 년 전만 해도 양자컴퓨터에 대한 논의가 활발했으나 최근에는 시들해진 느낌이다. 필요한 복잡함을 해결할 수만 있다면 믿을 수 없을 정도의 계산을 해내는 개가를 올리겠지만, 실제로 만들 수 있느냐에 대해서는 다소 회의적이기 때문이다.

지금도 양자컴퓨터의 놀라운 성능을 가정한 다른 연구들은 매우 활발하게 이루어지고 있다. 마치 지난 세기의 우주로켓 연구를 보는 것 같다. 아직 우주로켓은 쏘아 올리지도 않았는데 얼마나 열심히 상상했던가!

양자컴퓨터의 기본 아이디어는 우리가 경험하는 세계와 극적으로 다른 미시 세계의 법칙을 활용한다는 데 있다. 특히 양자역학에 따르면, 양자 체계의 상호 작용에서 최종 측정값을 통제가능한 방식으로 중첩된다고 한다. 만일 양자컴퓨터로 해답을 표현할 수 있는 형태로 수학 문제를 바꿀 수 있다면, 이 중첩의 성질로 인해 어마어마한 수의 경우들을 병렬적으로 동시에 연산할 수 있기 때문이다. 소위 큐비트라고 부르는 기본단위의 수가 늘어나면 그 연산 가능성도 기하급수적으로 증가하기 때문이다.

그러나 아직 원칙적인 문제들이 해결되지 않은 것이 많고, 그중 몇몇은 물리학적인 문제다. 이 시스템은 양자 세계의 특수한 성질 때문에 외부로부터 아주 잘 차단되어 있을 때에만 가동한다. 잠시 스쳐 지나가는 에너지 입자에만 노출되어도 계산 전체를 망칠 수 있다. 프로그래밍에 있어서도 완전히 새로운 문제가 발생한다. 중간 계산에서 어떤 값이 필요한 경우, 이 값부터 부호화해야 하는데, 양자의 세계에서는 측정을 할 때마다 시스템의 상태가 변한다. 더 이상 처음 상태로 되돌릴 수가 없는 것이다. 수학자의 입장에서 볼 때 또 하나의 문제는 양자컴퓨터의 특징인 확률적 측정으로 해결할 만한 수학문제가 비교적 적다는 것이다. 사실 정확한 답을 원하지 그저 확률적으로 맞는 답을 원하지는 않기 때문이다.

이 시스템을 아주 잘 써먹을 수 있는 분야는 암호 해독이다. 그리고 실제로 양자컴퓨터에 대한 관심은 미국인 피터 쇼어가 RSA 암호를 깨는 데 도움이 되는 큰 수의 인수분해법을 내놓으면서 시작되었다(위의 사진이 쇼어다). 쇼어는 그 공로를 인정받아 1998년 베를린에서 열린 국제 수학자 회의에서 '네반리나상'을 수상했다.*

---

* 공개키 암호에 대해서는 7장을, RSA 알고리듬에 대해서는 23장을 참조.

큐비트(Q-Bit)란 무엇인가?

양자컴퓨터에 관한 중요한 개념으로는 양자비트, 즉 큐비트가 있다. 큐비트는 만들어 낸 단어다. 일반 컴퓨터의 비트를 상상하면 된다. 일반 컴퓨터에서 비트는 영이나 일, 둘 중 하나의 값을 저장할 수 있는 저장소다. 복잡한 연산을 하기 위해서는 몇 십억 개의 비트가 동원된다.

큐비트는 양자컴퓨터의 비트와 비슷한 것이다. 어떤 값을 입력했을 때 0이나 1, 둘 중 하나를 만들어내는 블랙박스라고 생각하면 된다. 이때 이 블랙박스가 0과 1 두 값을 내보낼 확률은 각각 알고 있다. 이런 의미에서 '고전적인' 비트는 큐비트의 일종이라고 할 수 있다. 말하자면 큐비트 중에서 0과 1이 나올 확률이 분명한 큐비트다.

이런 확률론적 정의가 필요한 것은 양자세계는 확실성이 아니라, 확률이 지배한다는 점을 반영한 것이다. 측정을 한 후에야 두 값 중 어떤 것인지가 정해진다.

여러 큐비트의 상호작용을 설명하기 위해서는 블랙박스의 비유는 적절치 못하다. 좀더 적절한 그림을 위해서는, 0이나 1을 내보낼 확률을 평면 위의 화살표의 쌍이 결정한다고 상상해야 한다. 1로 번호를 매긴 화살의 길이를 제곱하면, 1이 값으로 나올 확률을 얻도록 그린다. 예를 들어 1로 번호를 매긴 화살의 길이가 0.8이라면 일이 나올 확률은 $0.8 \times 0.8 = 0.64$ 이다. 이때 0이 나올 확률은 말할 것도 없이 $1 - 0.64 = 0.36$이므로 0으로 번호를 매긴 화살의 길이는 0.6이어야 한다. (그래야 $0.6 \times 0.6 = 0.36$이기

때문이다) 아래의 큐비트를 표현한 그림에서 0과 1이 나올 확률은 거의 같다. 즉 동전을 던져 0이냐 1이냐를 정한다고 생각하면 된다.

각 큐비트는 길이뿐만아니라 방향도 갖는데, 0과 1의 확률이 가리키는 방향이 독립인 경우가 흥미롭다. 두 큐비트의 상호작용은 벡터를 더하듯이 함으로써 나타낼 수 있다. 따라서 두 큐비트가 서로 반대 방향을 가리키고 1일 확률이 매우 높다면 결과로 얻는 큐비트는 1을 내놓을 확률이 대단히 작다.

다음 그림의 예를 들어보자. 등호 왼편에 큐비트 두 개를 나타내었는데, 지저분해지는 것을 피하기 위해 위쪽에는 0 화살표, 아래쪽은 1 화살표라고 하자. 아래쪽 화살표들이 더 길기 때문에, 두 큐비트 모두 0일 확률보다는 1일 확률이 크다. 하지만 두 큐비트를 더하면 결과로 얻는 큐비트는(등호 오른편) 0일 확률이 대단히 높다.

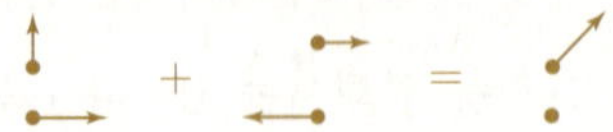

이 원리가 아직 가설 단계인 양자컴퓨터 연구의 기초이다. 특정한 결과를 얻으려면 거기에 맞게 준비된 양자컴퓨터가 필요하다. 이론상으로는 어마어마한 양의 가능한 결과가 나올 수 있지만, 각 결과의 확률 중에서 원하는 결과가 나올 가능성이 대단히 높도록 만들어져 있다. 그러나 아직 기술적인 문제가 산재하기 때문에 정말 문제를 해결하는 수준까지는 아직 멀었다.

거대한 스케일의 양자체계는 각 큐비트들의 교환과 전송에 의해 이루어진다. 큐비트 Q_1과 Q_2가 있을 때, 이 두 개의 큐비트에서는 0이나 1의 상태가 나타날 수 있다. 즉 출현 가능한 결과는 00, 01, 10, 11이다. Q_1과 Q_2를 양자역학적 시스템으로 파악하면 네 개의 확률 화살을 생각할 수 있다. 화살이 00에서 특히 짧다면 두 큐비트가 0의 상태에 있을 가능성이 아주 낮다는 뜻이다. 현실에서 사용할 때 암호화에 필요한 큐비트의 수는 수천에 이른다(이 말은 '수천의 제곱수' 만큼의 다양한 가능성이 있다는 뜻이다). 이것은 현재의 기술 수준을 훨씬 뛰어넘는 것이다.

확률론적 증명에 관해서는 79장에서 다시 다룬다.

더 자세한 내용에 관심이 있는 사람은 피벡 출판사에서 2002년에 출간한 『수학 아닌 것은 없다』(M. Aigner& E. Behrends)에 실린 저자의 양자컴퓨터에 관한 논문을 참고하기 바란다.

44 극값!

극값계산: '시뮬레이티드 어닐링'

엔진 설정을 어떻게 해야 연비를 절감할 수 있을까? 최대한 멀리뛰기 위해서는 도약대를 어떻게 설치해야 할까? 최대–최소 문제를 풀기 위한 방법들은 수세기에 걸쳐 축적되어 왔다. 가장 간단한 경우는 가능성의 수가 유한하고 그 수가 많지 않은 때이다. 이때는 모든 가능성을 직접 시험해 보고 가장 효율적인 것을 고를 수 있다. 두 번째로 간단한 경우는 각각의 연속적인 매개변수에 대해 최적의 값을 알아내야 할 때다. 예를 들어 공의 투척거리를 공을 던지는 각도의 함수로 조사해야 할 때다.

미적분을 수강했던 이들이라면 아마 한번쯤 들어본 기억이 있을 것이다. 원하는 함수의 미분을 구한 뒤 이를 0이라 놓은 뒤, 원하는 변수에 대해 방정식을 풀었을 것이다.

여기서 중요한 것은 원래는 무한인 문제(매개변수는 연속적으로 변한다)를 하나의 방정식으로 변환할 수 있고, 그렇게 함으로써 유한한 시간 내에 문제해결이 가능해진다는 점이다. 이미 수백 년 전에 발견된 이 놀라운 사실은 미분과 적분이 발전하는 계기가 되었다. 매개변수가 여러 개일 경우에도 크게 다르지 않다. 물론 훨씬 복잡해지기는 하지만 역시 방정식으로 변환할 수 있다. 그리고 오늘날에는 값싸고 성능 좋은 컴퓨터 덕분에 수십 년 전에는 생각지도 못했던 복잡한 문제들도 해결이 가능해졌다.

그러나 가끔은 완전히 다른 아이디어들이 나오기도 한다. 몇 년 전에는 '시뮬레이티드 어닐링'이 큰 인기를 얻었다.[*] 이 방법은 짙은 안개 속에서 어슬렁거리며 그 지역의 가장 높은 지점을 찾아가는 산책길에 비유된다. 원칙적으로는 계속 위로 올라가지만 가장 높은 지점이 아니라 작은 언덕의 꼭대기에 도달하는 실수를 막기 위해 전략적으로 올라가기와 내려가기를 반복한다.

여기서 하나 강조하고 싶은 것은 수학에 맡길 수 있는 것은 문제의 해결이지 목표의 설정이 아니라는 것이다. 처음에 언급한 연비절감의 예에서도 쌩쌩 잘 달리는 자동차를 원하는지, 무조건 돈을 절약하고 싶은지, 아니면 친환경적인 자동차를 원하는지에 따라 답이 달라질 수 있다.

전형적인 극값문제

하르츠 산에서 자전거 하이킹을 한다고 생각해 보자. 아침에 호텔을 나서서 정상을 찍고 저녁에 돌아오는 코스다. 그렇다면 코스의 가장 높은 곳에서 자전거는 수평으로 서 있을 것이다. 어느 지점에서든 자전거의 앞바퀴가 뒷바퀴보다 높이 서 있다면 아직 올라가야 할 길이 더 남았다는 뜻이

[*] 60장 참조.

다. 그 반대라면 후진할 경우 지금보다 더 높은 곳에 이르게 된다는 뜻이다.

극값 문제의 배후에 놓인 아이디어가 바로 이거다. 최대치에서 곡선의 기울기는 영이어야 한다. 13장에 나왔던 개념으로 표현하자면, 기울기가 0인 것은 극값이 존재하기 위한 필요조건이라고 할 수 있다.

극값을 계산하기 위해서는 기울기를 구하는 식이 필요하다. 이 공식은 근대 수학을 탄생시킨 중요 동력 중 하나로 라이프니츠와 뉴턴이 각각 독립적으로 발견했다.

예를 들어 보자. 아래 그림 41에서 함수 $-x^2+6x+10$가 최대치가 되는 지점은 어디인가? 다음 그림을 보면 처음에는 커졌다가 다시 작아지는 함수가 나온다.

그림 41 ┃ 함수 $-x^2+6x+10$

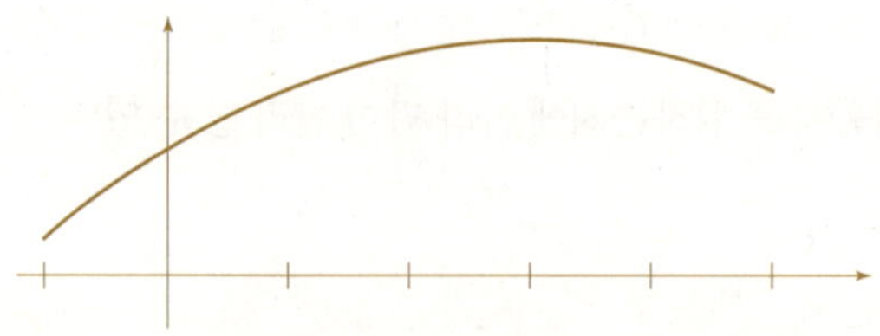

그러나 정확하게 어디가 최대치일까? 미분법(이것에 대해서는 자세히 언급하지 않겠다)에 의하면 임의의 지점 x에서의 기울기가 $-2x+6$이다. 이때 $x=3$이면 이 값은 0이다. 결론을 말하면 $x=3$인 지점이 최댓값이다(아주 꼼꼼한 사람들은 혹시 최소치가 아닌가 하고 한 번 더 의심해야 할지도 모른다. 자전거 하이킹이 끝나고 산에서 내려온 다음에도 자전거는 수평으로 서 있으니 말이다).

45 무한히 작다?

무한히 작은 수치의 초준해석

수백 년 전 수학계에 출몰하기 시작한 무한히 작은 수들은 기하학이나 대수학에서처럼 엄격한 증명을 하는 사람들에게는 끔찍한 존재였다.

이런 무한소들이 세상 빛을 본 것은 17세기였는데 그 당시 태동기에 있던 미분과 적분의 연구에 반드시 필요한 이유로 세상에 태어났다. 라이프니츠와 뉴턴의 이론이 서로 경쟁관계에 있었는데, 둘 다에게 '이 무한히 작은 수들'은 필수적인 존재였다.

그런데 이게 무슨 뜻일까? 만약 수 x가 양수라면 그보다 작은 수가 있게 마련이다. 예를 들어 x의 절반인 수가 존재한다. 그래서 가장 작은 양수라는 것은 존재하지 않는다. 그렇지만 단위를 점점 작게 하며 양을 측정하면 오해하기 쉽다.

원호를 예로 들어 보자. 원호의 한 부분을 골라 그 부분을 점점 확대해서 들여다보면 원호가 점점 '곧아지면서' 이 선이 마치 곡선이 아니라 직선의 한 부분인 것처럼 느껴진다. 그러므로 이렇게 말할 수 있다. '곡선을 무한히 잘게 쪼개면 원은 직선이다.'

이것이 곡선의 접선 개념을 적용하면서 라이프니츠가 한 주장이다. 이 주장은 좀 신빙성이 없어 보이지만 이를 토대로 상당히 중요하고 흥미로운 결과들을 이끌어 냈다. 당시의 비판적 학자들은 이 주장을 수용하지 않았다. 그러나 무한히 작은 수(그리고 무한히 큰 수)를 축출해 낼 만큼 수학의 기초가 다져진 것은 19세기에 들어서였다. (베를린 자랑을 좀 하자면) 여기에 큰 역할을 한 사람이 바로 베를린 출신 수학자 칼 바이어슈트라스다.

누구도 무한히 작은 양이라는 개념이 없어졌다고 애도하지 않는다. 애매모호한 주장이 아닌 증명된 확실한 기반 위에 서 있다는 사실은 특히 초심자들에게 안심이 된다. 무한소가 부활할 가능성도 거의 없어 보인다. 하긴 몇 십 년 전에 '초준해석'이라는 이름으로 부활의 시도가 있기는 했다. 그러나 정말 확실하게 이 이론을 발전시키려고 할 경우, 미분과 적분의 비밀에 이르는 다른 이론들보다 훨씬 복잡하다.

'입실론' 스러움[*]

오늘날 무한히 작은 양은 어떻게 다루는가? 자연수의 역수, 즉 $1, \frac{1}{2}, \frac{1}{3}, \cdots$ 을 예로 들어보자. 이 역수들이 '얼마든지 작아질 수 있다' 혹은 '0에 가까워진다'는 것은 직관적으로 알 수 있는 사실이다.

---

[*] 극한 개념을 정확히 설명하기 위해 엡실론(ε)을 사용하는 수학 표기법을 풍자적으로 이르는 말

라이프니츠의 시대였다면 이 역수들은 '결국 영이 된다'고 표현했을 것이다. 그러나 오늘날에도 이렇게 말했다가는 수학과 중간고사 낙제감이다. 무한소를 설명하기 위해 오늘날 일반적으로 사용하는 방법은 다음과 같다(주의, 전문용어 등장!).

양수의 수열 $x_1, x_2, x_3, \cdots$이 있을 때, 이 수열이 '0으로 수렴한다'는 것은 이 숫자들이 주어진 어떤 양수가 아무리 작더라도 결국에는 더 작아질 때를 말한다. 좀 더 정확히 말하면, 양수 ε(그리스 문자로 '입실론'이라 읽는다)이 주어지면 그게 아무리 적더라도, x_n, $x_{n+1}, x_{n+2} \cdots$가 모두 ε보다 작게 되는 n이 존재한다는 뜻이다. 이를 위해서는 주어진 임의의 ε에 대해 적절한 n 값을 만드는 절차만 알아내면 된다.

위의 예에서는 다음과 같다. ε이 주어져 있을 때 $\dfrac{1}{\varepsilon}$보다 큰 n을 찾는다. $\varepsilon = \dfrac{1}{1000}$일 경우 $n = 1001$이면 된다. 부등식의 법칙에 의해 $\dfrac{1}{n}$은 $\left[\dfrac{1}{n+1}, \dfrac{1}{n+2} \text{ 등은 말할 것도 없이} \right]$ ε보다 작다. 그러므로 '자연수의 역수는 영에 수렴한다.'는 명제는 참이다.

이 정의는 처음 접하는 사람에게는 좀 억지스럽게 느껴질 것이다. 이것은 수학과 학생들에게도 마찬가지다. 장소와 국적에 상관없이 모든 수학과 신입생들이 첫 학기에 내면화해야 하는 문제가 바로 이 문제다. 그러나 시간이 지나면 곧 익숙해진다. 여기서 주지해야 할 사실은 정말 중요하고 근본적인, 그러나 애매모호한 주장이 이런 방법으로 확실하게 증명된다는 것, 이를 토대로 정확한 연구가 가능해진다는 것이다.

초준해석

1960년대에 만들어진 소위 초준해석에서는 '고전적인' 수가 임의로 가까운 다른 수들의 '구름' 속에 들어있는 것으로 상상했다. 말하자면 '무한히 많은 이웃들'에 둘러싸여 있는 것이다. 이 고전적인 0의 이웃들을 무한소라고 부른다.

이렇게 확장한 수 개념의 세계에서도 덧셈과 곱셈을 할 수 있고, 더하는 더하는 수의 순서가 바뀌어도 결과에 아무런 영향을 끼치지 않는 등 연산의 법칙은 똑같다. 다만 대소 관계에 대한 이상한 성질이 익숙해져야 한다. '모든 수가 1, 2, 3, … 중 하나보다 작다'는 명제는 여기서는 거짓이 된다.

그러나 일단 이 새로운 수의 세계에 익숙해지기만 하면 보통은 신입생들에게 어려운 문제도 아주 쉬워진다. 예를 들어 함수의 기울기는 오늘날의 표현대로 극한값이 아니라 무한소 삼각형의 밑변과 높이의 직각을 이루는 양쪽 변의 관계를 의미한다. 라이프니츠가 상상했던 것과 똑같다.

이런 큰 장점에도 불구하고 초준해석은 수학사의 각주 한 줄을 장식할 뿐이다. 이런 접근법의 공리적 기반이 확고하는 것을 이해하려면 수 년 간의 공부가 필요한데, '고전적인' 수와 그 수의 속성들은 벌써 1학기의 1주째부터 필요하니 말이다.

46

119 장난 전화의 수학적 고찰

두 가지 유형의 실수

이 장에서는 한 번 더 일상 생활에서의 경험을 어떻게 수학적으로 모델링하는지 생각해보자. 이번에는 주어진 상황에 대해 가능한 대응 중에서 하나를 고르는 절차를 모델링하여, 옳지 않는 결정을 피하는 문제를 들여다 보기로 한다.

학교에 불이 났다는 전화를 받은 소방관의 예가 여기서 말하려는 문제를 잘 보여 준다. 전화한 사람의 목소리는 약간 술에 취한 듯 들떠 있다. 과연 소방관들은 어떻게 행동해야 할까? 학교가 불에 탈 위험을 무릅쓰고 하던 카드 게임을 계속해야 할까, 아니면 장난전화일 것 같긴 하지만 소방차를 출동시켜야 할까?

일반화시켜서 말하자면, 사람들이 세상을 인지할 때, 다음 주 종류의 오류

를 범할 수 있다.

(1) 인지한 사실이 옳지만 그런 결론을 부정하는 것이다.

(2) 사실은 그렇지 않음에도, 그 가설을 참으로 받아들이는 것이다. 수학자들은 이들 각각을 유형1의 오류, 유형2의 오류라고 부른다.

다소 추상적으로 들리겠지만, 일간신문이나 일상생활에서도 이 두 가지 오류를 피해야만 하는 상황이 종종 생긴다. 밤 열두 시, 빨간 불을 무시해도 될까(가설: 경찰은 보이지 않는다!)? 우락부락한 남자와 함께 디스코텍에 온 예쁜 여자에게 말을 걸어야 할까 말아야 할까(가설: 남자는 여자의 오빠일 것이다)?

인간은 진화의 과정에서 이런 상황이 닥쳤을 때 아주 짧은 시간 안에 평가하는 법을 터득했다. 그러나 개인의 성격과 경험에 따라 매우 다른 평가를 한다.

통계 분야에서 오류를 적절히 평가하는 것이 결정을 내리는 근거를 이룬다. 이 두 가지 오류가 발생하지 않게 하는 것은 수학으로는 막을 수 없다. 그러나 이제까지의 결과를 정량화해서 앞으로 일어날 수 있는 위험을 최소화할 수는 있다. 그래서 소방관들은 장난전화인 줄 확신하면서도 무조건 출동한다.

극장에서 벌어진 패싸움!

소방관의 예는 오류 유형을 설명할 때면 언제나 등장하는 단골메뉴다. 그러나 대부분 화재를 경험한 적이 없기 때문에 너무 추상적이고 뜬구름 잡는 이야기로 들릴 수 있다. 그래서 이 두 가지 오류와 관련한 기사가 거의 매일 신문에 실린다는 이야기를 해야겠다. 예를 들어 몇 주 전에 이런 기사가 났다. 도이체스 테아터(베를린 시내에 있는 유명한 극장 – 옮긴이)에서 패싸움이 났다는 정보를 입수한 베를린 경찰이 대다수의 인력을 이끌고 현장으로 출동했다. 그런데 사실을 알고 보니 패싸움의 진상은 술에 취한 극장 손님 하나가 다른 손님을 살짝 밀친 것이 전부였다. 논평은 살벌했다. '경찰국가! 독일 경찰들은 그렇게도 할 일이 없는가?!'

'패싸움'이라는 가설이 실제로는 일어나지 않았으니 경찰은 유형2의 오류를 범한 것이다. 만약 유형1의 오류가 발생했더라면 신문에서는 뭐라고 했을까? '사람들이 서로 치고 받고 싸웠다. 그러나 경찰은 이번에도 꼭 있어야 할 곳에 있지 않음으로써 자리를 빛냈다.'고 비꼬지 않겠는가.

2006년 4월 10일 베를린의 「타게스슈피겔」지에는 이보다 훨씬 극적인 기사가 실렸다.

다섯 살짜리 아이의 구조요청을 장난으로 치부한 구조대

미국에서 구조대가 어린아이의 긴급구조요청을 장난으로 받아들여 다섯 살짜리 아이의 어머니가 숨진 사건이 일어났다. 어머니가 정신을 잃고 쓰러지자 아이는 구조대에 전화를 걸었다. 그러나 아이에게 돌아온 말은 전화로 장난치지 말라는 것이었다. 도움의 손길이 도착했을 때 아이의 어머니는 이미 숨을 거둔 뒤였다.

개인적으로 중요한 결정을 할 때도 이 두 종류의 오류가 생기기 마련이다. '정기검진은 중요하다'라는 가설인 경우, 그런 진찰은 득보다 실이 많다고 판단하여 검진을 건너 뛰기로 했다면 유형 1의 오류를 범한 것이다. 실제로는 의사에게 갔더라면 질병을 초기단계에 발견하여 치료할 수 있었을 지도 모르기 때문이다. 완전히 건강한데도 검진을 받으러 가서 아무 병도 발견하지 못하여 시간과 돈을 낭비했다면 유형 2의 오류를 범한 것이다.

47

2,500년 전에 있었던 최초의 수학적 증명

유클리드의 『원론』과 탈레스의 정리

수학은 언제 시작됐을까? 이 질문에 대한 대답은 수학의 정의에 따라 달라질 것이다. 수에 관한 간단한 문제를 다루는 능력을 수학이라고 정의할 경우 수학의 시초를 찾는 일은 역사를 한참이나 거슬러 올라가야 한다. 바빌론과 이집트 사람들도 복잡한 수준의 계산을 했다. 추수한 곡식은 몇 단인가, 피라미드를 만드는 데 경사면의 길이는 얼마여야 하는가?

이런 계산을 위한 지침은 대대로 전수되었다. 원주율 π의 근사값도 꽤 쓸 만하게 알고 있었고 오늘날 우리가 피타고라스의 정리라고 부르는 사실과 직각삼각형의 관계에 대해서도 알고 있었다.

일반적으로 기원전 첫 천년의 중반을 수학의 시초로 본다. 기원전 500년경 그리스의 수학자들은 주먹구구식의 계산과 답습에 만족하지 않고 그 이상의 것을 원하기 시작했다. 그들은 문제의 근원을 알고 싶어 했고 진실에 대한 철학적 근거를 원했다. 바로 이 시대에 최초의 수학 증명들이 나타났다. 그중 아마 탈레스의 정리가 가장 잘 알려진 예일 것이다.

탈레스의 정리 : 삼각형의 꼭짓점이 이 삼각형의 가장 긴 변을
지름으로 하는 반원에 닿아있을 때 이 삼각형은 직각삼각형이다.

이 명제는 항상 성립함을 간단하게 증명할 수 있다.

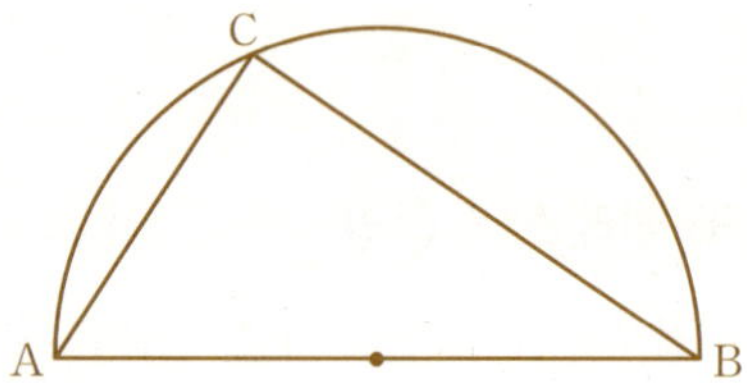

그림 42 ┃ 탈레스의 정리: 점 C의 각은 90도다.

이러한 노력은 유클리드에게서 첫 결실을 맺었다. 유클리드는 『원론』
에서 당시의 기하학적 지식을 총망라했고, 다른 학문들은 별다른 변화
없이 이 방식을 받아들여 자신들의 발전모델로 삼았다. 명백히 참이라고
인정된 사실(공리)로부터 출발해 엄밀한 논리만으로 다른 사실들을 추론
해 내는 방식이다. 예를 들면 뉴턴의 물리학이 이 방식에 의해 세워졌다.
칸트 또한 이 방식을 모범적이라고 평했다.

"모든 순수한 자연철학에서 그 학문의 본질적인 부분은 수학이
응용될 수 있는 만큼이다."

― I. 칸트, 『순수이성비판』 중에서

그리스 수학자들이 최초로 깨달은 '진실에 대한 증명 탐구'는 예상치 못한 성공을 거둔다. 사실 최근에도 우리를 둘러싼 세계의 현상들을 수학자들이 이미 정립한 사실을 토대로 기술할 수 있다는 것이 점차 분명해졌다. 뉴턴의 경우 벡터와 함수만 알면 될 정도로 간단했지만, 오늘날 전문가들은 구부러진 공간과 텐서(tensor), 확률 등의 최신 지식들을 섭렵해야 한다.

왜 수학은 이토록 세계를 잘 설명해 내는 것일까? 여기에 대해서는 여러 이견이 있을 수 있다. 신은 정말 수학자일까? 아니면 우리가 손에 쥔 방법이 통하는 것만 이해할 수 있기 때문인 걸까? 사실 이런 문제는 부차적이다. 미래에 영원히 남을 진실을 찾아낸다는게 만족스럽고 흥미로울 뿐이다.

반원과 직각에 대하여

수학 문제 중에는 가끔 '잘' 보기만 해도 풀리는 문제가 있다. 탈레스의 정리는 그 대표적인 예이다. 그림42를 다시 보자. 원의 지름 위로 반원이 하나 그려져 있다. 이 지름의 양 끝점을 A와 B라고 부르자. 반원

그림 43 | 탈레스의 정리: 증명

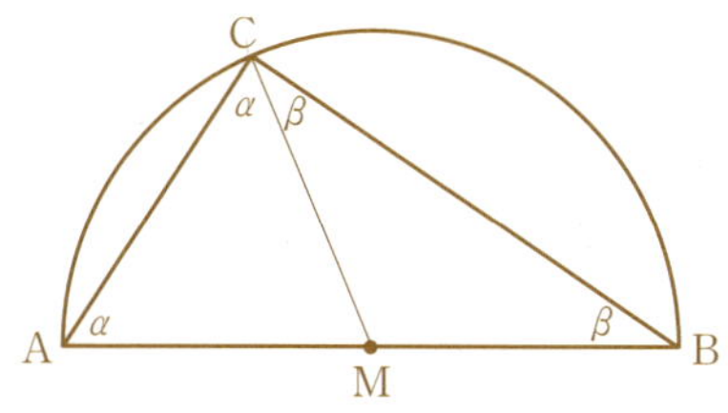

위에 점 C가 있다면 삼각형 $\triangle ABC$는 $\angle C$를 직각으로 하는 직각삼각형임을 보여야 한다.

원의 중심 M에서 C까지 보조선을 긋는 것으로 증명을 시작해 보자.

변 $\overline{AM}$과 $\overline{MC}$는 둘 다 원의 반지름이므로 삼각형 $\triangle AMC$는 이등변삼각형이다. 즉 각 $\angle A$와 $\angle ACM$의 크기는 같다. 삼각형 $\triangle MBC$에서도 같은 이유로 각 $\angle B$와 $\angle BCM$이 같다. 그러므로 원래의 삼각형 $\triangle ABC$에서 $\angle C$의 크기는 $\alpha + \beta$(그림을 보라)이다. 그리고 모든 삼각형에서 내각의 합($\angle A + \angle B + \angle C$)은 $180°$이므로, $\alpha + \beta + (\alpha + \beta) = 180°$이다.

즉 $\alpha + \beta$의 두 배는 $180°$이므로 $\alpha + \beta$, 즉 $\angle C$는 $90°$이다.

탈레스의 정리는 심심치 않게 쓰인다. 33장에서 다룬 컴퍼스와 자만 이용해 수의 제곱근을 작도할 수 있다는 사실의 증명에도 쓸 수 있었다.

48

수학에는 초월이 존재한다: 그러나 신비주의와는 상관없다

자연수, 정수, 유리수…….

가끔씩 수학적 사실을 설명하기 위해 다른 학문분야에서 사용하는 개념을 사용할 때가 있다. 그러나 원래의 의미와는 완전히 다른 뜻으로 사용할 때가 많아 혼돈을 야기하기도 한다.

예를 들어 초월수라고 하면 뭔가 신비롭고 비밀스러운 것이 있을 것만 같다. 물론 많은 비수학자들은 원주율 π가 초월수라는 사실에 매혹되고는 한다.

초월수가 무엇인지 알기 위해서는 수 체계의 기본개념을 먼저 알아야 한다. 여기서는 $\dfrac{3}{8}$, $-\dfrac{7}{19}$ 등의 분수부터 시작하면 될 것 같다. 이런 수는 '유리수(rational number)'라고도 불린다. 그러나 여기서 유리는 '이성(ration)'*이 있고 없음과는 상관없다.

---

* ratio로 나타낼 수, 즉 '비로 나타낼 수 있는 수'라는 뜻이다. 따라서 '유비수(有比數)'가 더 적절한 번역이기는 하다.

일상에서 생기는 문제들은 대부분 유리수 범위 내에서 풀 수 있다. 원주율 π나 2의 제곱근을 알아야 하는 경우는 드물다.

유리수가 아닌 수는 당연히 무리수라 부른다. 수학의 세계는 무리수(irrational number)로 가득 차 있다. 그중 어떤 것들은 비교적 간단히 묘사할 수 있다. 이런 수를 '대수적 수'라고 한다. 쉽게 말하면 대수의 개념, 즉 '더하기', '빼기', '곱하기', '나누기'와 같은 대수 연산과 관련된 수들이다.

그렇지 않은 수를 가리켜 초월수라고 한다. 초월수로 일을 하려면 대수적 방법만으로는 안 된다. 초월수는 극한값으로 나타날 때 종종 등장한다.

그렇다면 왜 초월수가 필요한가? 수 체계의 연구가 내놓은 결과는 획기적인 것이었다. 그중 가장 유명한 것이 원적문제의 해결불가능성에 대한 증명일 것이다. 비교적 간단한(대수적) 수의 일부는 컴퍼스와 자만으로도 작도가 가능하지만, 원적문제를 풀려면 초월수를 작도해야 하는 문제가 있다는 사실에 근거한 증명이다. 19세기까지 초월수가 존재한다는 사실조차도 증명되지 않았으므로, 원적문제가 2000년이 넘게 미해결이었던 것도 놀랄 일은 아니다.

수의 체계

초월수는 수의 체계에서 까다로운 수의 대표격이라고 할 수 있는데, 이 책에서도 여러 장에 걸쳐 중요하게 다루었다. 다음은 서열을 체계적으로 정리한 것이다.

자연수

가장 간단한 수이다: 1, 2, 3, … 아이들은 일정한 나이가 되면 '수'라는 추상적 개념을 이해한다. 심지어 미취학 아동도 간단한 덧셈을 할 수도 있다.

> **자연수에서 알아야 할 것**
>
> ① 오늘날 자연수의 공리를 배울 때에는 보통 페아노 공리에서 출발한다. 이 공리에 의하면, 자연수는 1부터 시작하며 '얼마든지 계속' 셀 수 있다. 여기서 가장 중요한 것은 귀납적 공리다. 1에 대해 성립하는 명제가 n에 대해서도 유효할 경우 $n+1$에서도 유효함을 증명할 수 있다면, 모든 자연수에 대해 성립한다(34장 참조).
>
> ② 자연수의 집합은 N으로 표시한다.

정수

자연수의 차를 모두 모으면 정수가 된다. 3, 0, −12는 정수(integer)다. 왜냐하면 이 수들은 5−2, 4−4, 2−14로 쓸 수 있기 때문이다. 정수로는 빚이나 대출금의 계산을 할 수 있어 경제 분야의 간단한 셈을 하기에 알맞다.

> **정수에서 알아야 할 것**
>
> ① 정수 전체의 집합은 Z로 표기한다.
>
> ② 모든 자연수는 정수다. 그러나 그 역은 성립하지 않는다.
>
> ③ 임의의 정수의 합, 곱, 차는 정수다. 몫은 정수가 아닐 수도 있다. $\dfrac{44}{11}$은 정수지만 $\dfrac{3}{2}$는 아니다.

유리수

분수 $\dfrac{m}{n}$으로 쓸 수 있는 수를 유리수라고 한다. 이때 m은 정수, n은 자연수여야 한다$\left(\text{예}: \dfrac{33}{12}, -\dfrac{1111}{44}\right)$.

> **유리수에서 알아야 할 것**
> ① 국가를 불문하고 유리수의 집합은 Q로 표기하는 것이 일반적이다.
> ② m이 정수이면 (좀 인위적이지만) $\dfrac{m}{1}$로 쓸 수 있다. 그러므로 모든 정수는 유리수이다.

무리수

유리수가 아닌 수는 무리수(irrational number)라고 부른다. 이런 수가 있다는 것을 발견했을 때 그리스의 수학자들이 받은 충격은 적지 않은 것이었다. 무리수의 가장 잘 알려진 예는 2의 제곱근이다. 이것은 56장에서 자세히 살펴볼 것이다.

무리수의 집합을 표기하는 일반적인 기호는 없다.

대수적 수

놀이를 하나 해보자. 첫 번째 사람(A)가 x라는 수를 하나 댄다. 그러면 두 번째 사람(B)는 자연수와, '$+$', '$-$', '$\times$'를 사용해 x로부터 0이 나오게 해야 한다(여기서 x는 여러 번 사용해도 된다).

몇 가지 예를 들어보자.

- A가 $x=17$이라고 말한다. B에게는 쉬운 게임이다. 간단하게 $x-$

17=0이라고 답할 수 있기 때문이다. 즉, A가 정수인 x를 말하면 항상 B가 이긴다.

- 이번에 A가 생각해낸 수는 $x=\dfrac{21}{5}$이다. 이것도 B를 위한 게임이다. $5\times x-21=0$이라는 식을 사용하면 주어진 조건에서 0이 나오게 할 수 있다. x가 유리수일 때는 B가 이기게 되어 있다.

- A는 머리를 짜내서 $x=\sqrt{2}$를 생각해 낸다. 이번에는 앞서의 것들보다 어렵지만 불가능하지는 않다: $x\times x-2=0$이다.

B가 이길 수 있는 수 x를 대수적 수라고 부른다. 방금 살펴보았듯이 정수, 유리수, 2의 제곱근은 대수적 수이다.

초월수

대수적 수가 무엇인지 알면 초월수도 쉽게 이해할 수 있다. 대수적 수가 아닌 수를 가리켜 초월수라고 한다. 즉, 파트너 B가 아무리 복잡한 식을 생각해 내도 이길 수 없으면 그 수는 초월수이다.

초월수에서 알아야 할 것

대수적 수와 초월수의 근본적 차이는 증명을 할 때 드러난다. 어떤 수가 대수적 수임을 증명하려면, 이 수를 0으로 만들 수 있는 식을 제시해야 한다. 초월수의 경우, 지구에서 태양에 이르는 긴 식을 댄다 해도 0이 나오지 않음을 증명해야 한다. 당연히 초월수의 경우가 훨씬 증명하기 어렵다. 어떤 수가 초월수임을 최초로 엄격하게 증명해낸 것은 19세기 중반에 들어서였다.

수학에서 중요한 수들 중에는 초월수가 몇 개 있다. 가장 유명한 것이 오일러의 수 e와 원주율 π다(16장과 42장 참조).

49

임의의 짝수는 두 소수의 합으로 표시할 수 있는가?

골드바흐의 추측

소수에 대해서는 이미 여러 차례 언급하였다. 2, 3, 5, 7, 11, … 처럼 1과 자신의 수로만 나눌 수 있는 자연수를 소수라고 한다. 정의는 이렇게 간단하지만 소수 분야에는 어려운 문제들이 널려 있다. 그중 몇 백 년 전부터 풀리지 않고 있는 문제가 있으니 이름하야 골드바흐의 추측이다.

외교관인 골드바흐는 수학에 지대한 관심이 있었다. 그는 1742년 유명한 수학자 오일러와 이 문제를 논의했다. 골드바흐의 추측을 설명하는 것은 어렵지 않다. 소수의 덧셈적 속성에 관한 것으로, 3보다 큰 짝수는 두 소수의 합으로 표시할 수 있는가의 문제다. 시험 삼아 짝수 30을 살펴보자. 30은 둘 다 소수인 7과 23의 합으로 쓸 수 있다. 다른 가능성도 있다. 30은 11＋19이기도 하다. 이제까지 조사한 짝수들은 모두 두 개의 소수로 쪼갤 수 있었다. 게다가 그 짝수가 큰 수인 경우에는 표현 가능성이 여러 가지다.

실험적 증거가 이렇게 압도적인데도 이 명제가 항상 참이라는 최종적인 증명은 아직까지 나오지 않고 있다. 이것은 수학자들 사이에서는 거의 스캔들에 가깝다. 사실 이런 증명이 수학의 응용분야에 바로 이용되지 않는다. 그러나 이 책에서도 분명히 드러나듯이, 수학자들의 관심은 응용을 위한 방법적 연구뿐만이 아니라 수, 도형, 확률의 세계를 지배하는 보편적 법칙을 찾아내는 데 있다.

오랫동안 풀리지 않고 있거나 역대 석학들도 풀지 못한 문제는 특히 수학자들을 자극한다. 몇 년 전부터는 미해결 문제에 큰 상금이 걸려 문제를 해결했을 때 두툼해질 지갑도 흥미를 자극하는 요인 중 하나가 되었다.

골드바흐 추측은 중요한가?

골드바흐 추측의 중요성에 대해서는 수학자들 사이에서도 의견이 분분하다. 물론 수백 년 동안 풀지 못한 문제이기에 흥미롭기는 하다. 언젠가 이 문제를 푸는 사람은 아마 처음으로 에베레스트 산 정상에 올랐거나 백 미터 달리기에서 세계 최초로 십 초대의 벽을 깬 사람처럼 벅찬 흥분을 느낄 것이다.

이 추측의 중요성에 의심을 품는 이유가 무엇인지 이해가 되지 않는 사람은 소수가 곱셈적 속성으로 정의됐음을 떠올려보라. 소수는 작은 수들의 곱으로 쓸 수 없다는 곱셈과 관련한 속성에 의해 정의되는 수이다. 소수에 있어서 가장 중요한 '1보다 큰 모든 자연수는 소수의 곱으로 표시할 수 있다.'라는 결과도 곱셈에 관한 것이다. 또한 여기서 곱에 나오는 소수들은 유일하게 결정된다. 그런데 골드바흐의 추측은 소수의 곱이 아니라 합에 관한 것이다. 그게 왜 흥미롭다는 건지는 비판자들에게 물어볼 일이다.

'실험적' 증거

다음 그래프의 x축에는 짝수 $z=4, 6, 8, \cdots$이 표시되어 있고, 각각의 z 위에는 점이 하나씩 찍혀 있다. 점의 높이는 z가 소수의 합으로 표시될 수 있는 방법의 수를 의미한다. 예를 들어 14 위의 진하게 표시된 점을 보라. 14를 소수의 합으로 나타낼 수 있는 방법이 두 가지이기 때문에 이 점의 높이는 2다($14=3+11=7+7$).

즉 골드바흐의 추측은 x축 위의 어떤 z도 높이가 0이 아니라는 말과 같다. 그림을 보면 그 이상의 추측도 가능해 보인다. 전체적으로 좀 혼잡한 양상이기는 하지만, 표시가 '적게' 되어 있는 z들을 살펴보더라도 — 점들이 이룬 구름모양의 아랫부분을 보면 — 그래프는 '점점

그림 44 | 골드바흐의 추측: 처음에 나오는 240개의 값

상승하는' 듯 보인다. 다르게 표현하면, 짝수를 두 소수의 합으로 나타낼 수 있는 것뿐 아니라, 그 방법의 가짓수도 점점 많아지는 것 같아 보인다.

골드바흐 추측의 '증명'

아마추어 수학자들도 종종 골드바흐 추측의 증명을 시도한다. 몇 주 전에 다음의 '증명'을 담은 편지 한 장이 연구실에 도착했다.

첫 번째, 소수의 수는 무한하다.[*] 두 번째, 두 소수의 합을 구하면 무한히 많은 수가 만들어진다. 이것으로 골드바흐의 추측은 증명된다.

애석하게도 이것은 완전한 증명이 되지 못한다. 물론 하나의 수가 두 소수의 합으로 나타나는 일이 '무한히' 많다는 관찰은 옳다. 그리고 그보다 더 확실한 증명은 없을 것이다. 그러나 이것이 '모든' 수에서 그렇다는 것을 증명하지는 않는다. 편지를 쓴 사람은 아마 '무한 집합에서 무한히 많은 원소를 대면 그게 모두가 아니냐?'고 항변할 것이다. 다섯 장의 편지봉투에 다섯 장의 우표를 붙일 때에는 모두 다 붙였다고 확신할 수 있는 것처럼 유한 집합에서는 그런 결론이 옳다. 그러나 무한의 세계에서는 다른 법칙이 존재한다. 즉 골드바흐 추측은 여전히 미해결 문제로 남아 상금을 타갈 사람을 기다리고 있다.

---

[*] 4장 참조.

50

조건부 확률을 제대로 뒤집지 못하는 무능력에 대하여

베이즈 정리

인간은 확률을 평가하는 방법을 익히는 쪽으로 진화해 왔다. 도망갈 것인가, 아니면 싸울 것인가? 불을 끌 것인가, 아니면 사람들을 대피시킬 것인가? 일 초도 안 되는 순간에 재빨리 상황을 파악하고 결정을 내린다. 또한 정보의 영향에 따라 변하는 확률을 파악하는 데도 도사다. 예를 들어 새 여자친구가 클래식 음악을 좋아하는지 알고 싶었는데, 대화중에 슈만과 슈베르트를 헷갈려했다면 여자친구가 클래식 음악을 좋아할 확률은 매우 적어진다.

다소 막연한 이런 생각은 조건부 확률을 통해 수학적으로 정확하게 표현할 수 있다. 다른 예를 들어 보자. 별도의 속임수가 없다면 보통 주사위에서 짝수가 나올 확률은 $\frac{1}{2}$이다. 그런데 주사위를 던져 나온 수가 소수라는 정보가 들어왔다면, 확률은 $\frac{1}{3}$로 줄어든다. 세 개의 소수 2, 3, 5 중 하나만이 짝수이기 때문이다.

조건부 확률을 뒤집을 방법을 고안한 것으로 유명한 베이즈 정리라는 것이 있다. 예를 들어 어떤 손님이 팁을 주는지 경험에 의해 알고 있는 웨이터를 상상해 보자. 손님의 40퍼센트가 팁을 주고, 관광객이 팁을 건넬 확률은 80퍼센트라고 해보자. 즉, ‘방금 들어온 손님이 관광객이다’라는 정보는 팁을 받을 확률을 높인다. 베이즈 정리에서는 이처럼 조건부 확률을 거꾸로 뒤집어 ‘팁을 받았다’에서 출발해서 그 손님이 관광객일 확률을 산출한다.

사실 손님이 팁을 줄 확률을 구하는 건 반드시 알아야 할 중요한 문제는 아니다. 그러나 의학적 진단의 효율성을 따질 때처럼 생사가 달린 문제에서도 이런 테크닉을 사용한다. 병원에서 테스트를 받았는데 결과가 양성으로 나왔다. 그때 정말 그 병에 걸렸을 확률은 얼마나 될까? 앞으로 이런 일을 겪게 된다면 너무 걱정부터 하지 마라. 수학적 계산에 의하면 이 확률은 그냥 단순하게 생각할 때보다 훨씬 낮다. 이 부분의 진화에서 인간은 너무 비관적으로 프로그래밍이 된 것 같다.

홍역 테스트

‘조건부 확률’과 베이즈 정리에 관해서는 14장(몬티 홀 문제)에서도 다룬 바 있다. 요점만 정리하면 다음과 같다.

- A와 B가 우연적 실험의 두 가지 결과라면, B가 나타났을 때 A가 나타날 확률을 $P(A|B)$로 표시한다. 예를 들어 스카트 카드 한 벌에서 뽑기를 하는데 A = ‘스페이드 잭’, B = ‘스페이드’라고 해보

자. 스카트 카드 한 벌은 32장이고 뽑힐 가능성은 모든 카드가 동일하므로, A의 확률은 $\frac{1}{32}$이다. 그러나 스페이드가 뽑혔다는 것을 알고 있다면(즉, B가 나타났다면) 확률은 $\frac{1}{8}$로 줄어든다. 카드 한 벌에 들어 있는 스페이드는 8장이기 때문이다.

● 베이즈 정리의 가장 단순한 유형은 두 사건 A, B에 연관된 경우다. 이때 $P(B)$, 즉 B가 나타날 확률과 $P(A|B)$, $P(A|B^c)$는 안다고 하자.* 이제 베이즈 정리에 의해 $P(B|A)$를 구할 수 있다.

$$P(B|A) = \frac{P(A|B)P(B)}{P(A|B)P(B) + P(A|B^c)(1 - P(B))}$$

앞서 말한 의학적 테스트에 관한 예도 수학적으로 정확하게 표현할 수 있다. 드물게 나타나는 병을 하나 생각해 보자. 꼭 암이나 에이즈일 필요는 없다. 홍역이라고 해보자. 자고 일어났더니 얼굴에 여드름 같은 것이 나 있다. 홍역에 걸린 것이 아닌지 의심스러워 병원을 찾는다. 홍역 테스트를 받았는데 결과가 양성으로 나왔다. 그렇다면 정말 홍역에 걸린 것일까?

편의를 위해 '홍역 테스트 결과가 양성이다'를 A로, '홍역에 걸렸다'를 B로 부르자. 베이즈 정리를 적용하기 위해서는 $P(B)$, $P(A|B)$, $P(A|B^c)$가 필요하다. $P(B)$는 홍역에 걸릴 확률이다. 홍역은 성인에게서는 아주 드물게 나타나는 병이다. $P(B) = 0.05$라고 치자. 이것은 5퍼센트의 확률이다. $P(A|B)$의 값은 곧 테스트의 신뢰성을 의미한

---

* 여기서 B^c는 B의 여집합(B가 나타나지 않을 경우)을 의미한다. B가 '스페이드'라면 B^c는 '클로버, 하트, 다이아몬드'가 된다.

다. 실제로 홍역에 걸린 환자들이 홍역 테스트 결과가 양성일 확률은 얼마나 되는가? 이 확률이 1(즉, 100퍼센트)이라면 좋겠지만 현실은 그렇지 않다. 이 이상적인 결과에 최대한 접근하기를 바랄 뿐이다. 그러나 긍정적으로 생각해서 $P(A|B)=0.98$이라고 하자. 이제 $P(A|B^c)$, 즉 홍역에 걸리지 않았는데도 홍역 테스트에서 양성 결과가 나올 확률은 얼마나 되는가? 여기서도 확률이 0이라면 좋겠지만 생각 속에서나 가능한 일이고, 현실적으로는 $P(A|B^c)=0.20$ 정도 될 것이다.

이제 계산을 시작하자. 우리가 알고자 하는 것은 $P(B|A)$, 즉 양성의 테스트 결과를 받은 사람이 진짜 그 병에 걸렸을 확률이다. 베이즈 정리를 사용하면 다음과 같은 식이 나온다.

$$P(B|A) = \frac{P(A|B)P(B)}{P(A|B)P(B)+P(A|B^c)(1-P(B))}$$
$$= \frac{0.98 \times 0.05}{0.98 \times 0.05 + 0.20 \times (1-0.05)}$$
$$= 0.205\cdots$$

실제로도 홍역에 걸렸을 확률은 20퍼센트 정도로 안심할 만한 수치다. 대부분의 사람들은 더 높은 수치를 예상했을 것이다. 그래서 이 결과가 의외일 수도 있겠지만, 그 이유는 아마도 확률을 예측할 때 이 병이 드물게 나타나는 병이라는 사실을 간과했기 때문일 것이다.

그림으로 설명하기

아래의 사각형을 통해, 확률 추정을 잘못하는지 알아보자.

이 그림은 위에서 한 계산의 결과를 이해하기 쉽게 도표화한 것이다. 짙은 색의 작은 원은 B, '홍역'을 나타낸다. 홍역은 드물게 나타나는 병이므로 이 원은 아주 작다. 큰 원은 '양성의 테스트 결과' A를 나타낸다. 큰 원은 작은 원 깊숙이까지 침범해 있다. 두 원의 교집합은 테스트 결과가 양성이고 실제로도 병에 걸리는 경우다. 우리는 지금 신경 쓰지 않아도 될 오류 확률을 전제로 하고 있기 때문에, 작은 원 밖에서 큰 원이 차지하는 부분은 사각형 전체를 놓고 봤을 때 작다.

이 전제에도 불구하고 A의 면적에서 B가 차지하는 부분이 그리 크지 않다는 것은 양성의 테스트 결과가 무조건 홍역에 걸렸음을 의미하지는 않는다는 뜻이다.

51

Milliarde(밀리아르데, 10^9) 아니면 Billion?

수를 읽는 국가별 명칭

국민총생산이나 국가 채무를 표시할 때는 아주 큰 수가 필요하다. 백만이 0 여섯 개가 붙은 숫자라는 것은 누구나 안다. 그렇지 않다면 로또 당첨금으로 무엇을 할까, 하는 달콤한 꿈을 꾸기 힘들 것이다.

그러나 밀리아르데로 넘어가면 상황이 달라진다. 정치가나 회사 중역들도 이것이 얼마나 큰 수인지 정확히 모르는 경우가 많다고 한다. 잊어버린 사람들을 위해서 짚고 넘어가자면, 밀리아르데는 백만이 천 개인 수다. 즉 밀리아르데의 돈을 가진 사람이 자기 재산의 천분의 일을 거지에게 주면 백만장자가 탄생한다.

큰 수를 부르는 말은 국가별로 달라서 헷갈리는 경우가 많다. 독일어의 '밀리아르데'는 미국 — 그리고 영국 대부분 지방 — 영어의 '빌리언'에 해당한다. 영미 국가에서는 큰 수를 표기할 때 '못 말리게' 논리적인 방법을 사용한다. 백만에 영이 세 개씩 늘어날 때마다 밀리언, 빌리언,

트릴리언 등등, 라틴어의 수사를 단어의 앞에 붙인다. 독일어에서는 밀리언 다음 밀리아르데, 그 다음에 빌리아르데가 온다. 헷갈리지 않을 수 없게 되어 있다.

그래도 독일 땅에서는 오랫동안 수 체계가 변하지 않았기 때문에, 영국이나 프랑스 사람들처럼 옛날 잡지를 읽을 때 출간년도를 확인해야 하는 번거로움은 피할 수 있다. 영국과 프랑스에서는 큰 수를 부르는 두 가지 명칭이 혼재한 시기가 있었다. 그러다 오늘날 프랑스에서는 독일에서처럼 '밀리아르'(milliard)를 사용하고, 영국의 대부분 지방에서는 미국에서처럼 '빌리언'을 사용한다. 그러니 앞으로 독일인에게 미국의 어느 팝스타가 빌리어네어(billionaire)라는 말을 하려면 구분에 주의하라. 독일식으로 계산하면 '무려' (십)억만장자가 된다. 독일에서 실제로 진짜 빌리언이 나타나는 일은 거의 없다. 국민총생산도 밀리아르데에 그친다. 독일 가정의 총 저축액을 합산한다면 또 모르겠다. 그때는 부득이하게 독일식 빌리언을 써야 할 수도 있다.

수학에서는 아주 큰 수들을 뭐라고 부르느냐고 묻는 사람들이 가끔 있다. 대답은 싱겁다. 그냥 십의 거듭제곱으로 표현하기 때문이다. 밀리아르데라는 말을 사용하는 수학자가 있을까? 수학자에게 이 수는 그냥 10^9이다. 하물며 10^{1000}이 나온다고 해도 그 수에 알맞은 이름을 찾으려고 라틴어 사전을 뒤지고 있지는 않을 것이다.

0 두 개가 무슨 대수라고……?

인간에게 큰 수에 대한 감각이 없다는 것은 참으로 안타까운 일이다.

선물로 10유로를 받는 것과 1,000유로를 받는 것은 확연히 차이가 난다. 굳이 설명하지 않아도 누구나 체감할 수 있는 차이다. 그러나 빛이 일 년에 9,460,800,000,000킬로미터를 간다고 하면(이것은 거의 9.5 독일식 빌리언이다) 인간의 상상력이 더 이상 따라가지를 못한다. 이런 큰 수의 차원에서는 영 두 개가 빠진다고 해도 그 차이를 느낄 수 없다. 이런 수는 그냥 '무지막지하게 큰' 수일 뿐이다.

그러나 가끔은 큰 수에 대한 무감각 때문에 시국적 현실을 제대로 보지 못하는 일도 있다. '현재 베를린 시의 부채는 59,253,104,304유로다'*라는 기사를 접했을 때, 이 육백 억에 육박하는 돈이 얼마나 큰돈인지 상상하려고 애쓰기보다는 그냥 '베를린은 빛이 상당히 많다'고 생각해 버리는 것이 훨씬 마음이 편하다는 것이다. 이 돈은 백만 유로의 60,000배가 되는 큰돈이다. 이 돈이 있다면 헤어포르트 같은 소도시에서는 전 주민을 백만장자로 만들 수도 있다. 아니면 1세제곱미터 용적의 상자 600개에 100유로짜리 지폐를 가득 채울 수도 있다.

'1 빌리언'이라는 말을 듣고 모든 사람이 똑같은 것을 상상하는 날은 아마 다시는 오지 않을 것이다. 좌측 운전이나 철도 궤도의 너비와 마찬가지로 이미 몇 대에 걸쳐 특수한 체계에 익숙해져버렸다면 더 이상은 바꾸기 힘들다. 언론인들만 불편하게 됐다. 빌리언에 대한 이야기가 나올 때마다 어느 시대에 누가 쓴 것인지 조사를 해야 할 테니 말이다.

---

* 2006년 3월 22일 베를린 '타게스슈피겔'지에서 발췌.

52

체스에는 규칙이, 수학에는 공리가 있다

놀이 규칙 vs. 공리

체스를 둘 줄 아는가? 적어도 규칙은 알고 있는가? 수학은 다른 세계로 무대를 옮겨 설명하면 이해가 훨씬 쉬워진다. 이 장에서는 체스의 세계로 무대를 옮겨 보자.

체스에는 게임의 규칙이 있다. 그리고 수학에는 공리가 있다. 체스의 규칙을 새로 만들어 내려고 애쓰는 사람은 없다. 모두들 주어진 규칙 안에서 게임의 승자가 되려고 노력할 뿐이다. 수학자들도 똑같다. 주어진 이론 안에서 특수한 문제를 증명하기 위해 몇 달이고 몇 년이고 노력한다.

또한 진짜 체스는 체스 판이나 체스 두는 사람과 아무 상관도 없다는 것을 누구나 알고 있다. 어느 지점에서 어느 말을 어디로 움직여 게임에서 이길 방도가 생각났다면 종이쪽지도 좋고 그냥 말로 해도 좋다. 수학도 마찬가지다. 사람이나 책, 언어에 얽매이지 않는다. 수학은 보편적인 학문이다. 플라톤은 수학을 영원한 것으로 보았기에 이데아의 세계에 편입시켰다. 다른 철학자들은 단지 사람 사이의 약속으로부터 도출되는 결과를 다룰 뿐이며, 가끔 유익하게 작용할 뿐이라고 보았다.

이제 해결된 문제와 미해결 문제에 대해 알아보자. 상대편에게 킹만 남아 있는 상황에서 킹 외에 루크(성)를 가지고 있으면 마지막 게임을 이길 수 있다는 것은 체스의 초보자도 안다. 그러나 게임이 시작되기 전 '백(白)을 잡은 사람이 이긴다'는 명제가 참인지는 영원히 알 수 없을 지도 모른다. 그만큼 복잡한 게임이다. 이처럼 수학에도 과연 풀릴 수 있을지, 풀린다면 언제 풀릴지 알 수 없는 문제들이 있다(골드바흐의 추측 외 몇 가지 예는 이 책에서도 소개했다).

물론 체스와 수학에는 근본적으로 다른 점이 있다. 그렇지 않다면 왜 대학에 체스과가 없겠는가? 체스로는 교량의 견고성을 산출하거나 로또 당첨의 확률을 계산할 수 없다. 수학과 달리 체스는 이 세계의 문제들에 직접적으로 응용할 수 없다. 왜 '자연이라는 책이 수학의 언어로 쓰여 있는지'(갈릴레이의 말)까지는 설명할 수 없다고 해도 수학에는 뭔가 다른 것이 있다.

수학은 어떻게 배워야 할까?

체스와 수학 사이에는 또 다른 공통점이 있다. 수학과 학생들이 대학에서 공부하는 방법을 살펴보자. 일반적으로 구체적인 문제를 풀며 수학을 배운다. '수 x가 무리수임을 증명하시오.', '주어진 미분방정식이 무한 차원의 해공간을 가지고 있다는 것을 증명하시오.'…….

이것은 체스 문제와도 비슷하다. '백을 잡은 사람이 말을 세 번 움직여 이기려면 어떻게 해야 하는가?', '백을 잡은 사람이 말을 하나 희생시켜 이기는 방법에는 어떤 것이 있는가?'……처럼 말이다.

그러나 체스 문제만 풀어서 수준급 선수가 되지는 못 한다는 것은 모든 체스 선수들이 안다. 막상 체스판 앞에 앉으면 네 번 말을 움직여서 상대의 킹을 쓰러뜨려야 할지, 말 하나를 희생시켜 놀라운 뒤집기 한판을 해야 할지 금방 생각나지 않는다.

어떤 것이 증명 가능한 것인지 처음에는 명확하지 않으므로 상황에 몰입해야만 하는 일이 수학 교육에서도 비슷하게 일어난다. 당장 눈앞에 놓인 문제를 어떤 수학적 방법을 써야 하는지 판단할 때 창의력이 필요하다. "다음을 보여라"는 질문에 대한 조건 반사보다는 전문 수학자들이 연구실에서 하는 일이 이런 상황들과 더 밀접하게 관련돼 있다.

그림 45 | 흑이 앞으로 나가 킹을 쳐서 이긴다.

 침팬지도 이해하는 5분 수학

53 "자연이라는 책은 수학의 언어로 쓰여 있다"

수학과 현실: 수학은 어떻게 응용되는가?

"자연이라는 책은 수학의 언어로 쓰여 있다"는 거의 400년 전 갈릴레오 갈릴레이가 한 말이다. 이 시적인 표현에는 현실의 여러 부분을 수학적으로 해석할 수 있다는 뜻이 들어 있다. 예를 하나 들어 보자. 새로 이사와서 거실에 마루를 깔려고 한다. 기하의 기초지식만 있으면 예산을 짤 수 있다. 즉 사각형의 넓이만 구하면 된다.

예산을 짜며 실제 거실의 어떤 부분이 수학으로 변환된다. 공학이나 자연과학에서 수학을 응용하는 방식도 이와 다르지 않다. 문제에서 알고 싶은 부분을 수학의 언어로 옮긴 다음, 거기서 답을 얻는다. 그리고 그 답을 원래 분야로 가지고 와서 문제를 해결한다. 기하, 대수, 수론, 확률 등 거의 모든 분야가 이런 식으로 실생활에 응용 가능하다. 풀려는 문제는 얼마든지 복잡할 수도 있다.

미국을 여행하면서 맞닥뜨린 문제('주유소는 어디인가?')를 영어로 바꿔 말함으로써 현지인의 도움을 얻는 것과도 같다. 이 경우에도 다른 언어로 변환해 문제의 답을 구한다.

오늘날 갈릴레이의 말에 심각하게 트집을 잡는 사람은 없다. 그러나 왜 그런가에 대해서는 지금도 논쟁거리다. 수학과 자연 사이에는 인간이 이해할 수 없는 신비스러운 비밀이 있는 것일까? 아니면 신이 수학자여서 세상을 수학적 원칙에 따라 만들었을까? 인간이 노력하면 이 원칙을 더 잘 이해할 수 있는 것일까? 아니면 그냥 예로부터 그렇다고 하니까 그런가보다 하는 것일 뿐, 수학의 응용성은 다 허상인가?

철학자와 수학자들은 수세기에 걸쳐 보편적으로 받아들여질 만한 대답을 찾아왔다. 현대에 와서는 언젠가 답을 찾으리라는 희망도 많이 사그라진 듯하다.

번역자로서의 수학자

우리가 사는 세계의 문제에 수학을 응용하는 일을 번역한다고 표현해보자.

문제 P의 구성요소를 수학문제 P′로 번역하시오. 그곳에서 답 L′를 구한 뒤, 이 수학적 답을 거꾸로 L로 번역하고 원래 문제의 답이 될 수 있는지 살피시오.

수학과 현실의 번역기법은 그 형식에서 무척 닮았다. 36장에서 다룬 로그 계산의 장점은 곱셈 문제를 덧셈 문제로 번역(변환)할 수 있다는 것

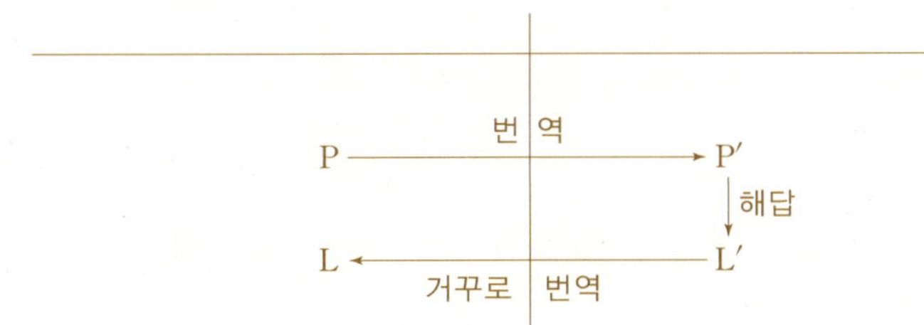

이다. 그리고 뉴욕 공항에 도착해서 택시를 찾는 사람은 당연히 자신의 문제를 영어로 번역해 해결책을 찾는다.

덴마크, 코펜하겐의 수학자 반 룬츠고르 한젠은 수학의 해 2000년을 맞아 '세상을 잇는 다리'로서의 수학의 역할을 아래 포스터로 잘 표현했다.

덴마크의 퓐 섬과 셀란 섬을 잇는 다리로 건설 당시 유럽에서 가장 긴 현수교였다.

그림 47 │ 1624미터의 스토레벨트 다리

채소밭에는 구면삼각법이 필요 없다

수학적 모델을 만들 때는 어느 정도 가정을 단순화해야 하지만, 단순한 모델을 선택하면 현실에 적용하기에는 빈약한 결과가 나오고, 모델이 너무 복잡하면 계산이 번거로워지거나 아예 불가능해진다. 채소밭의 면적을 구하는 데 구면삼각법을 들이댈 필요는 없는 것이다. 즉 수학이론은 적절한 모델을 만들어내야만 한다.

하나 더 덧붙일 것은 수학적 모델로의 변환이 단지 시작일 뿐이라는 것이다. 예를 들어 자동차의 제동거리를 알아내려면 질량, 에너지, 운동 사이의 관계를 밝히는 역학법칙을 끌어들여야 한다.

문제가 복잡할 때는 구체적인 수학문제로 변환하는 과정에서 자연의 본질에 관한 수많은 이론이 필요할 수도 있다. 그런데 그렇게 해서 나온 답이 실제로 관찰된 사실과 일치하지 않을 경우, 그 많은 이론 중 어느 이론을 고쳐야 하는지 명확하지 않을 수도 있다.

54

소수 사냥을 개시한 17세기의 성직자 메르센

기록적인 소수

컴퓨터가 놀고 있는가? 수학사에 이름을 남기고 싶다면 놀고 있는 컴퓨터의 도움을 받아라. www.mersenne.org에 한번 들어가 보라. 그곳에 가면 아주 큰 소수를 찾는 컴퓨터 네트워크를 만날 수 있다.

잊어버린 사람을 위해서 다시 설명하면 소수란 3, 11, 31처럼 1과 자신의 수로만 나누어지는 수이다. 소수는 무한히 많은 것으로 알려져 있으며, 그래서 얼마든지 큰 소수가 나올 수 있다. 이 말은 그런 큰 소수를 눈앞에 제시할 방법이 있다는 의미는 아니다. 이제까지 큰 소수 찾기에 여러 가지 방법이 동원되어 왔는데, 이론적 두뇌작업과 컴퓨터의 엄청난 활약을 합한 방법이 가장 효율적인 것으로 입증되었다.

언뜻 생각하면 소수인지 아닌지 알아내는 것은 아주 간단할 것 같다. 그 수보다 작은 수들로 나누어지는지 나눗셈만 하면 되니까 말이다. 그러나 이것은 작은 자릿수의 수들에만 적용된다. 아주 큰 수에서는 우주의 나이와 맞먹는 계산 시간이 필요하다.

그래서 소수 기록 세우기에서는 특별한 후보들만 고려한다. 이 수는 $2 \times 2 \times 2 \times 2 \times 2 - 1$과 $2 \times 2 \times 2 \times 2 \times 2 \times 2 - 1$처럼 2를 여러 번 거듭 제곱한 뒤 1을 빼서 만든다. 예를 들어 31과 63은 이런 방식으로 만들어 진 수다. 이런 수를 메르센 수라고 하는데, 31처 럼 소수인 경우 메르센 소수라고 한다. 1588년에 태어나 1648년에 세상을 떠날 때까지 학문 발전 에 크게 기여하는 삶을 산 성직자 메르센(옆 그림) 의 이름을 딴 것이다.

메르센 수는 아주 큰 수라도 통제 가능한 시간 내에 소수 여부를 검사 할 수 있다. 아무리 무지막지하게 큰 수라도 단 한 번의 검사로 나뉘어 떨어지는지 알아볼 수 있다. 이때 여러 대의 분산된 컴퓨터로 작업하는 것이 좋다. 메르센 네트워크에 소수 탐색 프로젝트가 조직되어 있다.

이 검사방법에 힘입어 소수 신기록이 속속 나오고 있다. 소수 챔피언 은 2003년 11월에 탄생했는데 이때 발견된 소수는 육백만 자리가 넘었 다. 소수 탐색 프로젝트에 참여하고 있던 마이클 셰퍼라는 사람의 컴퓨 터가 그 소수를 찾아냈는데 그는 40번째 메르센 소수의 발견자로서 웬 만한 수학전문가들보다 훨씬 더 유명하다.

소수 기록

최대 소수 기록은 빠르게 경신된다. 컴퓨터의 성능이 향상되고, 네트 워킹의 환경이 좋아지고, 알고리즘이 점점 개선되기 때문에 소수 신기록이 나오는 것은 그야말로 시간문제다. 그러다보니 저자가 2004년 칼럼에서 보도한 신기록은 이제 더 이상 신기록이 아니다. 현재 이 글을 쓰고 있는 시점의 신기록은 다음의 수이다.

$$2^{25964951}-1$$

머잖아 바뀔 수도 있으니 정확한 최신 정보를 알고 싶은 사람은 웹사이트 www.mersenne.org에 가서 기록 현황을 보면 된다.

위의 수가 얼마나 큰 수인지 알고 싶으면 2^{10}이 1,024라는 것을 떠올려라. 다시 말하면 2^{10}은 약 10^3이다. 대충 계산하면 $2^{20} \approx 10^6$이고, $2^{30} \approx 10^9$이다. 일반화시키면 2^n은 1로 시작하고 $3 \times \left(\dfrac{n}{10}\right)$개의 영을 뒤에 거느린 수이다(이 분수가 정수일 때). 위의 수 $2^{25964951}-1$는 $3 \times \dfrac{25964951}{10}$개의 영을 거느린 수이다. 즉, 약 8백만 자리다. 종이 한 페이지에 한 줄에 100개씩 50줄이 들어가는 경우 페이지 당 5,000자가 찍힌다. 그러니 이 수를 인쇄하려면 $\dfrac{8000000}{5000} = \dfrac{8000}{5} = 1600$페이지가 필요하다. 이 수를 인쇄하면 웬만한 백과사전 한 권 두께는 되겠다.

소수 테스트

큰 수 n이 있을 때 이 수가 소수인지 아닌지 어떻게 알 수 있을까? 예를 들어 2403200604587은 소수일까?

아주 원시적인 방법은 n보다 작은 수 m이 n의 소인수인지 하나하나 검사하는 것이다. 그러면 기본적으로 n번 검사를 해야 한다는 말인데,

큰 수의 경우 이렇게 하기에는 시간이 너무 오래 걸린다.

머리를 쓰면 시간을 절약할 수 있다. n이 소수가 아니라면, 즉 $n=k \times l$꼴이고, 두 수 k와 l은 n의 제곱근보다 크지 않다고 하자 ($k>\sqrt{n}$, $l>\sqrt{n}$이면 $k \times l>\sqrt{n} \times \sqrt{n}=n$이기 때문이다). 즉, 2부터 $\sqrt{n}$사이에 소인수가 없다면 n이 소수인 것이 분명해지는 것이다.

이렇게 하면 일의 양이 대폭 줄어든다. 백만 자리 정도의 수라면 1,000번 정도만 검사하면 된다. 그러나 n이 수억 자리 이상이라면 이 방법도 별 도움이 되지 않는다. n의 제곱근이 너무 커지기 때문에 수백 년이 걸릴 수도 있다.

그래서 새로운 기록을 달성하기 위해 생각해 낸 방법이 루카스-레머 테스트이다. 그러나 이 테스트는 2^k-1 유형의 수에서만 가능하다.

편의를 위해 $M_k=2^k-1$이라고 하자. M_k는 언제 소수인가? k가 소수일 때에만 M_k가 소수임을 증명할 수 있다. 그렇다고 해서 M_k가 반드시 소수일 필요는 없다(예를 들어 $M_{11}=2^{11}-1=2047=23 \times 89$이다).

k가 소수일 때 소위 루카스의 수 $L_1, L_2, \cdots, L_k$ 를 다음과 같이 정의한다. $L_1=4$, $L_2=L_1^2-2=14$, $L_3=L_2^2-2=194$ (항상 $L_{l+1}=L_l^2-2$여야 한다). M_k가 L_{k-1}의 소인수일 때, 바로 그 때 M_k는 소수다.

확인을 위해서 처음에 나오는 루카스의 수들을 계산해 보자.

$$4, 14, 194, 37634, 1416317954, \cdots$$

수들이 빠르게 엄청난 규모로 커지는 것을 볼 수 있다. 우리가 알고자 하는 것은 M_k로 나눌 수 있는가 하는 것이므로 $L_l \bmod M_k$를 계산하는 것으로 충분하다.[*]

예1: $k=5$라고 하자. 그러면 $M_k=2^5-1=31$이다. 31은 소수이므로 테스트 결과는 양성이다. 이제 L_1, L_2, L_3, L_4를 결정하고 마지막 수가 31로 나뉘는지 알아 보아야 한다. 모듈로 31로 계산하면 4, 14, 8, 0, 즉 테스트는 31이 소수임을 제대로 예측했다.

예2: $k=11$일 때를 보자. $M_{11}=2{,}047$을 검사하려는 것이다. $L_1, \cdots, L_{10}$ 모듈로 2047의 결과는 다음과 같다.

$$4, 14, 194, 788, 701, 119, 1877, 240, 282, 1736$$

여기서 마지막 수는 영이 아니다. 그러므로 M_{11}은 소수가 아니다(그건 그렇고 이 방법으로는 M_{11}이 소수가 아님을 증명할 수 있지만, 소인수를 알려 주지는 않는다. 이 테스트로는 소인수를 알 수 없다).

---

[*] 22장 참조.

55

가장 아름다운 공식은 18세기 베를린에서 발견되었다

$$0 = 1 + e^{i\pi}$$

몇 년 전 수학자들을 대상으로 한 설문조사에서 '수학의 역사상 가장 아름다운 공식은 무엇인가?' 수학의 여러 분야에서 뽑힌 후보들이 올라왔는데 마지막 승자는 오일러의 공식이었다. 이 공식은 18세기, 오일러가 프리드리히 대왕의 베를린 궁정에 수학자로 있을 때 발견했다.

오일러의 공식을 설명하기 위해서는 먼저 수학에서 가장 중요한 수들을 알아야 한다. 우선 0과 1이 있다. 이 수들이 중요한 이유는 이 수들을 토대로 다른 수들이 구성되기 때문이다. 또한 0과 1은 수학적 연구에서 그 무엇으로도 대신할 수 없는 독보적인 존재이기 때문이다. 덧셈에서의 0의 역할과 곱셈에서의 1의 역할을 생각하면 된다. 즉 덧셈이나 곱셈을 했을 때 결과에 아무런 영향도 끼치지 않는다는 데 그 특별함이 있다.

또한 원주율 π(파이)도 수학에서 없어서는 안 되는 수다. 이 수는 학교에서 원의 넓이나 둘레를 배울 때 일찌감치 등장한다. 성장과정을 보여주는 수 $e(=2.7181\cdots)$도 꼭 필요한 수다. 수학적 모델링의 기본이라고 할 수 있는 기하급수적인 증가(박테리아)와 감소(방사성 물질)는 수학적 모형의 기본인데, 두 경우 모두 수 e가 등장한다. 대수 방정식을 풀기 위해서는 수의 범위를 복소수까지 확장해야 한다는 것은 몇 백 년 전부터 알려진 사실인데 -1의 '가상의' 제곱근 i를 도입하면서 가능해졌다. 복잡한 수학 연구에서뿐만 아니라 예를 들면 전자공학에서도 복소수는 중요한 도구이다.

$$0 = 1 + e^{i\pi}$$

재미있는 사실은 중요한 수 $0, 1, \pi, e$와 가장 중요한 복소수 i 사이에 연관관계가 성립한다는 것인데, 1 더하기 e의 i 곱하기 π승, 즉 $1 + e^{i \cdot \pi}$를 계산하면 정확하게 0이 나온다. 이것이 오일러의 공식이다.

이 공식은 수학의 통합을 상징적으로 보여주기 때문에 수학자들에게는 특히 중요하다. 완전히 서로 다른 목적에 맞춰 만들어진 수들이 이렇게 간단한 공식 속에서 하나로 연결된다는 것은 거의 신비로울 정도다.

가장 아름다운 공식을 증명해 보자

수학 역사상 가장 아름다운 공식에 등장하는 수들은 모두 이 책에 소개되어 있다[π(16장), 0(28장), e(42장), i(94장)]. 오일러는 어떻게 이 공식을 발견했을까?

이 공식을 이해하기 위해서는 함수에 대해 조금 알아야 한다. 복잡한 연산을 간단한 덧셈으로 변환하면 참값에 상당히 근접한 수가 나온다는 것이 도움이 되겠다. 예를 들어 x가 '충분히 작은' 수일 때, $1+\dfrac{x}{2}$를 계산하면 $1+x$의 제곱근의 근사치를 구할 수 있다. $x=0.02$일 때를 보자. $\sqrt{1.02}$는 $1.00995\cdots$인데 $1+\dfrac{x}{2}=1.01$로 앞의 값에 상당히 근접해 있다. 더 정확한 근사치를 구하고 싶으면 x^2의 배수를 더하면 된다. 더 정확한 값을 원하면 x^3의 배수를 더하고, 이런 식으로 계속 하면 된다.

우리에게 관심이 있는 함수는 지수함수다. e^z에 대해 다음 합에서 처음 몇 항을 고려하면 최적의 근삿값을 얻을 수 있다.

$$1+z+\frac{z^2}{2!}+\frac{z^3}{3!}+\cdots$$

(잊어버린 사람을 위해 부연하면 $2!=1\times2$이고, $3!=1\times2\times3$이다.)

더하는 항이 많아질수록 근사치는 점점 더 정확해지므로 다음 식으로 쓸 수 있다.

$$e^z=1+z+\frac{z^2}{2!}+\frac{z^3}{3!}+\cdots$$

사인과 코사인 함수를 위한 공식도 있다.

$$\sin z=z-\frac{z^3}{3!}+\frac{z^5}{5!}-\frac{z^7}{7!}\pm\cdots$$

$$\cos z=1-\frac{z^2}{2!}+\frac{z^4}{4!}-\frac{z^6}{6!}\pm\cdots$$

e^z을 위한 공식으로 $e^{i\pi}$를 계산하면(여기서 i는 허수단위이다) $i^2=-1$ (94장 참조)이라는 것을 고려할 때 다음과 같은 식이 나온다.

$$e^{i\pi} = 1 + ix + \frac{(ix)^2}{2!} + \frac{(ix)^3}{3!} + \cdots$$

$$= 1 - \frac{x^2}{2!} + \frac{x^4}{4!} - \frac{x^6}{6!} \pm \cdots +$$

$$i\left(x - \frac{x^3}{3!} + \frac{x^5}{5!} - \frac{x^7}{7!} \pm \cdots\right)$$

$$= \cos x + i \sin x$$

이제 $x = \pi$를 대입하고 라디안 단위로 삼각함수를 어떻게 계산하는지만 알면 된다. $\cos \pi = -1$이고 $\sin \pi = 0$이다. 그러면 정말 $e^{i\pi} = -1$이 나온다. 이것이 오일러의 등식이다.

56 최초의 정말 복잡한 수

2의 제곱근은 무리수

분수로 표시할 수 있는 수, 소위 유리수가 중요한 이유는 두 가지다. 첫 번째, 유리수는 사실상 모든 수들은 별 무리 없이 유리수로 근사시킬 수 있을 정도로 조밀하다. 예를 들어 원 모양의 밭에 뿌릴 씨의 양을 계산할 때도 π 대신 분수 $\dfrac{314}{100}$ 로 근사해도 만족할 만한 정확도를 얻는다.

두 번째, 분수는 이해하기 쉽다. $\dfrac{5}{11}$ 는 어린아이들에게도 쉽게 설명할 수 있다. 피타고라스주의자들은 심지어 수와 기하에 관한 중요한 수는 모두 유리수일 것이라고 주장했다. 사실은 아니었지만 그들은 이 원칙으로 아주 많은 중요한 현상들을 설명해 냈다. 예를 들어 피타고라스 음계는 각각의 음의 진동수 사이의 관계를 분수로 표현함으로써 만들어졌다.[*]

---

[*] 26장 참조.

그러니 아주 단순하고 평범한 문제에서 유리수가 아닌 수가 나타났을 때 그리스인들의 충격은 클 수밖에 없었다. 이런 수를 무리수라고 한다. 무리수의 가장 대표적인 예는 아마도 정사각형에서의 2의 제곱근일 것이다. 이것은 한 변의 길이가 1인 정사각형의 대각선의 길이다. 기하를 공부하는 사람이라면 그 누구도 비켜갈 수 없는 수가 $\sqrt{2}$이다.

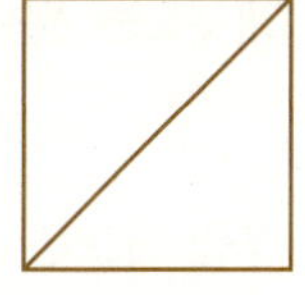

무리수의 증명은 그리 쉽지 않다. 컴퓨터를 동원해 오랫동안 계산해도 도움이 되지 않는다. 2의 제곱근을 수백만 자리 숫자의 분모와 분자의 몫으로 쓸 수 없다고 해서 혹시 수십억 자리에서 불가능하다는 뜻이 아니기 때문이다.

해결책은 간접증명이다. 이 방법은 셜록 홈즈가 추리를 할 때 자주 사용하는 방법이다. 먼저 이러저러한 가설을 세운다. 그러면 뭔가 다른 사실이 성립한다는 결론에 이르게 된다. 하지만 이 사실이 틀리다는 것은 안다. 그러므로 처음에 세운 가설이 틀렸다는 말이다.

이 방법으로 $\sqrt{2}$의 무리수 증명이 가능하다. 기술적인 부분은 궁금해하는 독자들을 위해 뒤에 소개하겠다.

무리수 증명을 둘러싸고 전해 내려오는 일화가 하나 있다. 피타고라스주의자들은 자신들의 발견이 외부에 알려지는 것을 꺼렸는데 히파수스라는 사람이 그 기밀을 폭로했고, 그리하여 수학의 근간을 흔들어놓은 죗값을 목숨으로 치러야 했다고 한다.

왜 $\sqrt{2}$는 분수로 표현할 수 없는가?

$\sqrt{2}$는 제곱해서 2가 되는 양수다. 그 수를 w라고 부르자. 몇 가지 시험을 해보면 w가 어디쯤에 있는 수인지 금방 알 수 있다. 예를 들어 1.4의 제곱, 즉 $1.4 \times 1.4 = 1.96$은 2보다 작다. 그러므로 w는 1.4보다는 클 것이다. 다른 한편 1.5의 제곱인 2.25는 너무 크다. 즉 w는 1.5보다는 작을 것이다.

실용적인 목적을 위한 w의 근사치는 계산기가 훨씬 정확하게 안다. 대부분의 실용적인 경우 1.414213562정도의 근사값이면 적당하다. 그러나 이것도 정확하게 $\sqrt{2}$는 아니다. 아래에서 보듯 아주 약간 모자란다.

$$1.414213562 \times 1.414213562 = 1.999999998944727844$$

2,000년 전의 수학자들도 w를 분수로 표현할 방법이 있는지 고심했다.*

다음에 나올 고전적 증명은 '홀수의 제곱은 홀수, 짝수의 제곱은 짝수'라는 사실을 이용한 것이다.

증명은 w가 분수일 것이라는 가설로 시작한다. 그리고 '이것은 헛소리다'라는 결론이 나올 때까지 논증을 계속한다(셜록 홈즈가 이렇게 말하는 것과 비슷하다. 범인이 식당의 부엌을 통해 도망쳤다면 요리사들이 범인을 보았을 것이다. 그런데 부엌에서는 아무도 그를 본 사람이 없다. 그러므로 범인은 다른 길로 도망친 것이다).

---

* 십진법으로 유한소수는 분수로도 표현할 수 있다는 사실을 유념하라. 예를 들어 1.41은 $\frac{141}{100}$로 쓸 수 있다. 역으로 하면, 분수로 쓸 수 없는 수는 유한소수로 표현할 수 없다.

w를 $\dfrac{p}{q}$로 쓰자. 여기서 p와 q는 자연수이다. 이미 약분을 열심히 한 상태로, p나 q 중 적어도 하나는 홀수여야 한다.

$w=\dfrac{p}{q}$이므로 $p=w\times q$이다. 이 등식을 제곱하고 $w\times w=2$라는 것을 상기하면, $2\times q^2=p^2$이라는 식이 나온다. 따라서 p^2은 짝수이다. 앞서 말한 사실을 적용하면, p^2이 짝수이므로 p는 짝수이다. 그러면 p를 $2\times r$로 쓸 수 있다. 이제 이것을 $2\times q^2=p^2$에 대입한다. $p^2=4\times r^2$이므로 $2\times q^2=4\times r^2$, 약분하면 $q^2=2\times r^2$이다. 즉 q^2, 따라서 q도 짝수이다. 말도 안 된다. 분수 $\dfrac{p}{q}$를 이미 약분했으니 적어도 하나는 홀수여야 하는데, 둘 다 짝수라니!

w를 분수로 쓸 수 없다는 것은 이렇게 해서 증명되었다. 천문학적인 숫자와 100,000년이라는 시간을 들여도 분수로는 쓸 수 없다.

P=NP 수학에서 행운은 가끔 없어도 되는 것?

P=NP 문제

이 장에서 다루는 문제는 백만 달러의 상금이 걸린 문제다.

먼저 문제해결 방식의 등급에 대한 이야기로 워밍업을 하자. 덧셈이 곱셈보다 쉽다는 것은 누구나 아는 사실이다. 좀더 정확하게, 문제에 등장하는 숫자의 자릿수를 생각해 보자. n자리 수끼리 더할 때는 n번의 연산단계를 거쳐야 한다. 곱셈에서는 $n \times n$번이고, 더 복잡한 연산(예를 들어 연립방정식)에서는 $n \times n \times n$번이다. 연산단계의 개수가 최고 n^r(여기서 r은 정해진 수이다)일 때 일반적으로 다항시간 알고리즘이라는 말을 사용한다.

이런 문제는 '간단하게' 풀 수 있다고 여긴다. 입이 딱 벌어질 정도로 복잡한 문제도 컴퓨터의 도움을 받으면 상당한 정도까지 풀 수 있기 때문이다. 그러나 개중에는 원칙적으로 해결이 어려운 문제들이 있다. 그중 유명한 것이 최단거리의 여행경로를 찾아야 하는 세일즈맨

문제다.[*]

그런데 이런 난제들 중에도 운이 좋으면 풀 수 있는 것이 있다. 예를 들어 엄청나게 큰 수의 인수를 찾아야 하는 문제는 어려운데, 누가 우연히 인수를 하나 추정한 경우 실제로 인수임을 보이는 것은 쉽다.

그렇다고 이런 문제들이 진짜 쉽다고 생각하는 사람은 없다. 이렇게 찍어서 답을 맞힐 수 있는 확률은 평생 동안 매주 로또에 당첨되는 것만큼이나 낮기 때문이다. 이런 종류의 행운이 없어도 되는지, 아니면 필수적인 것인지 증명해낸 사람이 아직 없다는 것은 충격에 가깝다. 이 문제는 몇 십 년째 미해결 상태로 세계 수학계의 거장들도 풀지 못한 문제다. 2000년부터는 문제를 풀면 백만 달러의 상금을 받을 수 있다. 여러분이 종이와 연필을 들고 나서기 전에, 세상 최고의 수학자들이 증명을 찾아 나섰지만 무위에 그쳤다는 걸 알아야 한다.

이 문제가 풀린다면 암호체계의 안전성에 획기적인 변화가 올 것이라는 점을 강조하고 싶다.

P 대 NP 문제란 정확하게 무엇인가?

우선 중요한 개념 두 가지를 알아보자.

P문제란 무엇인가?

세 자리 수의 덧셈을 하려면 기본 덧셈을 세 번 해야 한다. 이 말을 일반화시키면 n자리 수의 덧셈에는 n회의 필요하다. 곱셈에서는 조금 복

---

[*] 32장 참조.

잡하다. $n \times n$번 구구단을 적용한 뒤 덧셈도 해야 한다. 곱을 구하기까지는 많아봐야 $2n^2$단계를 거친다. 여기서처럼 합을 구하시오! 곱을 구하시오! 하는 문제를 P유형의 문제라고 한다. n자리 수의 연산에 필요한 시간이 $c \times n^r$ 이하라는 뜻이다[여기서 c와 r은 고정된 수이며, 알파벳 P는 '다항시간'(Polynomial time)을 연상하면 된다]. 예를 들어 최대 $1000 \times n^{20}$의 시간이 걸린다면 이 문제는 P문제에 속한다.

이 부류의 문제는 '비교적 쉬운 문제'로 여겨지는데 컴퓨터를 이용해 합리적인 시간 내에 풀 수 있는 문제이기 때문이다.[*]

NP문제란 무엇인가?

개중에는 해결 방법이 극도로 어려운 문제도 있다. 최대 주행거리가 정해져 있는 세일즈맨의 여행경로[**]를 구하려면 방문해야 하는 도시가 n개일 때 $1 \times 2 \times 3 \times \cdots \times n$개의 경로를 비교해야 한다. 이것은 $c \times n^r$ 내에 계산할 수 없다. c와 r이 아무리 큰 수라고 해도 불가능하다.

그러나 답을 찍어서 운이 따라주는 경우 문제는 빠르게 해결된다. 머릿속에 경로를 하나 생각하고 이 경로가 너무 길지 않은지 n에 의해 정해지는 제한된 계산시간 내에 알아내면 된다.

정리하면, 찍는 데 운이 따라주었기 때문에 P문제로 변환이 가능한 문제를 NP문제(nondeterministic polynomial, 미정다항)라고 한다.

P문제와 NP문제가 서로 다름을 아직 밝혀내지 못한 것은 수학자들 사이에서는 스캔들로 통한다. 주어진 자연수의 소인수를 찾는 문제가 P

---

[*] 주먹구구식으로 말하면 그렇다는 것이다. 제한이 $1000 \times n^{20}$일 때 5자리 수에 필요한 연산의 수는 95,367,431,640,625,000개다. 이런 연산은 컴퓨터에게도 벅차다.
[**] 32장에서도 P＝NP 문제가 나온다.

문제인지에는 특별히 더 관심이 쏠려 있다(위에서 말했듯이 NP문제임이 분명하다). 23장에서 언급했듯이 이 문제는 암호체계와 직결된다.

클레이재단에서는 'P＝NP?' 문제에 백만 달러의 상금을 걸었다. 자세한 내용은 웹사이트 www.claymath.org를 참고하기 바란다.

23번째 생일을 축하합니다!

다양한 수 표현

문제를 최대한 잘 이해하기 위해서는 올바른 관점에서 봐야 한다. 수학에서도 마찬가지다. 수학에서는 당면한 문제가 생기면 만족할 만한 방법을 선택할 수 있도록, 대상을 표현할 수많은 방법을 마련하는데 엄청난 노력을 쏟아 넣는다.

수를 예로 들어 보자. 우리는 십진법 수 체계에 익숙해져 있다. 한 수에 1, 10, 100이 나타나는 빈도수에 따라 구체적인 수가 표현된다. 405는 '100'이 네 번, '10'이 영 번, '1'이 다섯 번 나오는 수이다.

이 방식은 매우 실용적이다. 복잡한 계산을 간단한 구구셈 계산으로 변환할 수 있으므로, 초등학교 수학교육의 대부분은 이 방식을 배우고 익히는 데 초점이 맞춰져 있다.

하지만 왜 하필이면 십진법인가? 아마도 손가락이 열 개이기 때문일 것이다. 특별히 다른 이유가 있는 것 같지는 않다. 어떤 문화권에서는 십이진법을 쓰는 곳도 있다. 그곳에서는 0, 1, 2, 3, 4, 5, 6, 7, 8, 9, A, B 열두 개의 숫자가 필요하다. 숫자 표현방법은 12를 밑으로 하는 기수법이다. 십진법을 사용하는 사람에게는 아주 생소하지만 나름의 장점도 있다. 12는 10보다 약수가 많기 때문에 분수를 덜 사용해도 된다.

현대에 들어 십진법 외에 정말 중요해진 수 체계는 이진법과 십육진법이다. 둘 다 컴퓨터와 관련이 있다. 이진법은 두 개의 수(0과 1)로만 되어 있어 편리하고, 물리적인 상태(꺼져 있음, 켜져 있음)를 나타내기에 좋다. 십육진법에서는 네 개의 이진수가 하나의 수로 인식된다.

신 국립미술관(베를린에 있는 유명한 미술관 – 옮긴이)의 우물

신 국립미술관에 가면 삼진법을 예술로 형상화한 작품이 있다. 미국

그림 48 │ 삼진법의 27개의 수

의 미니멀리즘 예술가인 월터 드 마리아의 우물은 미술관 내의 갤러리에 설치되어 있는데 세 가지의 다양한 막대모양을 하고 있다. 이 막대들을 숫자로 해석하면 삼진법의 수 0부터 $3 \times 3 \times 3 - 1 = 26$까지 온갖 가능한 수 조합이 눈에 들어온다.

십육진법으로 바꾸기

생일이나 다른 숫자를 십육진법으로 바꿔 계산하고 싶으면 다음의 방법대로 하면 된다. 십진법의 수 730을 십육진법으로 바꿔 보자.

1단계: 730을 16으로 나눈다. 우선 계산 후 남은 나머지를 살펴보자. 730 나누기 16을 하면 몫이 45, 나머지가 10이다. 십육진법의 수는 0, 1, 2, 3, 4, 5, 6, 7, 8, 9, A, B, C, D, E, F이므로 가장 아랫자리 '수' 가 A가 된다. 이 수는 오른쪽 끝에 온다.

2단계: 이제 나눗셈의 몫 45 차례다. 방금 730으로 한 것처럼 45를 16으로 나눈다. 몫은 2, 나머지는 13이다. 13은 오른쪽에서 두 번째 수 E다.

몫이 16보다 작은 수가 나올 때까지 계속 16으로 나누는 것을 반복한다. 그렇게 해서 나온 수가 십육진법 수의 첫 번째 자리에 온다. 730의 경우는 2단계만 거쳐도 벌써 답이 나온다. 최종의 숫자는 2다. 730은 십육진법으로 바꾸었을 때 $2DE_H$다. 맨 끝에 붙은 H는 십육진법 수라는 것을 알리는 표시이다. A, B, C, D, E, F가 들어 있지 않은 수인 경우, 이 H가 빠지면 혼란을 가져올 수 있다. 35세 생일은 23_H세 생일이었는데, H를 생략하면 23세 생일과 혼란을 일으키기 때문이다.

59 뷔퐁의 바늘

π값을 구하기 위한 뷔퐁의 실험

이번에는 250년 전의 프랑스로 가보자. 18세기 프랑스의 상류층에게 학문은 고급 스포츠와도 같았다. 귀족들 중에는 그 당시 빠르게 발전하고 있던 자연과학과 수학에 관심 있는 사람이 많았고, 개중에는 직접 연구에 나선 사람도 있었다. 경제력이 있는 귀족의 집에는 마구간 외에 학문연구를 위한 시설이 갖추어져 있었고 떠돌이 학자들이 귀한 손님으로 대접받았다.

당시의 수학 애호가 중 1707년에 태어나 프랑스 혁명이 일어나기 1년 전인 1788년에 죽은 뷔퐁이라는 백작이 있었다. 당대의 지식을 한데 모은 그의 백과사전 작업은 오늘날 거의 잊혀졌다. 그의 이름이 수학사에 길이 남게 된 것은 앞으로 설명할 특이한 실험 덕분이다.

동일한 간격의 평행선이 그려진 평면이 있다고 하자. 책상 위에 놓인 줄이 쳐진 노트도 좋고 가로로 칸이 나 있는 마룻바닥도 좋다. 이제 바늘 하나를 그 평면 위에 떨어뜨린다. 못 믿을지 모르겠지만 평행선 중 하나 위로 바늘이 떨어질 확률을 구할 수 있다. 재미있는 것은 이 확률에 원주율 π가 등장한다는 것이다. 즉, π를 실험적으로 구할 수 있는 뜻밖의 가능성이 생긴다. 바늘이 선 위로 떨어질 확률을 충분히 정

확하게 구하려면 바늘이나 작은 막대를 아주 여러 번 떨어뜨리면 된다.

오늘날 이 방법은 '몬테카를로 방법'이라는 이름으로 수학의 거의 모든 분야에서 사용된다.* 우연의 도움으로 연산을 하거나 적분 계산을 할 때 쓴다. 물론 지금은 바늘을 던지지 않는다. 컴퓨터들이 그 일을 대신하는데 엄청난 속도로 수백만 번의 시뮬레이션을 실행한다.

오늘날 학문하는 일이 이렇게 복잡해져 버린 것은 참으로 안타까운 일이다. 뷔퐁 백작처럼 열성을 가지고 돈과 시간을 학문에 투자하는 사람은 이제 거의 찾아볼 수 없다.

바늘이 선 위에 떨어질 확률을 구하는 공식

바늘이 선 위에 떨어질 확률과 원주율 π 사이의 연관관계를 공식으로 만들어 보자. 먼저 문제를 올바로 해석하는 것이 중요하다.

우선 요소들의 이름을 붙이자. 평행선이 그려진 평면을 대신할 마루판자 한 칸의 간격을 d, 바늘을 대신할 작은 막대의 길이를 l이라고 하

---

* 73장 참조.

자. 선 하나쯤은 닿게 하기 위해 l이 d보다 작다고 가정하자.

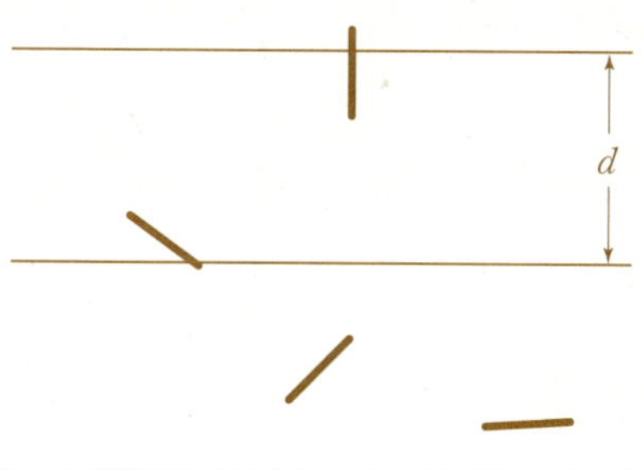

이제 확률이 등장할 차례다. 가로, 세로의 길이가 90, $\dfrac{d}{2}$인 사각형을 가정하자. 직교좌표의 1사분면에 그렸다고 생각하면 된다. 이 사각형 안의 한 점은 α와 y로 표시한다. 여기서 α는 0과 90 사이의 수이고, y는 0과 $\dfrac{d}{2}$ 사이의 수다.

α와 y가 주어질 때, 막대의 중심점으로부터 마루 판자의 모서리까지의 간격이 y다. 그리고 α는 막대가 놓인 각도를 의미한다(그림을 보라).

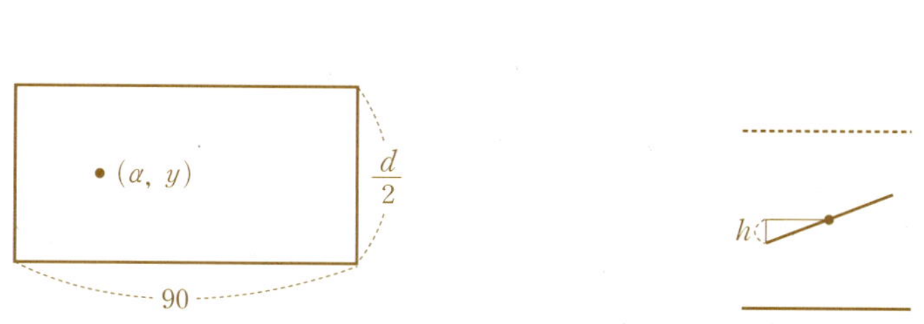

즉 α가 작을수록 마루의 나란한 선들과 평행하게, $\alpha=90$이면 마루가 깔린 방향과 직각이 되게 떨어진 것이다. y가 작을 때는 α가 작아도 마루 판자의 경계에 걸쳐질 수 있음이 명백한데, 정확한 연관관계는 기본 삼각함수를 써서 설명할 수 있다.

막대가 판자의 모서리에 걸쳐지려면, 떨어진 점을 기준으로 그린 작은 삼각형의 높이가 y보다 커야 한다. 이 길이를 $\frac{l}{2}$로 나누면 각 α의 사인값과 같다.

다시 말하면, $\left(\frac{l}{2}\right)\times\sin\alpha$가 y보다 클 때 막대가 마루 판자들 사이의 틈에 걸쳐진다. 여기에 해당하는 점들은 다음 그림에서 음영으로 표시했다.

그림 51 │ 음영 안에 점이 생기도록 떨어지면 '맞히는 것'이다

실제로 막대를 던지는 대신 위의 사각형 안에 임의의 점을 찍고, 막대가 거기에 떨어지는 것을 생각하자. 앞의 그림에서 막대가 마루에 난 금을 맞힐 확률은 사각형의 전체 면적 중 사인 곡선 아랫부분의 면적에 해당한다. 이 면적은 계산할 수 있다.

길이가 l인 막대를 아무렇게나 던져서 마루 경계를 맞힐 확률은

$$\frac{2 \times l}{\pi \times d}$$

이때 d는 마루 칸의 폭이다.[*]

양적으로만 보면 그럴듯한 공식이다. l이 커지면 마루 판자 경계에 걸친 확률도 커진다. 반대로 판자의 폭 d가 커지면 확률은 줄어든다.

이제 π실험을 해보자. 막대(길이 10센티미터)를 여러 번 던진다. 약 1,000번 정도 던져서 막대가 마루 판자의 경계에 걸친 횟수를 체크한다 (마루 판자의 간격은 20센티미터). 예를 들어 320번 맞혔다고 해보자. 이것으로 확률을 어림잡아 계산해볼 수 있다.

$$P\text{는 } \frac{320}{1000} = 0.32\text{에 가까울 것이다.}$$

$$P = \frac{2 \times 10}{20 \times \pi}, \text{ 이 공식을 } \pi \text{로 풀어쓰면 다음과 같다.}$$

$$\pi = \frac{2 \times 10}{20 \times P} \approx \frac{2 \times 10}{20 \times 0.32} = 3.125$$

요약하면, 막대 실험에 의하면 $\pi \approx 3.125$가 나온다. 사실 이 값은 그다지 정확하지 않다. 더 정확한 값을 원하면 더 많이 던져야 한다.

---

[*] 이 공식을 얻으려면 적분이 필요하다. π는 곡선의 길이를 잴 때 등장하며, 이때 $90°$는 $\frac{\pi}{2}$에 해당한다.

60 천천히 식히기: 수학에서의 담금질

시뮬레이티드 어닐링

기술용어였다가 얼마 전부터는 수학용어가 된 말이 하나 있다. 바로 '어닐링'이라는 말인데 원래 유리 제조에서 사용되는 말로 가열된 유리를 서서히 식히는 통제된 냉각방식을 뜻한다.

수학의 세계에서 '시뮬레이티드 어닐링', 즉 담금질 기법은 복잡한 최적화 문제를 해결하는 데 필요한 보편적 보조 도구로 자리 잡았다. 수학적 담금질은 목표값이 최대한 크게 나오도록 특정한 수의 매개변수를 찾는 것이다. 예를 들어 매개변수가 위도와 경도이고 목표값이 해발고도라면, 과제는 그 지역에서 가장 높은(혹은 낮은) 지점을 찾아내는 것이다. 또는 화학 작용에서 다양한 물질의 비율을 찾아내거나 모터를 설정할 때도 쓰인다. 특히 질 좋은 플라스틱을 만들거나 효율적인 모터설정을 할 때 유용하다.

원래는 이런 문제를 풀 때 미분방정식을 사용한다. 그런데 미분방정식을 사용하면 시작할 때의 값과 목표함수 사이의 관계가 분명히 드러나지 않을 수도 있고 구체적인 계산을 하기에 너무 복잡할 수도 있다.

이럴 때는 시뮬레이티드 어닐링이 도움이 된다. 구릉지대에서 가장 높은 지점을 찾는 첫 번째 예를 상기해 보자. 안개가 짙게 낀 날 산책을 한다고 가정하자. 어떻게 하면 안개 속에서 가장 높은 지점을 찾아낼 수 있을까? 그냥 위로 계속 올라가면 될까? 그러면 작은 언덕에 오를 수는 있겠지만 미처 보지 못한 더 높은 언덕을 간과할 가능성도 크다. 그래서 시뮬레이티드 어닐링에서는 올라가기만 하는 것이 아니라 일부러 내려가기도 한다. 그러면서 안개 속을 헤매다 보면 가장 높은 지점에 오르게 된다는 것이 이 아이디어의 핵심이다. 중요한 것은 가장 높은 지점에 오른 뒤 다시 내려가지 말아야 한다는 것인데, 이것은 시간이 지남에 따라 내려가는 횟수를 점점 줄여 0이 되게 하는 것으로 극복할 수 있다. 이상이 통제된 냉각방식을 비유적으로 설명한 것이다.

다른 문제에서도 접근법은 같다. 구릉지대에서의 산책이 매개변수 공간에서의 산책으로 바뀔 뿐이다. 매개변수 공간이 너무 크지 않고 넉넉한 연산 시간만 주어진다면 최적화 문제를 푸는 일은 시간문제라고 할 수 있다.

세일즈맨 문제

실생활과 밀접한 관계가 있는 최적화 문제를 '산책'에 비유하는 것은 보통이다. 더 실감나는 예로 32장에서 다루었던 세일즈맨 문제를 다시 살펴보자. 주어진 과제는 20개의 도시를 딱 한 번씩만 들르고 돌아오는 최단 거리를 찾는 것이다. 도시들에 1, 2, …, 20의 숫자를 붙이고 도시들을 순서 없이 늘어놓는다. 예를 들어

6, 1, 19, 2, 15, 12, 3, 5, 20, 11, 16, 10, 7, 13, 8, 4, 9, 17, 14, 18

이 경로는 도시 6에서 출발해 도시 1로 간 다음 도시 19로 가서…… 이렇게 계속 가다가 20번째 도시, 즉 도시 18에서 다시 출발점으로 돌아오는 순회 경로다.

이런 식으로 여행 경로의 조합 가능성을 구하면 천문학적인 수치가 나온다. 기본조합(29장)을 사용했을 때 나오는 가능한 여행코스의 가짓수는 2,432,902,008,176,640,000개다. 이렇게 많은 코스의 주행거리를 일일이 컴퓨터로 알아본다는 것은 현실적으로 불가능하다. 그러나 방법이 없는 것은 아니다. 각각의 코스를 구릉지대의 지점들로, 그리고 각 코스의 주행거리를 해발고도로 파악하고 가장 낮은 지점을 찾으면 된다.

이 문제를 시뮬레이티드 어닐링으로 풀려면 다음과 같은 방법을 사용할 수 있다. 일단 아무 코스나 하나 — 예를 들어 위의 코스(6, 1, 19, …) — 선택한다. 그리고 그 코스 중 무작위로 두 개의 지점을 골라내 순서를 뒤섞는다. 지점 3과 지점 8이 우연히 뽑혔다면 위의 여행코스는 아래와 같이 변한다.

6, 1, 5, 2, 15, 12, 3, 19, 20, 11, 16, 10, 7, 13, 8, 4, 9, 17, 14, 18

도시 5와 19가 서로 자리를 바꾸었다. 이것이 주행거리를 단축시키는 경우 그 상태에서 계속하고, 그렇지 않은 경우 뽑기를 다시 한다. 이 방법의 특이한 점은 일정 정도의 확률로, 그리고 과정의 끝보다는 출발점

에서 주행거리가 길어지는 것을 감수한다는 것이다. 이렇게 해서 우물 안 개구리 식의 오류를 피할 수 있다(즉 가장 깊은 골짜기를 찾아야지 고지대의 분지를 찾으면 안 된다는 말이다).

다음으로는 시뮬레이티드 어닐링이 적용된 구체적 예를 소개하겠다. 평지에 있는 20개의 '도시'가 주어진다. 도시들은 왼쪽 그림에 점으로 표시되어 있다. 도시들 간의 거리는 점과 점을 잇는 선, 즉 항공로의 길이로 잰다(구체적인 응용에서는 철도의 길이와 같은 다른 수치가 필요할 것이다). 그리고 오른쪽 그림에 보면 무작위로 뽑은 첫 번째 경로가 그려져 있다. 아주 혼잡해 보인다.

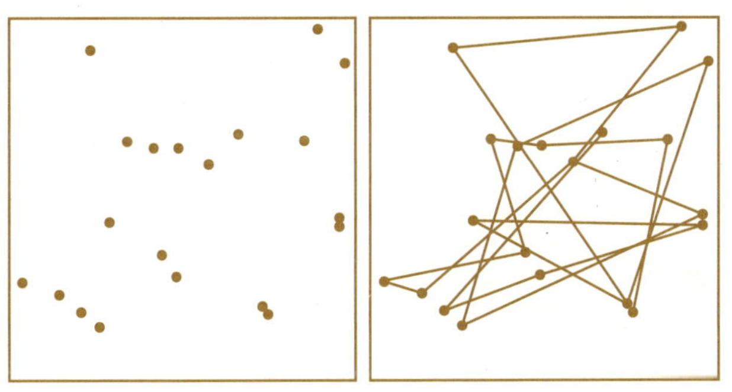

이제 어닐링 알고리즘을 적용할 차례이다. 앞에서 말했듯이 이 알고리즘은 현재 경로에서 변화를 시도한다. 그러나 거리가 짧아지는 경우의 결과만을 수용한다. 다음 그림은 컴퓨터가 일 초도 안 돼서 내놓은 경로다.

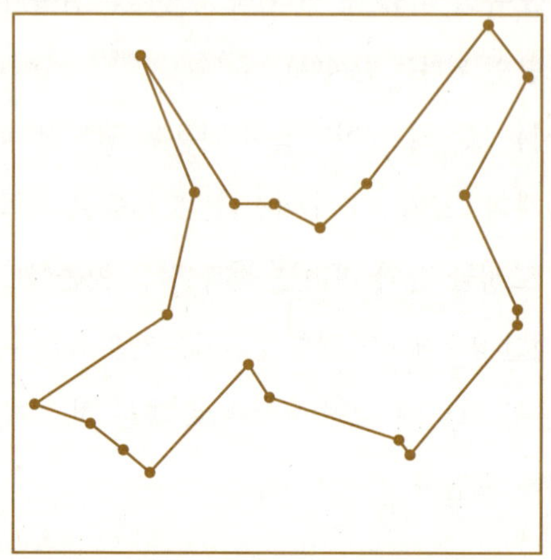

이 경로는 꽤 괜찮아 보인다. 더 좋은 방법이 있을 것 같지 않다.

그러나 이 경로가 가장 효율적이라고 장담할 수는 없음에 유의해야 한다. 이보다 더 짧은 경로가 있을 수도 있다. 이것이 최적이라고 장담할 수 있으려면 더 복잡한 수학적 이론과 연산시간이 필요하다.

61 누가 돈 안 냈어?

비구성적 증명

수학에서는 가끔 그런 경우가 있다. 확실한 논리적 증명은 가능한데 구체적 예를 들 수가 없는 것이다. 이럴 때 (약간 끔찍하게 들리지만) '비구성적 존재 증명'이라는 말을 쓴다.

'소수는 무한히 많다'의 예를 가지고 이야기를 해보자. 소수가 무한하다면 그 중에는 100경 자리 이상의 소수도 분명히 있을 것이다.[*] 그러나 이런 수를 종이에 쓰거나 해서 구체적으로 보여줄 수는 없다. 이제까지의 소수 신기록은 '겨우' 천만 자리를 넘었을 뿐이다. 그리고 우리가 살아 있는 동안 이 사실에 근본적인 변화가 있을지도 의문이다.

존재의 증명에서 구체적인 증거에 이르는 길은 멀고도 험하다. 이것도 구체적 증거 제시가 가능할 때의 이야기다. 예를 들어 집합론의 창시

---

[*] 4장 참조.

자 게오르크 칸토어의 논증에 의하면 수의 세계에는 '매우 복잡한' 수, 즉 초월수가 상상할 수 없을 정도로 많다. 그러나 이렇게 증명된 내용을 구체적으로 눈앞에 제시하는 것은 무척 어렵다(이것보다 더 어려운 것은 구체적인 수가 '매우 복잡함'을, 즉 초월수임을 증명하는 것이다. 원주율 π의 경우만 해도 그렇다. 만일 수학자 린데만이 π가 초월수임을 증명하지 않았다면 수학의 지존으로 떠받들어지겠는가? 48장 참조).

아마 '진짜' 삶에는 이런 일이 없다고 생각하는 사람도 있을 것이다. 미안하지만 잘 모르고 하는 소리다. 이번에는 좋은 예를 찾아 재즈바로 한번 가보자. 바 안에는 100명의 사람들로 북적거린다. 분위기도 좋고 '물'이 좋은 곳이다. 그런데 입구에서 하는 말을 들으니 입장권은 90장이 팔렸을 뿐이라고 한다. 그렇다면? 10명은 표 없이 몰래 들어왔다는 말이 된다. 그러나 그 열 명 중 단 한 사람이라도 제대로 찾아낼 자신이 있는가?

서랍과 비둘기 집

아주 중요한 증명법 중에 서랍원리라고 불리는 것이 있다. 은유적인 이름의 이 방법은 수학적 비구성적 증명의 전형이라고 할 수 있다.

아이디어는 아주 간단하다. n개의 서랍이 달린 서랍장에 $n+1$개 이상의 공을 숨겨야 한다. 그러면 적어도 한 서랍에는 적어도 두 개 이상의 공이 들어가야 한다. 이것은 서랍을 열어보지 않고도 장담할 수 있는

그림 54 | 5개의 공을 3개의 서랍에 담기: 적어도 한 서랍에는 공이 두 개 들어간다

일이다. 두 개 이상 들어간 서랍을 찾아서 보여주지 않아도 된다.

꼭 서랍이나 공이 아니어도 일상생활에서도 흔히 접하게 되는 문제다. 예를 들어 손수건 세 장을 양쪽 호주머니에 넣는다면 한 쪽에는 적어도 두 장의 손수건이 들어가야 하는 것이다.

결과를 직접적으로 증명할 수는 없다. '대우'라고 하는 논리적 방법을 사용해야 한다. 셜록 홈즈가 잘 쓰는 방법이다. "X씨가 범인이 아니라면 Y부인이 그를 목격했어야만 한다. 그러나 그녀는 그를 보지 못했다. 그러므로 그가 범인이다."

우리의 예에서는 이렇게 말할 수 있다. "각 서랍에 공이 기껏해야 한 개씩 들어 있다면 전체 공의 수는 많아봐야 n개여야 한다. 그러나 공은 n개보다 많다. 그러므로 '한 개의 서랍에 많아봐야 한 개의 공이 들어 있다'라는 가설은 옳지 않다."

전형적인 수학적 적용은 다음과 같다. 임의의 자연수 11개가 주어져 있다. 그렇다면 그중 적어도 두 개는 같은 숫자로 끝난다. '0', '1', …, '9'라고 씌어진 10개의 서랍에 주어진 11개의 수를 끝자리 수에 따라 서랍 속에 정리하는 것을 상상하면 된다.

n마리보다 많은 수의 비둘기들이 사는 n개의 비둘기 집을 상상해도 된다. 적어도 한 개 이상의 비둘기 집에는 신방이 꾸며질 것이다. 영어에서는 이 로맨틱한 예에 따라 이름을 붙였다. 서랍원리는 영어로 비둘기 집의 원리(pigeon hole principle)이라고 부른다.

62

통계가 하는 일은 무엇인가?

통계를 이용한 질적 통제

시사 전문이든 연예 전문이든 신문의 잡동사니 코너에 매일같이 빠지지 않고 올라오는 기사가 바로 연구에 의하면 수학자가 물리학자보다 오래 산다더라, 자동차 경주가 산책보다 위험하다더라, 등등의 새로운 통계 결과에 대한 것이다.

이런 통계들은 어떤 과정을 거쳐 나오는 것일까? 통계가 하는 일은 무엇인가? 대답은 생각보다 싱겁다. 전형적인 예를 하나 들어 보자.

새 주사위를 샀다고 가정하자. 문구점 주인은 정품이라고 장담했다. 그런데 집에 와서 주사위를 던져보니 계속해서 3만 나오는 것이다. 주사위를 교환해야 할까? 이것은 합당한 교환 사유가 될까? 주사위는 정품이 아니었던 걸까?

이 질문에 대한 답은 그리 쉽지 않다. 확률이 아주 낮기는 하지만 멀쩡한 주사위로도 백 번 던져 연달아 3만 나올 수 있다. 그러나 개연성이 적

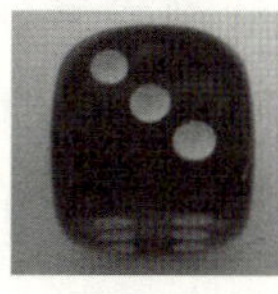

은 일은 보통 잘 일어나지 않는 법이다. 그래서 통계적 주사위 검사에서는 다음의 방법을 사용한다. 먼저 정품 주사위를 백 번 던져서 99퍼센트 정도의 높은 확률로 기대할 수 있는 결과의 집합 M을 구한다. 예를 들어 3이 40번 이하로 나오는 결과의 집합을 M이라고 할 수 있다. 그래서 새로 산 주사위를 던져서 100번(아니면 단 45번이라도) 3이 나왔다면 문구점 주인에게 속은 것이 된다. 물론 애꿎은 문구점 주인만 나무라는 오류를 범할 수도 있다. 그러나 이 오류가 발생할 확률은 최대 1퍼센트로 아주 작다.

이상의 내용은 귀무가설과 신뢰수준 등등의 전문용어로 포장돼 있지만 기본 아이디어는 똑같다. 안 일어날 일은 안 일어난다고 봐도 좋다는 것이다. 물론 여기서는 한낱 주사위일 뿐이지만 현실에서는 의약품의 효과, 풍차 주변 거주자의 암 발생률, 간접흡연의 피해 등 훨씬 위험한 문제들이 대상이 된다.

불행히도 정확하고 주의깊게 쓴 통계 분석은 신문에 실리면서 어디론가 사라져 버린다는 것이 문제다. 통계 결과에 관한 양심적인 진술들은 세간의 이목을 집중시키지 못하기 때문에 선정적인 결과 위주로 보도되는 것이 현실이다.

거래처를 바꿔야 하나

좀 더 현실적인 예를 들기 위해 라디오 공장의 사장이 되어 보자. 방금 협력업체로부터 1,000개의 트랜지스터가 도착했다. 과연 협력업체의 장담대로 불량률이 3퍼센트 이내일까?

원래는 1,000개를 모두 검사해야 할 것이다. 그러나 첫 번째, 그럴 시간이 없다. 두 번째, 트랜지스터를 검사하면 쓸모가 없어질 수 있다. 그래서 20개만 뽑아 검사해 보니 2개의 불량이 나왔다.

이제 머리를 좀 굴려야 한다. 불량 비율이 정말 3퍼센트 이내라면 방금 관찰한 결과가 나타날 확률은 얼마나 되는가? 표를 만들어 20개에서 0, 1, …개의 불량품이 나올 확률을 정리해 보았다.

불량품(개)	0	1	2	3	4
확률	0.55	0.33	0.10	0.02	0.003

표를 보면 20개 중 2개가 불량일 확률은 0.1(즉 10퍼센트)이다.

이런 일은 일어날 수 있다. 이 정도로 물건을 되돌려 보내는 것은 좀 그렇다. 그러나 불량이 4개라면 문제가 달라진다. 1,000개 중 3퍼센트, 즉 30개만 불량이어야 하기 때문이다. 그러나 하필이면 검사를 위해 뽑은 20개 중에 평균보다 많은 불량이 섞여 들어갔을 수 있으니 이해하려고만 하면 이해 못할 일도 아니다. 그럼에도 불구하고 이런 일이 일어날 확률은 1,000분의 3으로 극히 작다. 즉 '최대 3퍼센트 불량률'이라는 업자의 말만 믿을 일이 아니다.

비신용의 수준은 정량화*할 수 있다. 막 거래를 튼 업자에 대해서는

---

* 전문용어로는 신뢰수준이라는 말을 쓴다.

의심이 많을 수밖에 없다. 불량률이 조금 높다 싶으면 물건을 되돌려 보내기가 쉽다. 그러나 오랫동안 믿고 거래를 해온 업자의 물건이라면 웬만큼 불량품이 나오더라도 업자의 말을 믿을 것이다.

63

승마와 금융수학의 아비트라지
'공짜 점심은 없다'

차익거래란?

차익거래는 현대 금융수학에서 가장 중요한 개념 중 하나다. '아비트라지'(차익거래)라는 말은 다른 분야에서도 쓰인다. 승마에서는 말이 머리를 위로 치켜 올리지 못하도록 제어하는 재갈 부분을 가리킨다.

여기서 말하는 아비트라지는 금융시장에서는 차익거래를 뜻하는 말이다. 차익거래에 대해 알아야 할 것은 두 가지이다. 우선 정의부터 알아야 한다. 차익거래란 자본 투자와 위험 없이 이득을 낼 가능성을 말한다. 만일 A은행이 달러를 0.90유로에 팔고 B은행이 1유로에 산다면 어디서든 지체 없이 900유로를 빌려라. 그 돈으로 1,000달러를 사서 1,000유로에 팔아라. 그리고 빌린 900유로를 갚으면 100유로를 벌 수 있다. 물론 9,000유로, 아니 90,000유로를 빌릴 수 있다면 더 좋을 것이다. 이쯤 되면 화수분이 따로 없다.

차익거래에 대해 알아야 할 두 번째 사실은 안타깝게도 세상에 이런

거래는 없다는 것이다. 이 '금융수학의 기본법칙'은 '공짜 점심은 없다'
는 금언과 일맥상통한다. 그러나 이것은 물리학의 기본 법칙처럼 엄격
하지는 않기 때문에 때때로 예외 상황도 생긴다. 그래서 홍콩과 프랑크
푸르트의 환율이 조금이라도 차이가 난다 싶으면 환차익을 남기려는 사
람들의 돈이 엄청난 규모로 움직인다. 퍼센트로 따지면 아주 작은 차이
지만, 몇 십억 유로씩 되다 보니 차익도 무시할 수 없을 만치 불어난다.
물론 우리 같은 보통 사람들에게는 그림의 떡이다. 살 돈도 없으려니와
설령 있다손 쳐도 이득보다 은행수수료가 더 들어갈 것이다.

이제 수학에 관한 이야기를 해보자. 금융계에서 '공짜 점심은 없다'
원칙은 마치 물리학에서 뉴턴의 운동 법칙이나 열역학 제2법칙과 같은
역할을 한다. 특히 모든 가능한 옵션가격을 공식으로 제시하는 일을 한
다. 지나친 위험을 방지할 수 있다는 점에서 옵션 거래는 그 중요성을
점점 더해가고 있다(자세한 내용은 64장 참조). 여기서 차익거래의 원리
는 옵션 거래에서 중요한 역할을 한다. 차익거래 응용의 원칙은 이렇다.
가격이 어떤 옵션가가 특정 가격일 때에만 차익거래가 발생하지 않는
다. 그래서 이 가격으로 옵션가격을 정해야 한다.

몇 년 전에는 아주 복잡하기는 하지만, 이 방식에 따라 옵션이론을 도
출해 낸 블랙-숄즈 공식이 노벨상을 타기도 했다. 블랙-숄즈 공식은
옵션 평가의 토대가 된다.

'자연법칙'으로서의 아비트라지

금융수학에서 '차익거래는 존재하지 않는다!(공짜 점심은 없다)'의 원

리는 물리에서 '물체의 에너지는 그 질량에 비례한다' 같은 자연법칙과도 같다. 이 두 원리는 새로운 발견을 가능하게 한다는 점에서도 공통성을 가진다.

예를 들어 일 년 후에 100,000유로의 이익을 보장하는 거래를 했다고 가정하자. 만약 전문적 투자, 관리로 계약 만기까지 목표치 100,000유로를 보장하는 복잡하게 구성된 주식 패키지의 양도 건이라면 얼마에 이 계약을 맺어야 할까?

현재 시중은행의 이자율이 4퍼센트라고 해보자.* 차익거래의 원리에 따르면 이 계약은 정확히 $\frac{100,000}{1.04} = 96,154$유로의 가치를 갖는다. 그 이유는 다음과 같다.

- 만약 96,154유로가 못 된다면, 예를 들어 90,000유로라면 어떻게 되는가? 일단 은행에서 90,000유로를 대출받아 계약을 한다. 그리고 일 년 뒤에 100,000유로가 통장으로 들어오면 원금과 이자를 합해 $90,000 \times 1.04 = 93,600$유로를 은행에 갚는다. 그러면 6,700유로의 차익이 남는다! 그러나 차익거래란 없는 것이므로 90,000유로에 계약을 하게 될 일은 없을 것이다. 96,154유로보다 적은 경우는 모두 이와 같다.

- 만약 96,154유로가 넘는 금액에 계약이 되는 경우는 어떨까? 예를 들어 98,000유로라면? 이런 거래에는 직접 판매자로 나서야 한다. 고객에게 98,000유로를 받아 그중 96,154유로를 은행에 넣으면

---

* 예금이자와 신용이자 둘 다 해당된다.

 침팬지도 이해하는 5분 수학

98,000−96,154＝1,846유로의 차액이 발생한다. 역시 남는 장사다! 물론 고객에게 한 약속도 지킬 수 있다. 은행에 넣어둔 96,154유로에 이자가 붙어 일 년 뒤에는 100,000유로로 불어 있을 테니 바로 고객에게 돌려줄 수 있다. 96,154유로 이상인 경우에도 차익거래가 성립한다. 즉, 차익거래는 있을 수 없으므로 이런 일도 역시 일어나지 않는다. 차익거래가 성립하지 않는 계약의 가격은 단 하나, 정확히 96,154유로다. 이것이 이 거래의 합당한 가격이다.

64 리스크 안녕: 옵션

풋옵션과 콜옵션

포도 농사를 짓는 농부가 있는데 해마다 가을이면 10톤의 포도를 수확한다. 포도가 좋은 와인이 될 때까지 기다릴 인내심과 와인 제조기술이 없는 농부는 와인 양조장에 전 수확량을 판다.

그러나 올해는 얼마나 받을 수 있을지 해마다 불안하다. 그렇다면 '보험'을 생각해 볼 수 있다. 먼저 합당하다고 생각되는 가격 P를 정한 뒤 다음의 조건으로 계약할 사람을 찾는다. 먼저 거래 대가로 수수료를 조금 지불한다. 포도 값이 P 아래로 떨어지면 계약 상대는 그 차액을 보상하는 것이다. 만일 포도 값이 P보다 높으면 농부는 더 비싼 값에 포도를 팔 수 있어 좋고 계약 상대는 보상할 필요 없이 수수료를 챙겨서 좋다.

이런 거래는 매일같이 수천 건씩 이루어진다. 일

명 옵션이라고 하는데, 시장의 전망이 불투명한 시기에 발생 가능한 리스크를 걸러내는 금융 파생상품이다. 포도, 사탕수수, 금의 매입가부터 달러, 전기, 이동통신사 주식의 매도가까지 무엇이든 이 '보험'에 들 수 있다. 요즈음은 '보험' 들기도 편해졌다. 예를 들어 은행에 가서 10월 만기로 한 주 당 20유로씩 10,000주의 이동통신사 주식 옵션을 산다. 만약 10월에 텔레콤 주식이 20유로보다 싸면 은행은 기뻐할 것이다. 계약자가 살 리가 없기 때문이다. 그러나 20유로보다 싸면 은행은 고객에게 그 차액을 지불해야 한다. 그리고 고객이 그 돈으로 정말 주식을 사든 해외여행을 가든 은행이 상관할 바 아니다.

여기서 수학이 필요해지는 것은 옵션의 가격이 합당한지 평가할 때다. 이 계산에서도 63장에서 말한 차익거래는 없다. 즉, 위험 없는 수익은 없다는 기본원리가 적용된다는 걸 기억해야 한다. 즉, 거래에 필요한 변수들, 즉 시장이자율, 가격변동의 기대치, 원하는 매입가격, 만기 등을 컴퓨터에 입력하면 바로 가격이 뜬다.

옵션의 종류가 많고, 또 점점 많아지기 때문에 수학자들은 할 일이 무척 많다. 큰 은행들은 이런 일을 하는 수학자를 대거 기용하고 있고, 대학의 연구실에서도 실제를 더 정확하게 예견할 수 있는 더 나은 모델을 개발하기 위한 연구가 끊이지 않고 있다.

마지막으로 한 가지 경고를 하겠다. 옵션거래에는 투자한 돈을 단시간 내에 불릴 수 있다는 큰 유혹이 도사리고 있다. 그러나 힘들여 모은 돈을 몽땅 날리는 경우도 허다하다. 그러니 초보자들은 그보다 훨씬 안전한 로또에 만족하는 편이 낫다.

풋이냐, 콜이냐(Put or Call)?

금융수학의 전문용어는 영어인 것이 당연하다고 할 정도로 영어 일색이다. 그중 일상적으로 사용되는 개념 몇 개를 짚어 보자.

앞에서 언급한 포도밭 주인처럼 뭔가 팔려고 하는 사람에게는 풋옵션(매도옵션)이 관심의 대상이다. 매도옵션을 계약할 경우 먼저 은행 측과 자세한 사항에 대해 협상을 한다. 예를 들면 '만기 후 포도 가격으로 얼마를 지불하겠는가' 이것이 바로 권리행사가격(strike price)이다. 권리행사가격이 높아지면 당연히 옵션도 비싸진다.

가장 일반적인 '지불 원칙'에는 유럽식과 미국식 풋옵션 두 가지가 있다. 유럽식 옵션에서는 만기가 확실하게 정해져 있다. 포도 값의 예에서는 10월 31일이다. 미국에서는 만기가 되기 전부터 만기일까지, 예를 들면 칠월 말에 벌써 은행에 가서 계약이행을 요구할 수 있다. 포도 값이 폭락했을 때는 이쪽이 유리할 것이다.

뭔가 사려고 하는 사람은 콜옵션에 관심을 두어야 한다. 만일 12월 13일에 5톤의 각설탕이 필요하다면 콜옵션으로 그 가격을 안전하게 책정해 놓을 수 있다. 예를 들어 권리행사가격을 5,000유로로 정해 놓았는데 12월에 각설탕 값이 올라서 6,000유로가 필요한 상황이라면 은행은 계약자에게 1,000유로를 지불해야 한다. 여기에도 유럽식과 미국식이 있다. 그리고 이번에는 당연히 권리행사가격이 낮아지면 옵션이 비싸진다.

거래를 하는 사람 중에는 정말 5톤의 각설탕이 필요한 사람도 있지만 투기 목적인 사람이 많다. 옵션거래의 목적은 기초자산(underlying)보다는 투기 쪽으로 점점 기우는 추세다.

수학은 이 세계에 어울리는가?

'공리에서 도출된 결론은 믿을 만한가?' 바나흐-타르스키 역설

우리는 '제대로 된' 수학을 하고 있는 것일까? 물론이다. 수학의 규칙은 현실을 모델로 한 것이기 때문에 현실을 제대로 반영한다. 예를 들어 추상적인 결과인 '부등식은 덧셈을 보존한다'는 백화점보다는 마트에서 장을 봐야 싸다는 사실과 직결된다. 각각의 물건 값이 마트에서 더 싸니까 당연히 장바구니 전체의 가격도 더 싸다는 것이다.

그러나 수에서 복잡한 대상으로 넘어가면 문제가 좀 복잡해진다. 연속함수가 플러스에서 마이너스로 바뀌기 위해서는 언젠가 0이 되어야 한다는 것을 증명하는 데에는 함수를 정의하는 정확한 기본법칙을 알아야 한다. 눈에 빤히 보이는데 뭘 굳이 증명하느냐고 할 수도 있지만 수학자들은 완벽하고 철저한 증명을 해야만 직성이 풀리는 족속이다. 다음 그림을 보라. A와 B를 연결하기 위해서는 반드시 원을 지나야 한다는 것을 증명하는 것은 훨씬 복잡하다.

A와 B가 연결될 때 한 번은 원과의 교점이 생긴다는 사실은 그림을 보면 '누구나' 안다. 그러나 이 사실을 정확하게 개념화하고 증명할 수 있게 된 것은 150년이 채 안 된다. 문제는 두 가지로 요약할 수 있다. 연결선이란 정확히 무엇인가? 연결선에 끊어진 곳이 없다는 것을 어떻게 표현해야 하는가? 이 두 가지 문제가 해결되었다면 이제 어떻게 교점의 존재를 증명할 수 있을까?

때때로 문제가 명시되고 만족할 만한 답이 나올 때까지 오랜 세월이 걸리기도 한다. 그 유명한 예가 '매듭 이론'에서 나온다.* 아무리 노력해도 풀 수 없는 매듭이 있다는 것은 '누구나' 다 안다. 그러나 이 단순한 사실이 수학적 정리가 되기까지는 많은 시간과 노력이 필요했다.

'명백한' 사실을 형식화하여 수학적 정리로 증명하는 것이 필요한 이유는 현실의 경험이란 때로 정말 믿지 못할 것이기 때문이다. 특히 감각적 경험으로 직접 이해할 수 있는 범위를 넘어선 경우에는 문제가 심각해진다. 대표적인 예로 '무한'을 들 수 있다. 무한의 세계에서는 언뜻 이해가 되지 않는 이상한 현상이 수도 없이 일어난다. 예를 들어 아주 엄밀하게 따지면 무한에서의 선분 하나는 면과 똑같은 점을 가진다. 또한 우주적 혹은 미시적 거리에서 무슨 일이 벌어지고 있는지 현 상태의

---

* 76장에서 소개할 것이다.

과학에 맞춰 묘사하는 데 필요한 수학적 모형은 일반인이 이해하기에는 상당히 어렵다. 그러나 이런 모형이 있어야만, 일반 상대성이론의 4차원 시공간이나, 양자역학의 법칙이 무엇인지 감을 잡을 수 있다.

이런 의미에서 수학은 세계를 이해하기 위한 '올바른' 구성 단위이다. 그러나 보통은 세계를 모형으로 설명하는 데 어떤 구성 단위가 필요한지 알아내는 데는 오랜 탐구를 거친 후에야 명확해지기도 한다.

오렌지가 두 배로 커졌다

직접적, 감각적 경험으로 이해할 수 없는 현상을 수학적으로 설명해도 '건전한 이성'에 부합하는 결과가 나올 때도 있지만 삶의 경험으로만 이해하기에는 예상치 못한 결과도 많다. 오늘날 일반적으로 통용되는 '무한집합의 동등성' 개념에 따르면 한 집합에서 3개의(혹은 3,000개의) 원소를 빼내도 집합의 원소의 수는 변하지 않는다(78장 참조).

이 정도는 약과다. 그나마 무한은 인간의 유전자가 처음부터 아예 모르는 개념이기 때문에 그런 거라고 위안삼을 수는 있다. 개중에는 아주

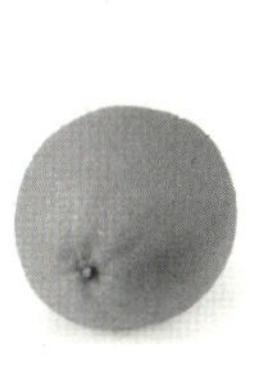

기본적인 상식을 뒤엎는 역설이 존재한다. 그중 대표적인 것이 바나흐-타르스키 역설이다. 이 역설의 내용은 흔히 사용하는 방법으로 하나의 구를 — 예를 들면 오렌지를 — 적당하게 잘랐다가 다시 잘 붙이면 두 배는 큰 구로 만들 수 있다는 것이다.

언뜻 들으면 거짓말 같지만 참말이다. 이것을 이해하려면 문제를 정확히 분석해야 한다. 오렌지를 '쪼갤' 때 제대로 합리적인 부피 개념을 적용할 수 없는 부분이 생기기 때문이다. 그러므로 오렌지를 다시 붙였을 때 전체 부피가 그대로 있어야 한다는 논증을 쓸 수 없다.

그러나 만약 수학이 세계에 '어울리지 않는' 이론을 만들어 내고 있다면 좋든 싫든 기초를 손봐야 할지도 모르겠다.

66 들을 수 있는 수학

푸리에 해석

이 장에서 소개할 수학자는 19세기 초반 '푸리에 해석'을 발전시킨 조제프 푸리에이다. 푸리에는 프랑스 혁명을 겪으며 파란만장한 삶을 살았다. 무엇보다도 나폴레옹을 따라 이집트에 간 경력이 특이하다. 그는 이집트의 역사와 문화를 체계적으로 기록한 최초의 학자이기도 하다.

푸리에 해석은 오늘날 수학자와 공학자들에게 없어서는 안 될 도구다. 진동 현상을 간단히 표현하자는 것이 기본 아이디어다. 여기서는 음, 즉 들을 수 있는 주파수에 관해서만 이야기하기로 하자. 음의 '원자'는 다양한 주파수의 사인파(사인 함수의 곡선과 같이 주기적인 파동)이다. 이런 음은 누구라도 당장 만들 수 있다. 휘파람을 불어 보라. 휘파람은 사인파에 상당히 근접한 소리다.

이 이론은 주어진 사인 곡선을 얻기 위해 다양한 사인파를 얼마만큼씩 섞어야 하는지에 대한 내용을 담고 있다. 기본 주파수의 사인파에 약

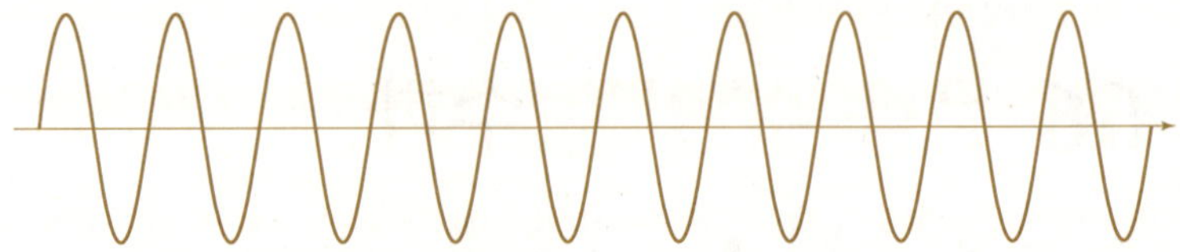

간의 약간의 주파수 두 배짜리를 더하고, 경우에 따라 약간의 주파수 세 배짜리를 더하는 식이다.

우리의 청각으로도 확인할 수 있다. 사인파에 주파수 세 배짜리를 약간 더하면 소위 직사각형파라고 하는 파의 훌륭한 근사를 얻는다. 사인파와 직사각형파가 다르다는 것을 들으려면, 주파수의 세 배가 일반인의 가청 범위인 15킬로헤르츠 정도일 필요가 있다. 따라서 기본 주파수가 5킬로헤르츠일 때 까지는 두 종류의 파형을 구분할 수 있다.

이것을 직접 확인할 때 가장 좋은 방법은 주파수 생성기다(이 기계는 아는 공대생에게 빌리거나 해야 한다). 아니면 집에 있는 신디사이저나 전자 악기로 실험을 할 수도 있다. 악기의 주파수 형태에서 '사인파'와 '직사각형파'를 찾아보라.

푸리에 이론을 정량적으로 확인해야 만족하겠다는 사람은 다음 번 파티장에 갈 때 사람들의 소리를 잘 들어보는 것이 좋겠다. 아주 낮은 남자 목소리가 높은 여자 목소리보다 잘 들린다는 것을 알 수 있을 것이다. 남자의 목소리는 가청 영역 내의 배음(倍音)이 많으므로, 우리 귀가 차이를 느낄 가능성이 많아지기 때문이다.

'블랙박스'의 고유진동수로서의 사인파

직접 귀로 듣는 질적 테스트로 확인할 수 있는 결과가 수학에는 더 있다. 검은 상자를 하나 상정하자. 요즘은 '블랙박스'라고 부른다. 이 상자 속에 신호를 입력하면 상자 속에서 '무슨 일'인가가 생기고 다시 출력되는 상자이다. 전기를 다루는 사람들은 한쪽으로 전기가 공급되고 다른 쪽으로 연결되는 어느 정도 복잡한 접속회로를 상상하면 된다.

그림 59 │ '블랙박스'는 이렇게 작동한다.

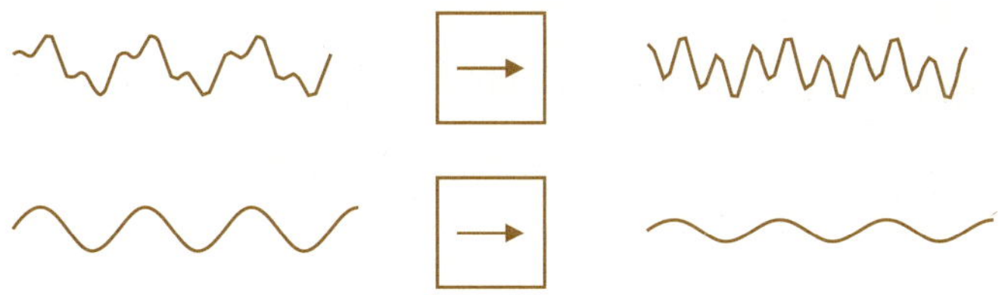

검은 상자는 다음의 조건을 만족해야 한다.

- '선형적'이어야 한다. 입력신호가 두 배로 강하면 출력신호도 두 배로 강해져서 나와야 한다. 또한 두 부분신호의 조합을 신호로 입력했을 때의 결과는 각 부분신호의 결과의 조합이어야 한다.
- '시간 불변적'이어야 한다. 진동을 입력한 뒤 출력진동을 기록했을 때 어제 나온 결과가 오늘도 똑같이 나와야 한다.

전기회로를 사용하는 경우에는 트랜지스터를 사용하지 말아야 한다(트랜지스터는 비선형적이다). 그리고 실험 도중 어떤 설정도 변경해서는 안 된다. 저항기, 유도자(子), 콘덴서(축전기)로만 국한하고 전류와 전압은 높지 않은 것이 좋다.

여러 종류의 블랙박스가 있을 수 있지만 공통점이 하나 있다. 푸리에 해석의 기본구성요소인 사인 진동은 어떤 블랙박스를 통과해도 근본적으로는 변하지 않는다는 점이다. 위상 오차가 생길 수는 있지만 그 이상의 변화는 일어나지 않는다.

귀로 들었을 때의 변화는 어떨까? 방금 설명한 검은 상자와 같은 역할을 하는 음향신호 용 필터(하이패스, 로우패스 등)는 사인 음의 성질을 변화시키지 않는다. 휘파람을 입력하면(휘파람은 사인파에 아주 가깝다) 같은 주파수의 휘파람이 출력된다. 그러나 노래를 입력하면 성질이 완전히 바뀌어서 나온다. 예를 들어 아주 둔탁하거나 새된 소리로 변한다.

푸리에 공식: 주기파를 위한 '함량'

푸리에 이론에 따르면 주기적 진동은 사인파의 조합으로 표현된다. 정확한 '함량'은 얼마일까? 즉, 다양한 사인 함수는 어느 정도씩 들어있는 걸까?

예를 들어 다음과 같은 주기함수 f를 보자.

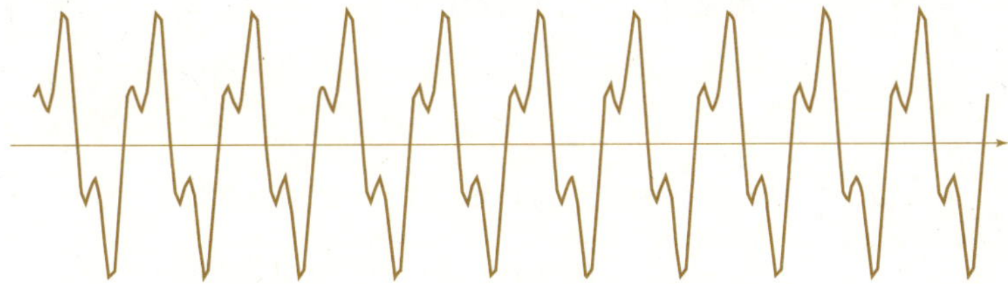

주기를 p라고 하자. 즉, $x+p$에서의 함숫값은 항상 x에서의 함숫값과 같다. 그러므로 길이 p인 구간 I에서의 함숫값만 알아도 충분하다. 다음 그림은 그 부분만 확대한 것이다.

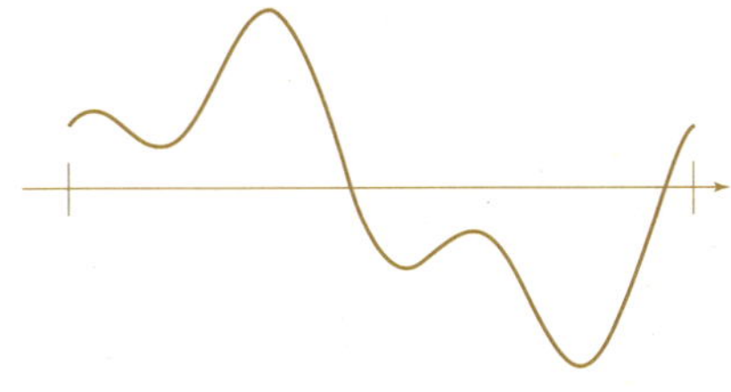

보통 $p=2\pi$로 놓고 계산한다. 이렇게 하면 공식이 훨씬 간단해지기 때문이다. x축의 측정단위를 살짝 변경하면 가능한 일이다.

마지막 준비로 알아야 할 것은 적분이다. 적분의 기본 아이디어는 아주 간단하다. g가 어떤 구간에서 정의된 함수일 때, 그 구간에서 g의 적분은 g의 그래프와 x축 사이의 면적이다. 여기서 주의해야 할 것은 x축 아래의 면적은 음의 값으로 계산한다는 것이다. 예를 들어 x축 위의 면적이 4이고, x축 아래의 면적이 3이라면 적분은 $4-3=1$이다. 만일 두 면적이 같다면 적분은 0이다(앞의 그림이 바로 이 경우에 속한다).

자, 이제 계산을 해보자. 주기가 2π인 함수 f는 다음과 같이 쓸 수 있다.

$$f(x) = a_0 + a_1 \cos x + a_2 \cos(2x) + a_3 \cos(3x) + \cdots$$
$$+ b_1 \sin x + b_2 \sin(2x) + b_3 \sin(3x) + \cdots$$

여기서 'sin'은 사인 함수를, 'cos'는 코사인 함수를 뜻한다.[*] 함수를 만들 때 사용된 '스칼라' $a_0, a_1, \cdots, b_1, b_2, \cdots$는 다음과 같은 방법으로 알아낼 수 있다.

- a_0은 구간 0에서 2π까지 $f(x)$를 적분한 값을 2π로 나눈다.
- a_1은 구간 0에서 2π까지 $f(x)\cos x$를 적분한 값을 π로 나눈다.
- a_2는 구간 0에서 2π까지 $f(x)\cos(2x)$를 적분한 값을 π로 나눈다.
- b_1은 구간 0에서 2π까지 $f(x)\sin x$를 적분한 값을 π로 나눈다.
- b_2는 구간 0에서 2π까지 $f(x)\sin(2x)$를 적분한 값을 π로 나눈다.

정리하면, 적분계산을 할 줄 알면 주기함수를 이루는 각 구성요소의 양을 결정할 수 있다.

---

[*] 코사인 함수는 시간이 지연된 사인 함수다. 즉 공식에는 사인 함수만 나온다고 할 수 있다.

67 우연이라는 이름의 작곡가

모차르트의 주사위 작곡법

　'우연이라는 이름의 작가'에 대해서는 이미 10장에서 알아 보았다. 타자기 앞의 원숭이는 시간만 충분히 준다면 세계문학전집도 써낼 수 있다는 것 말이다.

　우연이 음악 창작에서 하는 역할은 책에서보다 훨씬 크다. 모차르트는 '주사위 작곡법'이란 것을 사용했다고 한다. 사용법은 다음과 같다. 주사위 두 개를 동시에 던져 나온 눈의 수를 합산한다. 그리고 표의 '첫 마디' 칸에서 그 숫자에 해당하는 마디를 고른다. 표에는 2에서 12까지의 숫자가 매겨진 11개의 마디가 미리 준비되어 있다. 두 번째 마디, 세 번째 마디 등도 이런 식으로 선택하여 16마디가 다 만들어질 때까지 계속하는 것이다.

　이제 선택된 마디들을 순서대로 연결하기만 하면 된다. 그러면 심금을 울리는 명작은 아닐지라도 모차르트의 동시대 작곡가들의 소나타와 비교했을 때 그리 처지지 않는 결과가 나온다.

16마디에 각 11개의 선택 가능성이 있으므로 전부 합하면 176마디이다. 이것으로 11^{16}가지 조합이 가능하다. 개중에는 반복되는 것도 있다. 모차르트는 어떤 마디는 반복해서 사용하기도 했기 때문이다. 그럼에도 불구하고 주사위 작곡법으로 만들 수 있는 '작품'의 수는 759,499,667,166,482개로 엄청나다. 그러므로 주사위를 던지면서 이것으로 만들어질 작품은 못 들어봤다고 자신해도 거의 틀림없다.

우연의 역할은 고전음악보다 현대음악에서 더 중요하다. 예를 들어 크세나키스는 악보와 그 마디들이 놓일 순서만 우연에 맡기는 것이 아니라 소리를 만드는 주파수 형태까지도 우연의 법칙에 따라 결정한다.

사실 크세나키스 음악의 팬이 많지는 않다. 그러나 고전음악에서 우연이 이런 역할을 한다는 것은 흥미로운 사실이다. 슈베르트가 왈츠의 여섯 번째 마디에서 갑자기 다장조에서 마장조로 변조한 이유는 무엇일까? 모차르트는 왜 가장조 소나타의 터키행진곡 마지막 악절에서 갑자기 가단조를 사용했을까? 보통 사람은 알지 못하는 영감의 세계에서 일어난 일일까? 천재성의 발현일까? 아니면 그 순간 모차르트의 두뇌 속에서 일어난 뉴런의 우연적 폭발 탓일까?

현재 두뇌연구의 성과로는 아직 거기까지는 들여다볼 수 없다. 그러나 지난 십여 년간 우연이 생산적이고 안정적인 영향력을 끼칠 수 있다는 통찰에 도달했기 때문에 놀라운 일만은 아니다.

컴퓨터로 모차르트를?

모차르트의 주사위 작곡을 여러 곡 연주하다 보면 왠지 어디선가 많이 들어본 것 같다는 생각이 든다. 악보는 분명히 독창적인 창작물인데도 이런 느낌이 드는 것은 인간의 두뇌가 음악적 구조를 파악할 줄 알기 때문이다. 어떤 화음이 어떤 순서로 나타나는가? 박자 구성은 어떠하며 어떤 음정이 자주 쓰이는가? 이런 요소들에서 같은 패턴이 사용되었다면 듣는 사람의 귀에는 두 곡이 아주 비슷하게 들릴 수밖에 없다.

이런 사실을 이용하면 컴퓨터에게 자세한 분석을 시킨 뒤 모차르트나 바흐처럼 작곡을 하게 할 수 있다. 각각의 음악적 구성에서 핵심적인 것만을 뽑아내 그것으로 새로운 구성을 만들어내는 것이다. 예를 들면 다장조 곡에서 시와 미 다음에 높은 도, 혹은 솔이 올 확률을 계산한 뒤 그대로 따라서 하는 것이다. 방금 시와 미가 나왔다면 확률에 따라 높은 도나 솔이 배치된다.

그러면 전문적 음악가가 아닌 사람의 귀에는 정말 모차르트나 바흐처럼 들리는 것이다. 물론 새로운 악상은 전혀 없으므로, 감흥을 주는 음악이라고 부를 만할 것 같지는 않다.

작곡가 오름 피넨달은 이 사실을 바탕으로, 말하자면 작곡가들을 교배시키는 방법을 고안했다. 두 작곡가 A와 B를 분석한 뒤[*] 먼저 A에 속하는 변수로 시작한다. 화음, 박자, 음정 모두 A의 특성을 따라가다가 천천히 B의 특성으로 넘어간 다음 마지막에는 B의 변수로 끝난다. 이렇게 하면 A에서 시작해 B로 끝나는 곡이 만들어진다.

---

[*] 피넨달의 실험에 사용된 작곡가는 조스캥과 제수알도였다.

759499667166482개의 가능성?

1부의 마지막 마디, 즉 8번째 마디에는 11개의 다양한 마디번호가 준비되어 있다. 그러나 이 마디들은 모두 같다. 즉 8번째 마디는 처음부터 정해져 있는 것이나 다름없다. 역시 마지막 마디(16번째 마디)에도 11개의 선택가능성이 있지만 동일한 마디가 많아서 사실은 단 두 종류의 가능성뿐이다. 결론적으로 14개의 마디 1, 2, 3, 4, 5, 6, 7, 9, 10, 11, 12, 13, 14, 15만이 온전히 11개의 가능성을 다 가진다. 거기에 앞서 말한 마지막 마디의 두 가지 가능성이 있다. 이것을 계산하면 다음의 수가 나온다.

$$11^{14} \cdot 2 = 759499667166482$$

참고로 이 조합들이 선택될 가능성은 저마다 다르다. 주사위 두 개를 던졌을 때 2와 12가 나올 확률은 각각 $\dfrac{1}{36}$로 상당히 낮다. 반면에 중간 정도의 수가 나올 확률은 $\dfrac{1}{6}$로 훨씬 높다. 그래서 아주 작은 수나 아주 큰 수에 속하는 마디번호로만 이루어진 조합의 가능성은 극도로 희박하다.

68 주사위는 결백한가?

우연은 직전의 일조차 기억하지 못한다?

확률 계산은 때때로 사람을 정말 헷갈리게 한다. 주사위를 여러 번 던져 나오는 수의 확률에 관한 두 가지의 주장이 있다. 한쪽에서는 충분히 많이 던지면 모든 수가 평균적으로 비슷하게 나온다고 하고, 다른 한쪽에서는 우연은 기억을 하지 않으니 매번 주사위를 던질 때마다 확률이 같다고 한다.

어떻게 그럴 수 있을까? 만약 아주 여러 번 주사위를 던졌는데 그때까지 6이 한 번도 나오지 않았다면 주사위가 첫 번째 주장을 따르기 위해 6이 나오도록 노력이라도 한다는 말인가? 그래서 이제부터는 6이 나올 확률이 는다는 말인가? 그러고 보면 로또에서도 오랫동안 뽑히지 않은 번호에 헛된 기대를 거는 사람이 많다!

모든 수가 나올 확률이 '동등하다'는 것은 동등한 횟수로 나온다는 것을 의미하는 것이 아니라, '대략' 비슷한 수가 나올 확률이 '매우 높다'는 것만 기대할 수 있다는 사실로부터 이 모순을 해결할 수 있다. 주사위 실험에 의하면 모든 수가 비슷한 횟수로 나올 확률은 거의 100퍼센트에 달한다. 그러나 오직 3만 나온다든가 하는 희귀한 가능성도 분명히 존재한다. 물론 극미한 수준이기는 하다.

이해를 돕기 위해 엄청나게 많은 주사위 실험실을 상상해 보자. 각 실험실에서는 주사위를 600번 던지는 실험을 하고 있다. 대부분의 실험실에서 나온 결과는 일정한 질서를 보인다. 1에서 6까지의 수가 거의 100번씩 나온다. 그러나 어떤 실험실에서는 계속 3만 나오는 곳도 있을 수 있다(이 실험실이 차지하는 비율은 0.00⋯01286⋯으로 '1286⋯' 앞에 466개의 0이 붙는 숫자다).

혹은 6이 전혀 나오지 않는 실험실도 있을 수 있다(0.00⋯31, '31' 앞에 47개의 영이 붙는다).

결론은 주사위는 결백하다. 거기다 기억상실중이다. 만약 3만 계속 나오는 주사위를 샀다면 주사위가 이상한 것이 아니라 아주 이상한 주사위 실험실에 있다고 생각하라.

인간이 우연을 이해하는 능력은 빵점?

이 장의 주제인 확률에 대한 오해는 일반적으로 널리 퍼져 있는 현상이다. '화내지 마' 게임(주사위를 던지며 하는 보드 게임의 한 종류로 '파치시'의 독일 판 – 옮긴이)을 할 때 아이들은 6이 나온 지 한참 됐는데 계속 다른 수만 나오면 6이 나올 가능성이 아주 크다고 우긴다. 캘리포니아에 지진이 난 지 한참 됐으니 이제 지진 날 때가 되었다고 생각하는 것과 같다. 우리의 우연에 대한 이해가 얼마나 결함투성이인지는 다음 실험에서 금방 알 수 있다. 종이에 동전 던지기의 결과를 생각나는 대로 써 보라(0은 그림, 1은 숫자). 동전을 직접 던지면 안 된다. 예를 들어 아래와 같은 결과가 나올 수 있다.

10011100101101000111010100101100101000111001011000101000…

다음은 난수 생성기로 뽑은 결과다.

11010100111010001111101111111100111101001011011010011000…

차이가 보이는가? 진짜 우연의 결과에서는 같은 사건이 연달아 일어나는 경우가 많다. 사람이 난수열을 만들려고 할 때, 무의식적으로 결과에 영향을 주기 마련이다.

통계를 이용한 거짓말

수많은 전문가 보고서 중에서 당신이 무엇을 증명하려고 하든 그것을 뒷받침할 통계자료는 항상 찾을 수 있다고 한다.

오순절 월요일을 공휴일에서 다시 평일로 강등시킬 것인지에 관한 여론조사를 한다고 해보자. 문제가 어떻게 나가느냐에 따라 반응에서 큰 입장 차이가 날 것이다. 노동조합과 경제인연합회의 의견은 크게 엇갈릴 것이다. 경제인연합회 쪽에서는 아마 '독일 지역의 인기상승을 저해하는 사회적 자산'이라는 표현을 동원할 것이다. 자신의 이익을 대변한다는 점에서는 양쪽의 입장 모두 옳다. 문제는 여론조사에서 어떤 표현을 사용하느냐에 따라 수학이 아무리 노력해도 수정할 수 없는 편견이 끼어드는 것이다.

다음으로는 한 체인점 매니저의 경우를 보자. 이 체인점의 작년 한 해 수익은 100,000에서 101,000으로 겨우 1퍼센트의 증가율을 보였다.

그래서 매니저는 본사에 가서 해야 할 프레젠테이션 때문에 걱정이 태
산이다. 매니저가 만약 순진하게 아래의 왼쪽 그림을 보여준다면 아무
리 좋게 보려고 해도 완전한 정체로밖에는 보이지 않는다.

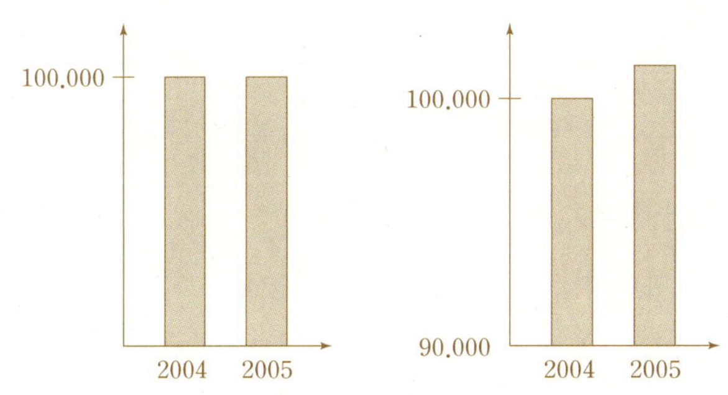

좋은 방법이 하나 있다. 그래프의 윗부분만 보여주는 것이다. 작년에
는 90,000에서 100,000으로, 올해는 100,000에서 101,000으로 증가
했으니 작년의 막대보다 올해의 막대가 10퍼센트 길어진다. 이것만으
로도 시각적으로 얼마나 위안이 되는가!

널리 퍼져 있는 통계자료의 오용 사례 중에는 복잡한 결과의 한 부분
만을 따서 짜깁기하는 경우도 많다. 만약 어느 연구기관에서 딸기 아이
스크림의 과다섭취가 인체에 미치는 영향을 발표했는데, 그 결과가 혈
압을 안정시키고 혈당 위험을 높이는 것이라면 편집자는 두 가지 제목
중에 하나를 골라야 하는 상황에 놓이게 된다. '딸기아이스크림으로 건
강을 챙기세요!' 아니면 '딸기아이스크림이 건강을 해친다!'

여기서 한 가지 교훈을 얻을 수 있다. '진실'로 가는 길에는 함정이 산

재한다. 제일 먼저 해결해야 할 문제는 '진실'이 무엇인지 일반적인 동의를 구하는 것이다. 하지만 진실로 가는 길은 각자의 이익만을 추구하는 이들이 에워싸고 있다. 마침내 수학적 통계의 문제로 내려왔다면 견고하고 아주 조심스러운 답변을 내놓을 수 있겠지만, 그럴 때조차도 각자가 자기가 원하는 대로 해석해 버린다. '딸기아이스크림이 목숨을 위협한다!' 처럼.

가난뱅이 아니면 부자?

통계자료를 마치 자신의 이익을 위해 사용해도 되는 뭐든 살 수 있는 편의점이나 마켓처럼 생각하는 사람들이 있는데 아주 조심해야 한다. 그 몇 예를 소개하겠다.

모든 것은 어떻게 정의하느냐에 달렸다

얼마나 가난해야 가난한 사람인가? 최근에 신문을 읽다보면 독일이 엄청난 속도로 가난해지고 있다는 인상을 받는다. 사정을 모르는 사람은 독일 공항에 도착하자마자 헐벗고 굶주린 사람들에게 포위될 걱정을 해야 할 정도다.

그러나 사실은 신문지상에서 만들어지는 창작의 소산인 경우가 많다.[*] 문제는 '빈곤'의 정의이다. '빈곤'이라는 말은 보통 타인이 평균적으로 가진 것보다 적게 가진다는 뜻을 담고 있다. 그러나 이것은 참으로 기이

---

[*] 혹시 출판사에 항의 편지가 올 지도 모르니 여기서 확실히 밝혀둔다: 다른 나라처럼 물론 독일에도 진짜 빈곤이 존재한다.

 침팬지도 이해하는 5분 수학

한 정의이다. 잘 해봐야 '체감 빈곤도' 정도 될까? 청소년들은 친구들 사이에서 유행하는 휴대전화와 청바지를 사지 못하면 소외감을 느끼겠지만, 그렇다고 이것이 정말 시급히 해결되어야 할 빈곤일까?

무작위 산란

우연의 변덕에 대해서는 이 책에서도 여러 번 언급한 바 있다. 주사위를 던질 때 다섯 번 연달아 6이 나올 수 있듯이, 서로 다른 장소에서 일어나는 독립적인 사건들이 우연히 겹치는 경우가 있다.

예를 들어 독일에서 연간 1,000회 정도 관찰되는 병이 있다고 가정하자. 독일 지도 위에 아무렇게나 핀을 꽂아 놓고 살펴보면 마치 난수 생성기에 의해 생성된 우연적 패턴처럼 보인다. 따라서 여기저기 핀이 밀집된 곳이 생기는 것도 놀라운 일은 아니고, 하필이면 고속도로, 원자력 발전소, 쓰레기 하치장 주변이 이 발병지역 안에 들어갈 수도 있다. 하지만 이런 경우 고속도로나 원자력 발전소의 반대자들은 이를 증거로 여기고, 통계적 유의성에 대한 모든 논의는 쇠귀에 경읽기가 되고 만다.

70 다 같이 잘살자!

무한의 세계를 퍼져 나가는 행운의 편지

무한의 세계가 깜짝 놀랄 일로 가득하다는 것은 이미 갈릴레이 때부터 알고 있는 사실이다. 이번 장에서는 사고실험을 써서 무한의 세계에 행운의 편지를 보내 보자. 행운의 편지 아이디어는 정말 기발하다. (거의) 투자로 하지 않고 뭔가를 얻을 수 있어 보이기 때문이다.[*] 내가 받은 편지에 적힌 주소로 1유로를 보낸 뒤 열 명의 친구들에게 편지를 보냄으로써 나는 행운의 편지의 체인을 유지시킨다. 그러면 내 친구들은 다시 자신의 친구들에게 편지를 쓴다. 그러면 내게 1유로씩 보내오는 사람은 모두 합해 1,000명이 된다. 그러나 이 기발한 아이디어는 오래 가는 법이 없다. 편지를 보낼 사람이 한정되어 있기 때문에 금방 대가 끊긴다.

무한의 세계에서는 다르다. 이 세계의 사람들을 1, 2, 3, 4, …으로 부르

---

[*] 이에 대해서는 이미 6장에서 언급했다.

기로 하자. 각 숫자가 한 사람씩을 의미한다고 하고, 이 숫자가 얼마든지 클 수 있다.

이제 게임을 시작하자. 번호 1이 그 다음 10사람, 즉 번호 2에서 번호 11까지의 사람에게 행운의 편지를 보낸다. 이 10사람은 다시 그 다음 10사람, 즉 번호 12에서 번호 111까지의 사람에게 편지를 보낸다. 이제 이 100사람이 각각 10사람에게 편지를 쓴다. 편지를 받는 사람은 번호 112에서 번호 1,111까지이다. 이런 식으로 계속한다.

편지에는 '3대' 앞선 사람에게 1유로씩 보내라는 말이 씌어 있다. 이렇게 해서 번호 1은 112에서 1,111까지가 보낸 1,000장의 편지를 받는다. 이 1,000장의 편지 속에는 각각 1유로가 들어 있다. 번호 2부터 11까지도 역시 1,000유로씩 받는다. 다른 대의 사람들도 마찬가지이다. 그러면 지구상의 모든 사람이 999유로씩 벌게 된다[받은 돈은 1,000유로이고(번호 112부터 해당됨), 보낸 돈은 1유로다].

1유로가 아니라 10유로나 100유로로 게임을 할 수도 있다. 그러면 순식간에 모두 백만장자가 될 것이다. 이건 뭔가 이상하지 않은가? 그렇다. 높은 번호를 가진 사람들의 재산이 낮은 번호의 사람들에게로 옮겨 오는 것뿐이다. 그러나 무한정 많은 사람들이 있기 때문에 각 개인에게는 문제될 것이 없다. 진짜 현실세계도 무한하다면 그 누구도 돈 걱정할 필요가 없을 것이다.

기이한 빚 떠넘기기

행운의 편지의 변종인 자금증식 시스템의 예를 하나 더 들어 보자. 이번에도 사람들을 1, 2, 3, …으로 부른다. 번호 1은 1,000유로가 필요해서 번호 2에게 빌려달라고 한다. 하지만 번호 2도 돈이 없다. 번호 2는 번호 3에게 2,000유로를 빌려 1,000유로는 번호 1에게 빌려주고 나머지는 자신이 쓰려고 남겨둔다. 그런데 사실은 번호 3도 돈이 있는 사람은 아니어서 번호 4에게 3,000유로를 빌렸다. 그중 1,000유로는 자신을 위해 남겨두고 2,000유로는 번호 2에게 빌려주었다. 이런 식으로 계속된다. 만약 이 체인의 맨 끝에 누군가 있다면 그 사람은 엄청난 빚을 지게 될 것이다. 그러나 무한세상에서는 누구나 손해 볼 것이 없다. 또한 이렇게 하면 경제도 살아날 것이다.

여기서 '개인'이 '세대'로 바뀌고 천 단위가 백만 단위로 바뀌면 독일이(그리고 다른 산업 국가들이) 지난 몇 십 년간 실시해 온 경제정책과 아주 비슷한 모양새를 띤다. 국가부채는 엄청난 규모로 커지고, 미래 세대의 삶은 빚의 증가에 의존하며, 그 빚을 갚는 일은 더 먼 미래 세대에게 전가된다.

이 아이디어의 작은 흠은 대출이자를 전혀 고려하지 않았다는 것이다. 돈을 빌리면 이자도 갚아야 한다. 이자를 갚기 위해 다른 대출이 더 필요한 것이다. 그러면 빚은 기하급수적으로 늘어날 테고 이 시스템을 유지하기 위해 금융시장에서 돈을 찍어내는 일이 언제까지 가능할지는 알 수 없다.

이것은 예나 지금이나 정부뿐만 아니라 사기꾼들이 즐겨 사용하는 방법이다. 파격적인 이자를 약속하며 귀가 얇은 사람들을 꼬드겨 먼저 자금을 마련한다. 그리고 그 돈으로 흥청거리며 산다. 일 년 뒤에 20퍼센트의 이자를 지불할 돈만 남겨 놓으면 되기 때문이다. 이렇게 해서 수완 좋은 회사로 소문이 난다. 그러면 또 거액의 자금이 들어온다. 그 돈으로 이자를 지불하고 또 흥청망청 산다. 그러다 어떤 사람이 투자한 돈을 빼가겠다고 해도(그럴 일도 없겠지만) 그런 정도의 돈은 충분하다. 이런 식으로 꽤 오래 해먹을 수 있다. 언젠가 '쾅' 하고 모든 것이 한꺼번에 무너질 때까지.

금융수학에서의 헤징

이번에는 전통 있는 은행의 은행장이 되어 보자. 고객이 와서 계약을 하자고 한다. 내년 1월 1일에 텔레콤 주식 500주를 살 계획인데 가격은 주당 최대 20유로를 생각하고 있고, 만약 가격이 이보다 비싸질 경우 은행에서 그 차액을 내달라고 요구한다.

옵션이라고 하는 것으로 오늘날에는 전혀 특이하다고 할 수 없는 거래형태다.* 물론 고객도 이런 조건의 계약을 날로 먹을 수는 없다. 계약할 때 은행에 일정금액을 지불해야 한다. 1월 1일에 계약을 이행하기 위해서 은행장은 이 돈을 어떻게 굴려야 할까?

이 문제의 열쇠가 되는 단어는 '헤징(hedging)'이다. 직역하면 '에워싸다, 돌보다'의 뜻인데, 금융수학에서는 가격변동이나 환율변동의 위

---

* 64장 참조.

험을 능숙하게 피하는 것을 의미한다. 사전에는 이렇게 나와 있다.

> hedge: 1. 울타리, 산울타리 2. 장벽, 차단 3. 장애 4. 안전장치,
> 방지책 5. 열등한, 애매한 6. 둘러싸다, 에워싸다 7. 차단하다, 제
> 한하다, 한정하다 8. 보호하다, 돌보다 9. 위험을 방지하다, 손해
> 를 막다 10. 변명의 여지를 남겨두다, 도피구를 만들어 놓다, ……
> hedgehog: 고슴도치.

기본 아이디어는 단순하고 기발하다. 은행  은 시세에 따른 이자율로 돈을 빌린다. 그리고 고객이 지불한 돈에다 빌린 돈을 합쳐 텔레콤 주식을 산다.

왜냐? 1월 1일까지 주식 값이 오를 경우, 불어난 돈으로 고객과의 계약을 이행하고 빌린 돈을 이자까지 쳐서 갚을 수 있다. 주식 값이 떨어질 경우 유감이긴 하지만, 고객은 아무 요구도 하지 못하므로, 주식을 판 대금으로 빌린 돈을 갚으면 된다.

그러니 텔레콤 주식 거래를 안전하게 하기 위해 이 주식을 더 사 둔다면 주식이 오르든 떨어지든 손해 볼 일은 없다는 결론이 나온다.

여기서 수학이 하는 일은 공정한 매수 가격을 계산하고 은행 혹은 주식 매수의 몫을 정하는 것이다. 이 문제의 답은 63장에서 살펴본 금융시장의 자연법칙 '공짜 점심은 없다'를 기반으로 간단한 방정식을 풀면 나온다. 그러나 답이 나왔다고 끝나는 것이 아니라 주식 시장의 추이를 눈여겨 보아야만 한다. 가격변동이 있을 때마다 주식의 일부를 팔아야

할지 돈을 빌려 주식을 더 사야 할지 결정해야 하기 때문이다.

1000주의 주식을 '헤징'하기

구체적 예를 통해 헤징에 대해 더 알아 보자. 연말에 XY라는 회사의 주식을 1,000주 사려고 한다(지금은 1월이다). 현재 이 주식의 가격은 10,000유로이지만 연말에는 얼마가 될지 알 수 없다. XY회사의 상황에 따라 16,000유로가 될 수도 있고 8,000유로가 될 수도 있다(편의상 이 두 가지 가능성만 있고, 그 중간은 없다고 치자). 연말에 12,000유로의 가용자금이 생긴다고 하자. 만약 주식이 8,000유로로 떨어진다면 아무 문제도 없을 것이다. 그러나 가격이 16,000유로인 경우 은행에서 차익을 보상해주길 바란다고 하자. 이런 조건의 거래를 위해 은행은 얼마를 요구할 수 있을까? 그리고 은행은 이 돈을 어떻게 굴려야 할까?

계약의 파트너인 은행 간부가 먼저 대출계에 전화를 걸었더니 은행 내의 이자율은 6퍼센트라는 걸 알았다고 하자. 즉, 지금 $\frac{E}{1.06}$ 유로를 빌리면 연말에 E 유로를 값아야 한다. 이 정보를 가지고 옵션 가격을 정할 수 있다. 은행은 옵션의 대가로 $5,000 - \frac{4,000}{1.06}$ 유로, 즉 약 1,226유로를 요구한다.[*]

당신은 금액에 동의하면 계약이 체결된다. 헤징은 다음과 같은 과정으로 진행된다. 대출계에서는 즉시 $\frac{4,000}{1.06}$ 유로(3,774유로)를 간부에게

---

[*] 거기에 은행 수수료가 붙는다. 은행도 먹고 살아야 할 것 아닌가. 그러나 여기서는 수수료에 대한 부분은 생략한다.

보낸다. 그러면 계약을 맡은 은행 간부에게 1,226＋3,774＝5,000유로
가 들어온다. 간부는 이것으로 XY회사의 주식 500주를 산다. 그리고
12월까지는 잊어버리고 지낸다.

주식 가격이 올랐다고 해보자. 그러면 은행이 산 주식은 8,000유로의
가치를 지니게 된다(은행이 산 주식은 500주이다. 오를 가격은 16,000유로라
고 가정했음을 기억하자). 은행은 그 돈 중에서 당신에게 4,000유로를 준
다. 그러면 당신은 가지고 있던 12,000유로와 합해 16,000유로로 주식
을 산다. 그리고 남은 4,000유로는 은행 대출계에 갚는다.

주식 가격이 떨어질 경우, 은행이 산 주식은 4,000유로의 가치밖에
갖지 않았으므로 대출계에 빚을 겨우 갚을 수 있다. 옵션을 산 사람은
은행으로부터 아무 것도 못 받지만 가지고 있던 12,000유로면 계획대
로 주식을 사고도 남는다.

그러므로 헤징 전략을 사용하면 비교적 싸게(1,226유로) 4,000유로
손실의 위험을 막을 수 있다. 헤징을 하지 않았다면 주식이 올랐을 때
4,000유로가 부족했을 것이다.

72 수학에도 노벨상이 있을까?

아벨상

　수학에도 노벨상이 있을까? 몇 년 전만 해도 대답은 분명한 '없다'였다. 수학에는 노벨상을 대신하는 필즈상이라는 것이 있다. 국제수학자 대회에서 4년마다 수여하는 권위 있는 상이다. 이 명예로운 상의 수상자는 도처에서 좋은 일자리와 강연 제의를 받기 때문에 사실상 먹고 살 걱정은 하지 않아도 된다. 그러나 결코 그 상금의 액수가 많다고는 할 수 없다. 아마 반네 아이켈(독일 서부 루르 공업지대에 위치한 도시로 한때 석탄 붐이 일었을 때는 전 유럽에서 가장 인구밀도가 높은 도시였다. ― 옮긴이)시에서 신춘문예 수상자에게 주는 상금보다 적을 것이다.

　그러나 몇년 전부터는 사정이 달라졌다. 새로 제정된 이 상의 역사를 알기 위해서는 수백만 년 전으로 거슬러 올라가야 한다. 노르웨이 해안에 엄청난 양의 석유가 매장된 것은 이때 생긴 지리적 변화에 의한 것이기 때문이다. 인구가 겨우 사백만인(!) 이 작은 나라는 현대에 들어 지구상에서 가장 잘 사는 나라 중 하나가 되었다.

더구나 노르웨이는 19세기의 가장 천재적인 수학자 중 한 사람을 배출하기도 했는데 바로 닐스 헨릭 아벨(1802~1829)이다. 아벨은 병과 가난으로 점철된 짧은 삶을 살았다. 그에게 교수 초빙 소식이 전해졌을 때는(특이한 것은 노르웨이의 대학이 아니라 베를린 대학에서 교수로 초빙되었다는 것이다) 이미 때가 늦어 있었다. 아벨은 극도로 쇠약해져 있어 그 제안을 받아들일 수 없었다.

아벨이 죽고 난 뒤에야 그의 조국에서도 그의 천재성을 인정하기 시작했다. 노르웨이는 늦게나마 아벨의 공로를 기리기 위해 2002년 아벨상을 제정했다. 이 상은 매년 수학의 발전에 특히 큰 영향을 준 수학자에게 수여된다. 상금은 700,000유로로 노벨상 수준이다.

첫 번째 상은 장 피에르 세르(2003)가 받았고, 마이클 아티야 경과 이시도어 싱거(2004), 피터 랙스(2005), 레나트 칼레손(2006)이 그 뒤를 이었다[발행연도가 2006년이라서 2006년까지의 자료만 수록되어 있다. 그 이후 수상자는 스리니바사 바라단(2007), 존 그릭스 톰슨·자크 티츠(2008), 미하일 그로모프(2009)이다. – 옮긴이]. 베를린도 아벨상과 관련이 있다. 학생들을 대상으로 베를린에서 매년 개최하는 ‘수학의 날’ 대회의 우승팀에게 노르웨이 대사관이 아벨상 시상식에 참가할 수 있는 여행경비를 제공하기 때문이다.

아벨과 5차 방정식

아벨은 수학의 여러 분야에서 괄목할 만한 성과를 남겼다. 여기서는 방정식 풀이와 관련한 예를 들어 보겠다.

문제

응용단계에서 대부분의 문제는 $x^2 - 2.5x + 3 = 0$ 그리고 $x^7 - 1200x^6 + 3.1x - \pi = 0$ 유형의 방정식을 만족하는 x를 구하는 것으로 귀결될 수 있다.* 여기서 나오는 함수($x^2 - 2.5x + 3$와 $x^7 - 1200x^6 + 3.1x - \pi$)를 다항식이라고 한다. 일반적인 다항식은 다음과 같다.

$$a_n x^n + a_{n-1} x^{n-1} + \cdots + a_1 x + a_0$$

여기서 n은 자연수이고, '계수', 즉 $a_n, a_{n-1}, \cdots, a_1, a_0$도 임의의 수이다.

가장 높은 수의 거듭제곱을 다항식의 차수라고 부른다. 위의 예는 2차와 7차 방정식이고, 일반적 다항식 $a_n x^n + a_{n-1} x^{n-1} + \cdots + a_1 x + a_0$은 n차 다항식이다. 이때 a_n은 0이 아니어야 한다(계수가 0일 경우 항 $a_n x^n$은 생략할 수 있다).

긍정적 결과

다항식에서 파생한 방정식 $a_n x^n + a_{n-1} x^{n-1} + \cdots + a_1 x + a_0 = 0$가 해를 갖는다는 것이 증명된 것은 19세기에 들어서였다. $x^2 + 1 = 0$과 같은

---

* 공학자들은 매일같이 이 문제를 다룬다. 답 x의 위치로부터 시스템이 안정적인지 아니면 작은 변화에도 민감하게 반응하는지 알아낼 수 있기 때문이다.

방정식은 실수 내에서 해를 갖지 않기 때문에, 복소수에서 해를 찾을 필요가 있다($x^2+1=0$의 해는 $x=\pm i$이다). 계수 자체가 복소수더라도 일반적인 다항방정식도 해를 가지는 것으로 밝혀졌다.[*] 그렇다고 해서 구하려는 해를 표현할 수 있는 공식을 쉽게 찾을 수 있다는 말은 아니다. 이것은 방정식의 차수가 '아주 작을 때'에만 가능하다. 다음은 몇 안 되는 긍정적인 예시다.

- 1차

  1차방정식은 이런 모양이다. '주어진 a_1과 a_0으로 $a_1 \times x + a_0 = 0$를 만족하는 x를 구하시오.' 이런 문제는 학교에서 많이 접해봤을 것이다. x를 중심으로 방정식을 풀면 된다. $x = -\dfrac{a_0}{a_1}$이다.

- 2차

  이번에는 a_2, a_1, a_0이 주어질 때 다음의 방정식을 만족하는 x를 구하는 문제다.

$$a_2 \times x^2 + a_1 \times x + a_0 = 0$$

이것은 수학시간에 '이차방정식을 위한 근의 공식'이라는 이름으로 배웠다. 방정식을 a_2로 나누어 $x^2 + p \times x + q = 0$이 되었다면 x_1, x_2는 다음과 같다.

$$x_1 = -\frac{p}{2} + \sqrt{-q + \frac{p^2}{4}}, \ x_2 = -\frac{p}{2} - \sqrt{-q + \frac{p^2}{4}}$$

---

[*] 94장 참조.

- 3차

  3차방정식의 경우에도 정확한 답을 구할 수 있다. 유명한 이탈리아의 수학자 지롤라모 카르다노가 16세기에 발견한 카르다노 공식을 사용하면 된다.

  3차방정식은 변수의 변환을 통해 다음과 같이 쓸 수 있다.

$$x^3 - ax - b = 0$$

  이 경우 해는 아래와 같다.

$$x = \sqrt[3]{\frac{b}{2} + \sqrt{\left(\frac{b}{2}\right)^2 - \left(\frac{a}{3}\right)^3}} + \sqrt[3]{\frac{b}{2} - \sqrt{\left(\frac{b}{2}\right)^2 - \left(\frac{a}{3}\right)^3}}$$

- 4차

  4차방정식의 답도 닫힌 꼴로 구할 수 있다. 이때도 $+$, $-$, $\times$, $\div$와 거듭제곱근을 이용해 계수로부터 상당히 복잡한 공식을 만들어내고 근을 구한다. 이 공식은 카르다노의 동시대인인 루도비코 페라리(1522~1565)가 발견했다.

이런 식으로 계속하면 아무리 높은 차수의 방정식도 복잡한 공식을 이용하기만 하면 풀 수 있을 것 같다. 이것을 증명하기 위한 연구는 닐스 헨릭 아벨이 그 불가능성을 증명할 때까지 약 200년간 심도 깊게 이루어졌다.

아벨의 불가능성 정리

아벨은 1824년(그의 나이 23세였다!) 위에서 꼽은 네 가지 경우를 제외하고는 긍정적인 결과를 기대할 수 없음을 증명했다. 5차방정식만 해도 아무리 복잡한 식을 사용해도 주어진 계수에서 답이 딱 떨어지게 구하는 공식이 불가능하다.

5차 이상의 방정식에서는 정확한 근사치를 구할 수는 있어도(얼마든지 가능하다) 딱 떨어지는 답은 찾을 수 없다는 것이 이때부터 확실해졌다.

73 우연에게 계산시키기: 몬테카를로 방법

어떻게 난수 생성기로 면적을 계산할 수 있는가?

몬테카를로는 국왕, 랠리, 카지노로 유명하다. 수학자들은 이 이름에서 다른 것 하나를 더 연상한다. 바로 몬테카를로 방법이다. 이 계산법에서는 우연이 하인의 역할을 한다.

한 변의 길이가 1인 정사각형 속에 들어 있는 복잡한 모양의 영역 F를 가정하자. 이 영역의 넓이를 구하는 문제다. 원래대로라면 영역을 적당히 나누어 각 면적을 계산한 뒤 합산해야 한다.

몬테카를로 방법에서는 아주 다른 식의 계산을 한다. 이 계산에서는 난수 생성기가 반드시 필요하다. 이것으로 정사각형 안에 무작위로 점을 찍는다. 이때 정사각형 안의 모든 점은 선택될 기회를 똑같이 가져야 한다. 이것을 균등분포라고 한다. 오늘날의 컴퓨터는 이런 점을 일 초당 수백만 개 만들어낼 수 있다. 이 점이 영역 F 안에 찍힐 확률은 F의 넓이에 비례한다. 몬테카를로 면적측정법은 이 확률이 얼마나 되는지 실험적으로 알아내는 방법이다. 그러니까 ─ 예를 들어 ─ 백만 개의 점을 찍어 622431번 F 안에 점이 찍혔다면 그 확률은 약 62.2퍼센트다. 즉 F의 넓이는 전체 면적의 62.2퍼센트에 해당하며, 전체 면적은 1이므로 몬테카를로 면적계산의 결과는 0.622이다.

몬테카를로 방법은 장점과 단점을 모두 가지고 있다. 가장 큰 장점은 복잡한 상황에도 쉽게 적용할 수 있다는 것이다. 주된 작업이라고 할 수 있는 난수의 생성은 현대 컴퓨터 프로그램 언어 대부분에 내장된 기능이다. 문제는 우연이라는 존재의 믿지 못할 속성이다. 즉 생성된 점들이 전혀 균등하게 분포되지 않았을 가능성도 있는 것이다. 그런 경우 실제의 면적을 제대로 반영한다고 볼 수 없다.

그래서 전형적인 몬테카를로 방법으로 나온 결과를 해석할 때는 많은 주의가 필요하다. 예를 들면 '구하고자 하는 값은 99퍼센트의 확률로 0.62와 0.63 사이에 있다'는 표현을 사용한다.

이런 이유 때문에 수학자들은 가능한 한 정확한 방법을 사용하려 한다. 단지 안정성이 99퍼센트의 확률만 보장되는 다리 위로 지나가고 싶어 하는 운전자가 어디 있겠는가?

몬테카를로 방법으로 면적 계산하기

전형적인 몬테카를로 면적 계산의 예로 포물선 아래의 면적을 계산해 보자. 가로 좌표 $x=0$에서 $x=1$까지의 x축과 포물선 사이의 면적은 얼마일까?

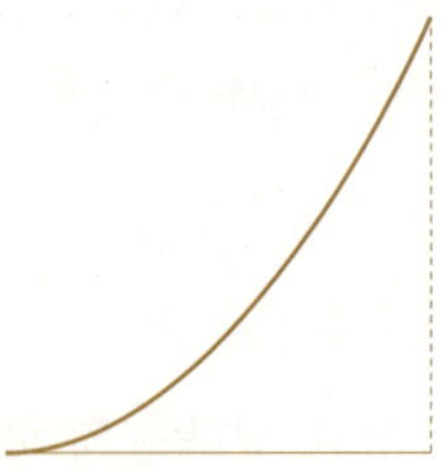

답은 간단하다. 2,000년 전 아르키메데스도 풀 수 있었고 오늘날 초등 미적분 시간에 배우는 내용이다. 포물선의 식이 $f(x)=x^2$이라면, 원시함수도 $\dfrac{x^3}{3}$으로 쉽게 구할 수 있다. 위끝, 아래끝을 대입하여 빼주면 면적은 $\dfrac{1}{3}$이 나온다.

몬테카를로 방법을 사용하면 이런 계산은 할 필요가 없다. 문제풀이 방식도 두 가지 중에 고를 수 있다.

첫 번째 방법

구하려는 영역 F의 주변에 직사각형 R을 그린다. 위의 경우에서는 한 변의 길이가 1인 정사각형을 그리면 된다. 그 다음으로는 컴퓨터를 이용해 이 직사각형 안에 수많은 점을 무작위로 찍는다. 이때 점들은 직사각형 안에 균등하게 분포되어야 한다. 이제 면적 F 속에 점이 몇 개 찍혔는지 세기만 하면 된다. 점은 균등하게 분포되어 있기 때문에 F 속에 찍힌 점의 비율은 F의 넓이와 R의 넓이의 비와 같다. 다음의 예를 보자.

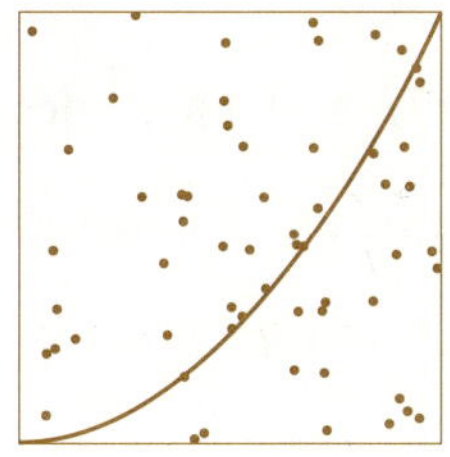

60개의 점을 찍었는데 그중 22개가 F 속에 찍혔다. 즉 F의 면적을 구하려면 $\dfrac{22}{60}$ 곱하기 정사각형의 면적을 하면 된다. 답은 0.366…이다.

이렇게 적은 수의 점을 찍어서 나온 결과 치고는 나쁘지 않다. 더 정확하고 믿을 만한 결과를 얻으려면 되도록 많은 수의 점을 찍으면 된다. 컴퓨터에게는 전혀 어려운 일이 아니다.

두 번째 방법

이 방법은 확률론적 해석에 근거한다. 단위 구간 [0, 1]에서 무작위로 고른 점이 x일 때, x^2만큼 지불하는 게임에서의 평균 지불액과 구하려는 면적이 같다. 이 사실을 이용해 다음과 같은 프로그램을 짤 수 있다. 먼저 기억장소 r의 값을 0으로 설정하고 컴퓨터로 하여금 0에서 1 사이의 난수를 만들어 내게 한다. 이 수를 거듭제곱한 뒤 r에 더한다(예를 들어 난수가 0.22334455라면 r값은 0.22334455 × 0.22334455 = 0.04988278801만큼 커진다). 이 과정을 아주 여러 번 반복한 뒤 시도한 횟수로 나눈다(이 횟수를 n이라고 부르자). 표준적인 프로그램 '유사코드'로는 다음과 같이 표현할 수 있다.

$$n := 10000;$$

$$r := 0;$$

$$\text{for } i = 0 \text{ to } n \text{ do}$$

$$\text{begin } y := \text{random};$$

$$r := r + y * y;$$

$$\text{end};$$

$$r := r/n;$$

프로그램이 실행을 멈추면, 기억장소 r에는 포물선 아래 면적의 근사치가 들어 있게 된다. 다음은 몇몇 컴퓨터 시뮬레이션의 결과다.

n	10,000	10,000	100,000	100,000
r	0.333839	0.336283	0.33350	0.33304

적분을 전혀 사용하지 않고도 실제 값 0.33333⋯에 이렇게까지 근접한 결과가 나왔다는 것은 놀랍다. 계산시간은 1초도 걸리지 않았다. 그리고 아주 복잡한 함수에도 사용이 가능하다. 이 방법의 유일한 단점은 백퍼센트 확신할 수는 없다는 것이다. 어떤 결과가 나와야 하는지 미리 알고 있는 경우에만 나온 결과를 좋은 근사인지 알 수 있다는 것이다. 그런 정보가 없는 경우 컴퓨터와 확률의 법칙을 믿어야 하는데, 목숨과 재산이 달려 있는 계산인 경우에는 그 결과를 믿기 전에 다시 한 번 생각해 봐야 한다.

74 '퍼지' 논리

퍼지 논리

몇 년 전만 해도 세탁기와 진공청소기에 붙어 있는 퍼지 방식이라는 말은 기술 보증이나 다름없었다. 캘리포니아의 수학교수인 로프티 자데가 1970년대에 고안한 이 이론은 수학적 바탕 위에 일상적 사고방식을 구현했다는 점이 특이하다.

아주 엄밀한 의미에서 수학은 '참'과 '거짓'만이 존재하는 세계이다. 주어진 임의의 수가 있을 때 이 수는 소수이거나 소수가 아니거나 둘 중의 하나여야 한다. 그 중간의 회색지대는 있을 수 없다.

그러나 현실은 그렇지 않다. 보통은 — 주어진 정보에 따라 차이는 있겠지만 — '예, 아니오'로 무 자르듯 딱 잘라 대답하기가 힘들다. 이 교통수단은 안전한가? 이 거래는 할 가치가 있는가? 하는 것 말이다.

퍼지 논리는 수학을 '인간적'으로 만드는 시도라고 할 수 있다. 여기서는 하나의 명제에 대해 '참'이나 '거짓'뿐 아니라 1(분명히 참)과 0(분명히 거짓) 사이의 모든 값이 다 허용된다. 예를 들어 하나의 명제가 참이라는 데에 상당히 자신이 있다면 0.9의 값을 매길 수 있다.

고전적 논리 대부분이 퍼지 명제에도 적용된다. 예를 들어 퍼지 명제의 합명제도 가능하다. 만일 p와 q가 참일 가능성이 높으면 명제 'p와 q'가 참일 가능성도 높다. 이렇게 현실을 잘 반영하기 때문에 퍼지 논리는 사용자들 사이에서 인기가 높다.

퍼지 논리는 복잡한 조작을 할 때에도 유용하게 쓰인다. 로봇팔로 조종되는 수평면 위에 막대기를 세워놓고 균형을 잡는다고 생각해 보자. 이런 조작을 수학적으로 모델링하는 것은 무척 어렵다. 그러나 퍼지 조작은 쉽게 할 수 있다. 수직 편차에 '약간 왼쪽으로', '많이 왼쪽으로' 등의 퍼지 논리값을 정해주면 된다. 예를 들어 10도 왼쪽으로 움직일 경우 첫 번째 값은 0.6, 두 번째 값은 0.4일 수 있다. 그 다음에는 '약간 왼쪽으로', '많이 왼쪽으로' 등의 지시에 로봇이 어떻게 반응해야 하는지 알려 주어야 한다. '판을 1센티미터 오른쪽으로', '판을 3센티미터 오른쪽으로' 등. 이제 운동을 관찰한 후 평가를 내린다. 그 결과가 '더 올바른' 것으로 추정될수록, 대응하는 반응이 실행되는 비율이 더 커진다.

이 방법을 사용하면 수학의 언어로 표현할 수 없는 사람의 지식을 수학에서 활용할 수 있다. 그러나 대부분의 수학자들에게 퍼지 테크닉은 보조적 도구에 지나지 않는다. 청소 결과가 똑같이 나온다 해도 퍼지 테크닉보다는 정확한 논리를 이용해 만든 진공청소기를 선호하는 것이 수학자들이다.

퍼지 조작

고전적 통제이론은 수학에서도 아주 까다로운 분야다. 이 분야에서는 사이버네틱(인공두뇌학)이라는 용어를 사용한 것으로 유명한 미국의 노버트 비너(1894~1964)가 주된 공헌을 했다. 시스템을 최적으로 제어하자는 것이 아이디어다. 목표값에 최대한 빨리(혹은 최대한 저렴하게) 도달하고, 그 과정에서 제어 변수를 통해 사건의 흐름에 영향을 줄 수 있다는 것이다. 여기서 '시스템'은 제약 공정에서의 연쇄 화학반응, 용광로, 혹은 격추시켜야 할 적의 로켓 등일 수 있다. 이 이론으로 연구, 개발된 방식은 여러 분야에서 적용된다. 만약 정보가 불충분하다거나, 영향력이 대단히 늦게 나타난다거나, 예상치 못한 변수가 나타나 경과를 방해한다거나 하면 아주 복잡해질 수 있다. 보통은 조작기능을 위해 복잡한 방정식을 사용하는데, 드물게 예외적인 경우에만 정확한 답이 나올 수 있다.

이미 눈치챘겠지만 퍼지 조작을 사용하면 삶을 좀 더 편하게 누릴 수 있다. 경과를 관찰하여 지금 이 상황이 예상된 시나리오의 어느 부분에 속하는지 측정한다. 만약 5도 앞으로 기울여서 막대의 균형을 맞추려고 한다면, '앞으로 많이 기울이기', '뒤로 조금 더 기울이기', '기울이지 말 것', '조금 앞으로 기울이기'부터 '뒤로 많이 기울이기'와 같은 시나리오에 각각 0, 0, 0.2, 0.8, 0의 값을 매겨둔다. 여기서 전문가가 하는 일은 막대가 심하게 혹은 약간 앞으로 기울어 있을 때 어떻게 해야 하는지 물어올 때 답하는 것이다. 막대가 전혀 기울어지지 않았다

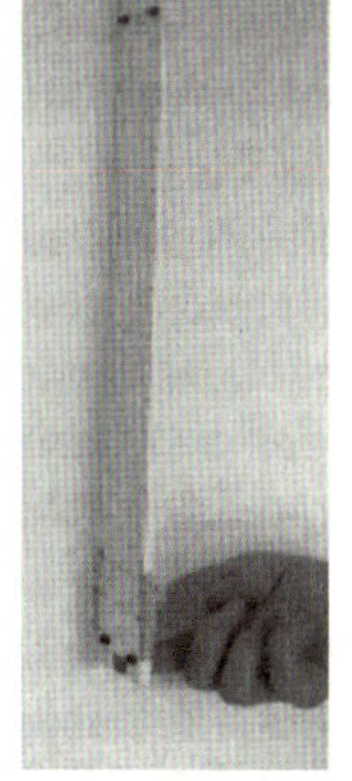

면 당연히 조작할 것도 없을 테고* 약간 앞으로 기울어져 있다면 5센티미터 앞으로 움직여야 한다고 하자. 이 두 가지 반응을 주어진 시나리오에서 미리 예상해 둔 비율로 조합한다. 0.2의 비율에서는 아무 것도 하지 말고 0.8의 비율로는 수평면을 앞으로 5센티미터 움직인다. 결과적으로 0.8×5센티미터, 즉 4센티미터를 움직이게 된다.

이런 방법으로 꽤 어려운 조작 문제도 쉽게 해결할 수 있다. 완벽한 고전적 방식과 달리 일관성이 없는 면이 있지만 '퍼지화'는 손쉽게 적용할 수 있다는 큰 장점이 있다.

---

* 이 정도는 물어보지 않고 혼자 알아낼 수도 있다.

75 성경 속의 비밀 메시지?

수의 신비주의

수학자에게 수는 성질을 조사해야 할 대상이면서도, 계산을 돕는 도구다. 신비한 성질을 갖는 것으로 여기지는 않는다. 그러나 수에 그 이상의 의미를 부여하는 전통은 피타고라스 이래로 계속해서 있어 왔다. 이 전통을 따르는 사람들은 예를 들어 각각의 수에 특별한 속성을 부여하고('2는 변화의 원천', '3은 신중함과 지혜' 등) 결정하기 어려운 일이 있을 때 이 속성에 따라 결정을 내린다. 새로 이사하려는 집의 번지수를 자릿수대로 더했더니 '불운한' 숫자가 나왔다. 과연 이 집으로 이사를 가야 할까? 자동차 번호판(자동차를 살 것인가 말 것인가?)이나 맞선 본 사람의 생일도 마찬가지이다. 수는 어디에나 존재하지 않는가!

19세기는 특히 수 신비주의가 성행했던 시대였다. 이때 인기를 얻었던 것이 알파벳을 수에 대응시켜 이름의 알파벳을 더한 합계를 내는 것이었다. 만약 그 합이 요한계시록에 나오는 짐승의 수 666일 경우에는 문제가 있었다.

"지혜가 여기 있으니 총명 있는 자는 그 짐승의 수를 세어 보라. 그 수는 사람의 수니 육백 육십 륙이니라."(요한계시록 13장 18절)

이 방법의 약점은 알파벳을 수로 이해하는 데에 수많은 방법이 있다는 것이다. 그리고 이 방법들은 하나같이 자의적이다. 의도하는 결과를 내기 위해서 이름 쓰는 방식을 살짝 조작하는 수도 있다. 톨스토이의 '전쟁과 평화'에서도 나폴레옹의 이름을 실제 이름이 아닌 '황제'(Le Empereur)라고 썼을 때 666과의 연관성이 성립된다.

근래 들어 또 한 번 세상을 놀라게 한 수 신비주의 사건은 1997년에 일어났다. 1997년은 히브리어 원판 성경 속에 과거와 미래의 사건에 대한 메시지가 코드화된 상태로 들어있다는 주장을 담은 M. 드로스닌의 『바이블 코드』가 출간된 해였다.

이 일은 수학전문 잡지에서도 기사화되었다. 당시에는 왜 드로스닌의 주장이 그렇게 딱딱 들어맞는지 명확하지 않았다. 지금은 텍스트가 웬만큼 두껍고 오랜 시간을 들이기만 하면 어느 책에서라도 드로스닌의 방법으로 세기말적 예언들을 찾아낼 수 있다는 것이 알려져 있다.

수 신비주의 사건은 성경에만 제한돼 있지 않다. 마이크로소프트를 싫어하는 사람은 마음만 먹으면 빌 게이츠를 666의 존재로 만들어 버릴 수 있다. 빌 게이츠의 이름을 'B. & GATES'라고 '바르게' 쓰고 그 값을 ASCII 코드(!)로 계산하면 된다.

알파벳	B	.	&	G	A	T	E	S	
ASCII	66	190	38	71	65	84	69	83	666

다른 방법도 있다.* 빌 게이츠의 완전한 이름이 '윌리엄 헨리 게이츠 3세'이니까 'BILL GATES 3'으로도 맞춰볼 수 있다. 역시 같은 결과가 나온다.

알파벳	B	I	L	L	G	A	T	E	S	3	
ASCII	66	73	76	76	71	65	84	69	83	3	666

물론 명백한 편법이다. 우선 3은 ASCII 코드로는 3이 아니라 51이다. 그리고 성과 이름 사이의 자간(ASCII 코드 32)도 고려하지 않았다. 이름을 제대로 적용했더라면 '가면 쓴 악마' 빌 게이츠의 가면을 벗길 수 없었을 테니까…….

피타고라스와 함께 시작된 수 신비주의

수 신비주의의 역사는 아주 오래되었다. 최초의 수 신비주의자는 피타고라스주의자들이었다(기원전 500년 경). 이집트와 바빌론 사람들에게 수는 천문이나 건축의 계산에 필수적인 중요한 도구였으나 그 이상의 다른 의미는 없었다. 그리스 수학에서도 어디서나 다 등장하지는 않는다. 수학의 집대성이었던 유클리드의 '원론'에서도 수 신비주의에 대한 말은 한 마디도 언급되지 않는다.

수 신비주의는 피타고라스 이후 거의 잊혀졌다. 그러다 시대가 바뀌어 신 피타고라스주의자들의 등장과 함께 다시 나타난 이후 비이성의 산

---

* 「하퍼스 매거진」에서는 이미 1995년부터 이에 대해 알고 있었다.

실과 동의어처럼 쓰이게 되었다. 세상이 악하거나 삶에서 의지가 필요할 때, 종교도 소용이 없으면 갑자기 1은 '좋은' 수이고 2는 '나쁜' 수라는 말이 심상치 않게 들리는 것이다.

비록 이 모든 일이 수학에 조금의 영향도 끼치진 않았지만, 수학자들이라고 해서 오늘날 비이성적으로 간주되는 세계관의 영향을 안 받았던 것은 아니다. 위성의 타원궤도를 발견한 케플러도 한때는 서로 맞물린 플라톤의 입체*의 속성으로 태양계의 법칙을 설명하려 했다. 그리고 위대한 뉴턴 또한 자연과학에서 수학적 방법론의 개선행진을 가능케 한 '프린피커아'의 집필보다는 연금술 실험실에서, 혹은 성경 속의 비밀 메시지를 찾는 데 더 많은 시간을 보냈다.

'작은 수의 법칙'

수들 사이에 '신비한' 연관관계가 생기는 것은 그냥 단순하게 작은 수가 너무 적기 때문이기도 하다. 수학자 리처드 가이는 이 현상에 농담 삼아 '작은 수의 법칙'이라는 이름을 붙였다.

수학적 근거는 명백하다. 다섯 개의 공을 네 개의 서랍에 숨기려고 할 때 적어도 하나의 서랍에는 두 개 이상의 공이 들어가게 되어 있다. 수학자들은 이것을 '서랍원리'(비둘기집 원리)라고 부른다. 증명과정으로서의 이 원리가 어떤 역할을 하는지는 61장에 나와 있다.

이런 원리 때문에 관련된 개념을 결합하면, 똑같은 숫자가 자꾸 나오

---

* 정십이면체, 정이십면체, 정팔면체, 정사면체, 정육면체.

는 것은 피할 수 없는 일이다. 예를 들어 세 개짜리 그룹은 셀 수도 없이 많다.

- 삼미신(아그라야, 유프로시네, 탈리아)
- 3인의 현인(카스파, 멜히오어, 발타자)
- 삼총사(아토스, 포르토스, 아라미스)
- 세 개의 시제(과거, 현재, 미래)

이런 일치에는 아무런 뜻도 없다. 그러나 수 이론가들은 이렇게 세 개씩 나타나는 현상이 흥미롭다고 한다.

이 주제에 대해 더 자세한 것을 알고 싶은 사람은 다음의 책을 참고하기 바란다.

『숫자의 힘(Die Macht der Zahl)』 언더우드 더들리(Underwood Dudley), 비르크호이저(Birkhäuser) 출판사, 1999.
『숫자의 마술(Die Magie der Zahlen)』 하로 호이저(Harro Heuer), 아이라(Aira) 출판사, 2013.

76 고르디아스의 매듭

매듭이론

창고에 아주 긴 전선이 하나 있다고 가정하자. 한쪽 끝의 플러그를 다른 쪽 끝의 소켓에 꽂으면 폐쇄회로가 만들어지는 전선이다.

만일 전선이 이미 어느 정도 꼬여 있다면 플러그를 꽂음으로써 더 엉망이 될 것이다. 이때 플러그를 빼지 않고 하나의 큰 원이 되도록 전선을 푸는 것이 가능할까? 아마 될 때도 있고 안 될 때도 있을 것이다.

꼬인 전선을 푸는 것이 가능하다면 언제쯤 가능할까? 이 문제는 수학자들이 수백 년째 고심하고 있는 문제다. 물론 가정용 전선이 아니라 일반적인 매듭에 관한 것이다. 첫 번째로 문제가 되는 것은 이런 문제를 표현할 수 있는 언어를 찾는 것이다. 이 문제는 이미 라이프니츠가 제기했던 것으로 19세기에 들어서야 만족할 만한 답이 나왔다. 전문적인 표현을 사용하자면 좀 복잡해지므로 그냥 전선을 가지고 계속 이야기해 보자.

표현 방법에 대한 답이 나온 뒤에도 아주 단순한 첫 번째 문제가 풀리

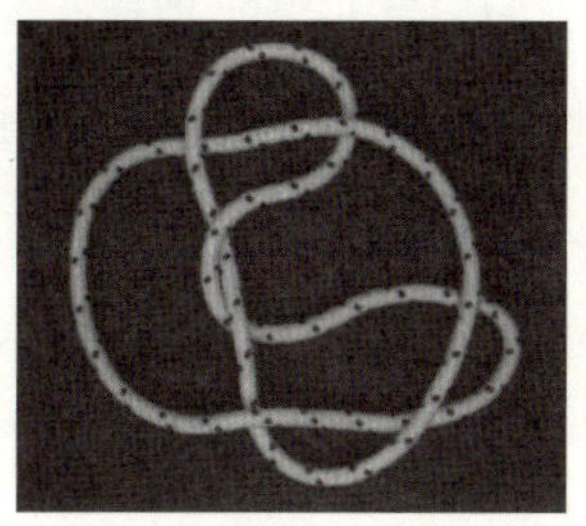

기까지는 다시 수십 년이 흘러야 했다. 공작을 취미로 하는 사람이라면 다 아는 사실 '매듭 풀기는 될 때도 있지만 아무리 머리를 써도 안 될 때가 있다'가 수학적으로 엄격하게 증명된 것은 1930년대였다. 다음 그림은 가장 단순한 '세 잎 매듭'의 예다.

매듭이론에서 어려운 것은 소위 '분류문제'다. 실제로 얼마나 다양한 유형의 매듭이 존재하는지 연구하는 것으로 최근에 활발하게 연구되고 있다.

매듭이론이 학문적으로 연구되기 시작한 것은 물리학에서의 중요성 때문이었다. 1867년 영국의 물리학자인 윌리엄 톰슨(후에 캘빈 경)은 아주 독창적인 원자이론을 발표한다. 이 이론에 따르면 원자는 에테르 속의

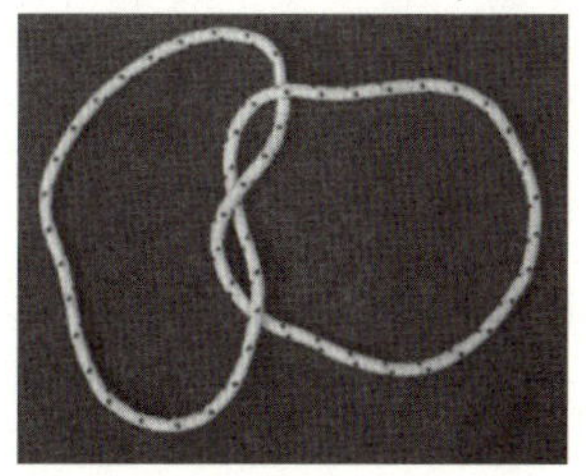

소용돌이로 되어 있다. 서로 얽혀 있는 스모크 링을 상상하면 된다. 원칙적으로 다양한 원자에는 그만큼 다양한 매듭이 존재하고, 이것으로 가능한 원자의 수를 짐작할 수 있다는 논리이다. 이런 배경에서 매듭에 관한 체계적인 연구가 시작되었다.

그러나 캘빈의 이 아이디어는 현대 물리학에서는 더 이상 설 자리가 없게 되었다. 현재 매듭이론이 물리학자들 사이에서 인기 있는 이유는 다른 데 있다. 세계를 미시적 차원에서 설명해내는 끈 이론에서 중요한 역할을 하기 때문이다.

매듭의 불변량

'풀 수 없는 매듭은 존재하는가?'라는 문제제기가 된 후 첫 번째 답이 나올 때까지는 230년이라는 시간이 걸렸다. 그 주인공은 괴팅겐의 수학자 쿠르트 라이데마이스터(1893~1971)로 1932년 매듭의 불변량을 이용한 답을 제시했다.

불변량이 무엇인지 알아볼 겸 아주 간단한 예를 들어 보자.

간단한 '놀이'를 해보자. 책상 위에 10개의 말이 있다. 차례가 올 때마다 무한정의 말이 준비되어 있다고 치고 7개의 말을 더하거나 가능할 경우 뺀다.

문제: 이렇게 하다 보면 책상 위에 정확히 22개의 말이 놓이는 때가 있을까?

 침팬지도 이해하는 5분 수학

답: 없다. 그런 일은 불가능하다. 이것은 다음의 테크닉으로 증
명된다. 말을 움직일 때마다 책상 위에 있는 말의 수를 세어 7로
나눈 뒤 남은 나머지를 살펴본다.* 그러면 다음의 세 가지 사실을
알 수 있다.

- 첫 번째 나머지는 3이다.
- 말의 수는 7씩 가감되므로 말을 더하거나 뺀다고 해서 나머
  지가 바뀌지는 않는다.
- 수 22가 나오기 위해서는 나머지가 1이어야 한다. 그러므로
  책상 위에 놓인 말의 수가 22가 되는 일은 없다.

이제 매듭 이론으로 돌아가자. 라이데마이스터는 매듭에 대해 비슷한
접근법을 이용할 생각을 했다. 그가 제일 먼저 한 일은 간단한 '매듭의
조작'을 정의하는 것이었다. 여기서 세 가지 유형이 나오는데 이것을
'라이데마이스터 변형'이라고 부른다. 라이데마이스터 변형이란 '고리
하나를 움직여 다른 고리에 겹치는' 조작을 말한다. 여기서 중요한 것은
매듭에 적용할 수 있는 모든 조작은 일련의 라이데미이스터 변형으로
나타낼 수 있다는 것이다.

그런 후 라이데마이스터는 불변량을 정의했다. 이러한 변형을 해도
변하지 않는 매듭의 성질, 즉, 매듭을 변형하기 전에 그 성질을 가졌다
면 변형 후에도 유지하는 성질을 말한다. 이 불변량은 앞서의 예에서 설
명한 '7로 나누어 남는 나머지'보다 훨씬 복잡하다. 라이데마이스터의

---

* 22장에서 배운 용어를 사용하자면 모듈로7의 수이다.

불변량은 아주 특수한 방법으로 매듭의 평면 그림을 색칠하는 가능성의
수다.

핵심만 말하자면 이 방법으로 다음의 명제를 증명할 수 있다.

- 라이데마이스터 변형에서는 불변량이 변하지 않는다.
- 닫힌 원, 즉 풀린 매듭은 이 방법으로는 색칠할 수 없다.
- 앞서 살펴본 세 잎 매듭과 같이 색칠이 가능한 매듭이 있다.

결과적으로 세 잎 매듭은 풀 수 없다.

그러나 이것으로 모든 문제가 다 해결된 것은 아니다는 것에 주의해
야 한다. 색칠 가능한 매듭은 풀 수 없다. 그렇다고 그 역이 성립하는 것
은 아니다. 색칠할 수 없지만 풀리지 않는 매듭도 있으므로 이 방법이
능사는 아니다. 이럴 때는 새로운 불변량을 찾아 문제를 해결해야 한다.
이것이 최근 집중적으로 연구되고 있는 문제다. 연구의 궁극적 목표는
보편적 불변량, 즉 검사가 쉽고 풀 수 있는 매듭일 때 충족되는 속성을
찾아내는 것이다. 하지만 그런 불변량을 찾는 일은 요원해 보인다.

세상을 사는 데 수학은 얼마만큼 필요한가?

왜 수학인가?

세상을 사는 데 수학은 얼마만큼 필요한가? 왜 이차방정식, 함수 그래프, 적분 같은 것을 배워야만 할까? 슈퍼마켓이나 레스토랑에서 계산할 때 필요한 구구단 정도만 알아도 충분하지 않은가? 요즘은 휴대전화에 계산기 기능이 다 들어 있기 때문에 이 계산마저도 기계에게 미루는 사람이 많다.

이런 극단적인 주장을 너무 심각하게 받아들이면 안 된다. 왜냐하면, 영어나(철자 교정 및 문법 교정 프로그램이 있으니까) 지리학(구글이 있으니까) 같은 학과목도 없애지는 주장과 다를 게 없기 때문이다. 그렇지만 왜 덧셈, 뺄셈 이상의 수학이 필요한지, 그리고 교육과정에서 수학이 차지하는 위상이 무엇인지 한번쯤 물어야 할 필요가 있다.

개인적인 의견으로는 세 가지를 들 수 있다. 첫 번째, 수학의 구체적인 문제 해결능력에 이의를 제기할 사람은 없을 것이다. 빵집 주인의 암산으로부터 시작해 거의 모든 학문에서 수학은 충직한 해결사 역할을 한다. 자연과학이나 공학을 공부하려는 사람, 인문학, 사회과학이나 의학에서 일을 하려는 사람에게는 통계의 기본기를 탄탄히 갖추어야 한다. 컴퓨터가 아무리 사용자 환경에 맞춰져 있다고 해도 전체적인 감을 잡을 수 있어야 하기 때문이다. 만약 간단한 덧셈의 합을 어느 정도라도 어림짐작하지 못하는 사람은 계산원이 실수로 엉뚱한 자리에 콤마를 찍어도 눈치조차 채지 못할 것이다. 그리고 아무리 잘 만들어진 통계 프로그램이라고 해도 이 방법이 실제로 응용 가능한지, 어떤 문제가 제기되어야 하며 결과는 어떻게 해석해야 하는지 모든 것을 다 알아서 해주지는 않는다. 수학을 모르는 사람은 사리사욕을 위해 공포심을 조장하거나 사기를 치는 사람들의 손쉬운 희생양이 될 수밖에 없다. 실제 빚은 얼마인지 판단할 수 없다면 집을 사는 것과 같은 장기 계획은 위험한 일일 수밖에 없다.

두 번째, 수학은 지성적 원리로서 무한 매력을 지니고 있다. 문제를 푸는 일은 인내심과 창의성을 요구한다. 아무리 주목해도 지나치지 않는 자질들이다. 대기업의 인사과장들은 수학자의 이 자질이 회사 업무에 대한 기술 지식만큼이나 중요하다는 말을 종종 한다. 수학자들은 답이 나올 때까지 하나의 문제와 진득하게 '씨름을 할 줄 안다'. 이 능력이 단점이 되는 직업은 아마 없을 것이다.

세 번째, 마지막으로 강조해야 할 것은 우리가 사는 이 세계가 수학적 원리에 따라 만들어져 있다는 것이다. 갈릴레이가 말했듯이 자연의 책은 수학의 언어로 씌어져 있다. 현 정치구도에 대한 토론에서 한 마디라도 거들고 싶으면 과거의 역사를 알아야 하는 것처럼 이 세계의 핵심 구조를 들여다보고 싶은 사람은 수, 기하학적 도형, 확률에 대해 알아야만 한다.

그래서 자연과학의 기본문제들에는 수학을 모르면 이해할 수 없는 것이 많다. 마찬가지로 존재론에 대해 말하려는 철학자는 상대성이론과 확률론의 기초를 어느 정도는 이해하고 있어야 한다.

학교에서 가르치는 수학은 기술적인 수준에서 멈춰 버리는 경우가 많다. 요리법만 읽을 줄 알아도 좋은 점수를 받는 것과 같다. 그러나 이 수준에서 더 이상 앞으로 나아하지 못한다면 정말 중요한 것은 배우지 못한다. 프랑스어 문법만 배우고 보들레르의 시는 한 편도 읽지 않는다면 무슨 의미가 있겠는가? 그러나 이것은 또 다른 이야기다…….[*]

찾아보기

이 책에 실린 내용은 다음의 세 가지 관점으로 분류할 수 있다.

- '수학은 유용하다': 1, 7, 9, 14, 21, 62, 63, 64, 71, 90, 91, 93, 98장.
- '수학은 매력적이다': 4, 15, 17, 18, 23, 33, 48, 49, 76, 99장.
- '수학은 자연의 언어다': 38, 47, 51장.

---

[*] 31장 참조.

78 큰, 더 큰, 가장 큰

무한서열

사과 두 바구니가 앞에 놓여 있다고 가정하자. 이번엔 어느 바구니에 사과가 더 많이 들어 있는지 알아내는 문제다. 가장 쉬운 방법은 사과를 직접 세어 그 결과를 비교하는 것이다.

만약 큰 숫자를 못 세는 사람이라면 어떻게 해야 할까? 아직 방법은 있다. 각 바구니에서 동시에 사과를 하나씩 들어내면 된다. 먼저 비는 바구니가 더 적은 양의 사과를 담은 바구니이다.

이와 같이 수를 세지 못하더라도 집합의 크기를 비교하는 것은 가능하다. 집합론의 창시자 게오르크 칸토어는 이 아이디어를 무한집합에 적용해 큰 성공을 거두었다. 사과 바구니의 예를 조금만 수정하면 된다. 바구니에서 사과를 들어내는 대신 바구니 속의 사과를 하나의 긴 줄이 되게 바닥에 늘어놓는다. 다른 바구니 속의 사과도 똑같이 그 아래에 늘어놓는다. 완전히 짝을 이루면 두 바구니 속의 사과가 같은 것이고, 개수가 같지 않다면 두 줄의 차이가 확연하게 보일 것이다.

이런 의미에서 '똑같이 많은' 짝수와 홀수가 존재함을 안다. 2, 4, 6, …과 1, 3, 5, …를 서로 대응시키면('나란히 늘어놓기') 2는 1과, 4는 3과, 6은 5와 … 짝꿍이 된다.

그 외에도 칸토어는 수의 집합의 크기와 관계된 놀라운 현상들을 발견했다. 유리수, 즉 $\frac{7}{9}, \frac{1001}{4711}$ 같은 분수의 집합을 예로 들어 보자. 이 집합은 자연수, 즉 1, 2, 3, …의 집합과 똑같은 수의 원소를 가진다. 이 결과는 약간 뜻밖으로 느껴진다. 언뜻 생각하기에는 분수가 '훨씬 더' 많을 것 같기 때문이다.

칸토어는 또한 모든 수의 집합과 비교하면 분수의 집합이 얼마나 작은지도 밝혀냈다. 모든 수는 (실수) 무한소수로 나타낼 수 있는데 너무 많아서 어떤 꾀바른 방법으로도 이 집합의 전체 원소를 1, 2, 3, …과 일대일로 대응시킬 수는 없다.

무한은 많은 점에서 수와 비슷한 성질을 가진다. 예를 들어 일대일 대응에 의해 비교할 수 있다. 즉, 두 개의 무한집합이 있다면 두 집합의 크기가 똑같거나 둘 중 하나가 '더 무한하다'고 할 수 있다. 그러나 이 '무한지대'는 역설과 오류가 난무하는 지뢰밭과도 같다. 그래서 대부분의 수학자들은 '너무 크지 않은' 무한집합만을 다룬다.

분수와 자연수는 똑같이 많이 존재한다: 칸토어의 대각선 논법

지금부터는 분수와 자연수는 똑같이 많이 존재한다는 놀라운 사실을 비유를 통해 알기 쉽게 설명해보겠다.

먼저 '집합 M은 자연수의 집합과 똑같은 수의 원소를 가진다'는 말의 의미를 알아야 한다. 이것은 말하자면 M 안에서 산책을 한다고 했을 때 산책을 하는 동안 각 원소를 한 번씩 만나게 된다는 뜻이다. 예를 들어 M이 짝수의 집합일 때는 n번째 걸음에서 수 $2n$과 마주친다. 이런 식으로 모든 짝수를 한 번씩 만난다. 예를 들어 4,322는 2,161번째 걸음에서 만나게 된다.

분수의 집합에서도 이런 산책이 가능할까? 칸토어의 분수 배열 아이디어는 기발하다. 첫 번째 줄에는 분모가 1인 분수가 온다. 즉 다음과 같이 시작된다.

$$0, \; 1, \; -1, \; 2, \; -2, \; 3, \; -3, \; \cdots$$

음수도 포함시키기 위해 양수와 음수 기호를 번갈아가며 쓴다.

두 번째 줄에는 약분한 뒤 분모가 2인 분수를 배열한다.

$$\frac{1}{2}, \; -\frac{1}{2}, \; \frac{3}{2}, \; -\frac{3}{2}, \; \frac{5}{2}, \; -\frac{5}{2}, \; \cdots$$

그다음은 분모가 3인 분수, 그다음은 분모가 4인 분수, 이런 식으로 계속한다.

이렇게 하면 무한의 정사각형 도식 속에 모든 분수가 정리된다. 예를 들어 $\frac{12}{1331}$은 1,331번째 줄에서 찾으면 된다. 이제 이 분수를 모두 한 번씩 만나는 산책을 해야 한다. 언뜻 생각하면 이런 산책은 불가능해 보인다. 만약 첫 번째 줄만 계속 따라간다면 $\frac{1}{2}$은 절대 만날 수 없을 것이다. 그러나 방법은 있다. 다음 그림처럼 지그재그로 움직이면 된다.[*]

 침팬지도 이해하는 5분 수학

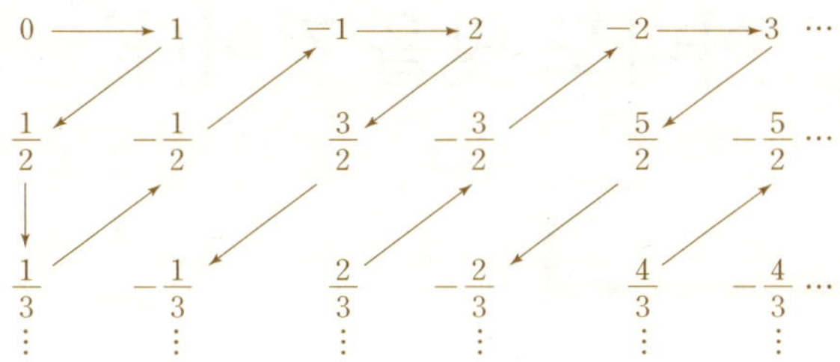

첫 걸음은 0에서 뗀다. 그 다음은 $1, \dfrac{1}{2}, \dfrac{1}{3}, -\dfrac{1}{2}, -1, \cdots$. 예를 들어 10,000번째 걸음에서 어느 수를 만나고 있을지 예측하기는 어렵지만 분명한 것은 언젠가 모든 수를 다 만나게 된다는 것이다. 따라서 분수와 자연수는 똑같이 많이 존재한다.

---

* 이 증명방법은 칸토어의 제1대각선 논법이라는 이름으로 알려져 있다.

'아마도 맞을 것이다'
양자컴퓨터와 쇼어 알고리즘

확률론적 증거로 소수의 속성을 증명하기

지난 몇 십 년간 무작위성의 위상은 많이 향상되었다. 더 이상 예측불허의 방해 요소가 아니라 생산적인 역할을 하는 긍정적 요인으로 인식되고 있다. 몬테카를로 방법에 대해서는 이미 73장에서 언급한 바 있다. 복잡한 계산을 우연적 과정에 떠넘기는 방법이라고 소개했었다. 이 장에서는 더 근본적인 내용을 다루려고 한다. 무작위성은 진리를 찾는 데도 도움이 된다는 점이다.

큰 수 n을 가정하자. 적어도 수백 자리 이상의 수여야 한다. 암호 연구 분야에서는 n이 소수인지 알아내는 것이 아주 중요하다. 그러나 n이 너무 큰 수이기 때문에 직접적인 방법으로 알아내기는 힘들다. 즉 다른 간접적인 방법을 생각해 내야 한다.

수 이론에 의하면, n이 소수가 아닐 경우 1에서 n 사이의 수 가운데 적어도 절반은 간단한 검사로 확인할 수 있는 속성 E를 갖는다. 반면 n

이 소수일 경우에는 n보다 작은 수 중 속성 E를 가지는 수가 없다(여기서 속성 E의 내용은 중요하지 않다). 그렇다면 난수 생성기로 n보다 작은 수 x를 뽑아 이 수가 속성 E를 가지는지 알아봄으로써 n이 소수인지 아닌지 판단할 수 있을 것이다. 만약 그 결과가 부정적이라면 n은 정말 소수가 아니거나, 소수인데 하필이면 E의 속성을 가지지 않는 절반의 수 중 하나가 뽑힌 것이거나 둘 중 하나일 것이다. 여러 번 시도했을 때 이런 부정적인 결과가 반복될 확률은 매우 낮다. 20번 시도했을 때 부정적인 결과가 나왔다면 n이 소수가 아닐 확률은 $1:2^{20}$으로 약 1대 백만 정도이다.

이렇게 되면 '이 수가 소수일 확률은 매우 높다'는 명제를 쓸 수 있게 된다. 대부분의 분야에서는 이 정도의 높은 확률이면 참인 명제로 받아들인다. 만약 백만불의 일의 확률로 합성수일 수도 있는 수가 불안전하다고 느낀다면, 앞서 20번 대신 40번의 검사를 하는 것이다. 여전히 소수라고 나오면 실제로는 합성수일 확률은 1조분의 1이다. 이 정도의 수라면 수학적으로는 확실한 소수라고는 할 수 없지만, 많은 응용에서는 자신 있게 소수로 간주해도 무방하다. 사실 많은 경우 압도적인 확률로 옳은 결과라는 것을 아는 것만으로는 부족하다. 만약 비밀금고의 암호가 50퍼센트의 확률로 깰 수 있는 것이라면 금고의 주인은 밤마다 잠을 설칠 것이다. 마치 대문 앞에 열쇠가 잔뜩 든 양동이(양동이 속에 든 열쇠 중 절반은 맞는 열쇠라고 하자)를 두고 자는 것과 같다.

그러나 대부분의 응용에서는 정확히 해를 계산할 수 있는 고전적 방법을 고수하는 것이 좋다. 고작 99.9퍼센트의 확률로 똑바로 서 있는 탑에 올라가고 싶은 사람은 없을 테니 말이다.

높은 확률로 암호 깨기

피터 쇼어의 알고리즘은 (언젠가 만들어진다면) 양자컴퓨터를 이용해 큰 소수의 곱으로부터 인수를 알아내는 방법이었다(43장 참조). 여기서 소인수분해의 어려움이 암호화 체계의 안전성을 확보하는 데 엄청나게 중요하다는 사실을 상기할 필요가 있다.[*] 그래서 쇼어 알고리즘이 나왔을 때 그런 난리가 났던 것이다.

p와 q라는 큰 소수가 있고, 두 수의 곱을 n이라고 한다. 그리고 1과 n 사이에 놓인 임의의 수 x를 만들어 낸다. 내장된 난수 생성기를 사용하면 컴퓨터가 순식간에 만들어낸다. x와 관련된 특별한 양으로, 적어도 절반 정도는 성질 E를 갖는 '주기'를 안다면, n의 소인수를 알아낼 수 있다는 것이 알려져 있다. x를 통해 p와 q를 구할 수 있다. 여기서 속성 E는 전체 경우의 50퍼센트를 충족한다. 이때 충분히 높은 확률로 x의 주기를 계산하도록 양자컴퓨터를 프로그래밍하면 된다. 쇼어 알고리즘은 다음과 같은 과정을 거친다.

1. 1과 n 사이에 놓인 임의의 수 x를 만든다(이 과정은 순식간에 완료된다).

2. 양자컴퓨터로 x의 주기가 될 만한 후보를 계산한다(만약 언젠가 양자컴퓨터가 만들어진다면 이 과정도 눈 깜짝할 사이에 해결될 것이다).

3. 진짜 x의 주기를 구할 때까지 2의 과정을 반복한다(보통 컴퓨터로도 빠른 시간 내에 검사할 수 있다).

---

[*] 이 주제에 대해서는 23장에서 자세히 다루었다.

4. 주기가 속성 E를 가지는지 알아본다(이것도 역시 보통 컴퓨터로 할 수 있는 일이다). 결과가 부정적이면(E의 속성을 가지지 않으면!) 1로 돌아가 새로운 x를 골라 시작한다.

5. x를 이용해 p와 q를 구한다. 이제 비밀암호를 깰 수 있다.

여기서 우연은 두 번 중요한 역할을 한다. 첫 번째, 주기는 특정한 확률로만 찾아지며, 두 번째, x 중 적어도 50퍼센트만이 인수를 찾는 데 쓸모가 있다. 암호해독이라는 목적에 있어서는 그리 나쁜 조건도 아니다. 조금 늦게 해독한다고 해서 큰일이 나는 것도 아니고, 양자컴퓨터에게 100퍼센트의 정확한 답을 기대하는 것은 원칙적으로 불가능하기 때문이다. 그리고 가만히 들여다보면 세상은 원래 확률에 지배받는 구조를 가지고 있기 때문에 더 정확한 진술은 불가능하다.

최근에는 양자컴퓨터에 대한 이야기가 뜸해졌다. 양자컴퓨터를 암호화에 제대로 응용하기 위해서는 엄청난 기술적 문제를 극복해야 하는데, 아무도 그 일을 할 엄두를 못 내고 있기 때문이다. 다음으로는 중요한 문제들을 양자컴퓨터 용으로 변환시키는 일이 생각보다 어렵다는 것이 밝혀졌기 때문이다. 높은 확률로나마 답을 얻으려면 일단 문제를 변환해야 할 것 아닌가?

80 세상은 '굽어 있다'?

기하학의 탄생

수학의 역사가 첫 번째 정점을 이룬 것은 2,000년 전이다. 당시 유클리드는 평면기하학의 기초를 체계적으로 집대성했다. 하나의 직선이 다른 두 개의 평행선과 만나 이루는 각끼리 무슨 관계가 있는가? 삼각형과 사다리꼴의 내각의 합은 얼마인가? '컴퍼스와 자를 이용한' 작도는 어떻게 하는 것인가?

유클리드가 주제에 접근한 방법은 놀랄 정도로 인상적이지만 아주 새로운 내용이라고 볼 수는 없다. 하나의 직선이 두 점 위를 지난다든가, 직선 G와 그 위에 있지 않은 점 P가 주어졌을 때 직선 G와 평행하고 점 P를 지나는 직선이 하나라는 것은 누구나 아는 사실이다.

다른 말로 하면, 유클리드 공리는 현실을 수학적으로 정밀화한 것일 뿐이다. 그러니 약 180년 전까지 유클리드 기하학을 의심한 사람이 한 사람도 없었던 것은 놀랄 일이 아니다.

19세기에 들어 사람들의 생각에 발전이 있었다. 예를 들어 수학의 제왕 카를 프리드리히 가우스는 지구 위에서 삼각형의 내각의 합이 정말 180°인지 아주 큰 삼각형을 가지고 실험을 했다. 이 실험에 사용된 삼각형은 하르츠 산맥의 세 산(브로켄, 인젤스베르크, 호어 하겐)을 연결한 것이었다. 당시 측정의 정확도 내에서 유클리드 기하학은 옳았다. 그러나 가우스가 이 이론을 현실 속의 실험을 통해 확인하려 했다는 것은 시사하는 바가 크다.

1830년대에 볼리아이와 로바체프스키가 가우스와 독립적으로(그리고 서로 독립적으로) 비유클리드 기하학 이론을 발전시켰다. 형식적으로는 유클리드 기하학을 모델로 하지만 그들의 기하학에서는 삼각형의 내각의 합이 180도가 아니어도 되었다. 이 이론은 1850년대에 베른하르트 리만이 더 발전시켰다. 리만이 제시한 기하학 모델은 아주 일반적인(유클리드 기하학과 비유클리드 기하학을 아우르는) 것이었다.

이 이론은 수십 년 동안 전문가들 사이에서만 알려져 있다가 아인슈타인의 일반 상대성이론과 함께 유명해졌다. 일반 상대성이론의 발전 과정에서 리만이 일반화한 기하학이 우주의 구조를 잘 설명할 수 있다는 것이 밝혀진 것이다. 만약 세계가 이차원이라면 곡면처럼 보고 한 지점의 곡률은 그 지점에 존재하는 질량 사이에 긴밀한 연관이 있을 것이라는 이론이다.

다소 추상적인 이 이론은 실험으로 입증됐다. 사실 관찰되는 곡률은 매우 작아서, 가우스가 산(山) 삼각형을 대상으로 한 정밀한 측정에서도 간과되었을 정도로 작은 편차이다. 그러나 유클리드 기하학과의 차이는 일반인의 일상에서도 충분히 감지할 만한 것이다. 예를 들어 정확한 위치를 찾아주는 GPS 시스템을 위한 인공위성도 일반 상대성이론을 감안하여 동기화된다.

내각의 합이 270°인 삼각형

가우스가 세 산 정상을 꼭짓점으로 하여 측량한 삼각형은 정말 직선으로 둘러싸인 것이었다. 측량은 육안으로 했는데 빛은 균질한 매체에서는 직선을 따라 움직이므로, 삼각형은 직선으로 둘러싸여 있었을 것이다.

지구상의 거대한 삼각형을 측량하는 방법에는 다른 것도 있다. 지구 위의 세 점을 잡아 각 점을 연결하는 가장 짧은 길을 그리면 된다. 물론 지표면 위로만 지나야 하고, 지구 속으로 뚫고 가는 것은 허용되지 않는다.

이러한 최단 연결선을 대원이라고 한다. 대원은 지구의 중심을 중심으로 하는 원호를 따라 점들을 이어준다(아마 일본여행을 갈 때 비행기가 왜 러시아가 아닌 북극을 지나가는지 이상하게 생각한 적이 있을 것이다. 독일

그림 67 | 직각과 지구 위에 그려진 직각삼각형

 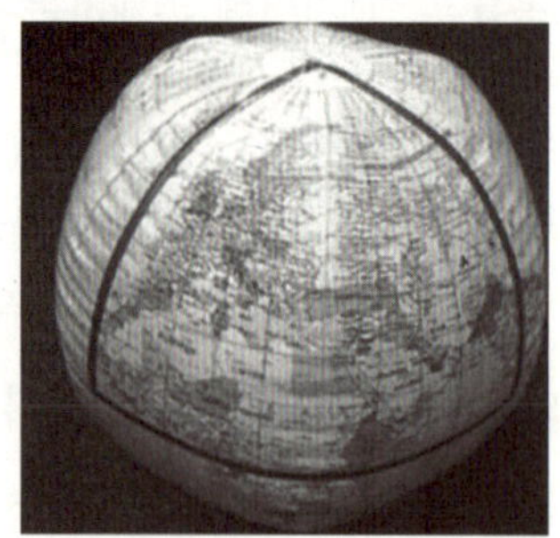

과 일본을 연결하는 대원이 북동쪽을 향하기 때문이다).

대원을 직선으로 해석하면 구면 삼각법이 만들어진다. 몇 가지 현상에는 적응하는 데 시간이 걸린다. 예를 들어 모든 각이 90°인, 즉 평면기하에서와는 달리 내각의 합이 270°인 '삼각형'이 존재할 수 있다. 그 방법이란 북극에서 시작해 에콰도르까지 대원을 따라 남쪽으로 내려간 다음, 에콰도르를 기준으로 정확히 동쪽으로 방향을 틀어 대략 10,000킬로미터(정확히는 지구 둘레의 $\frac{1}{4}$)를 직진하다가, 왼쪽으로 급커브를 틀어 방금 도달한 지점에서 다시 북쪽으로 쭉 올라가 북극으로 되돌아오면 된다.

수학적 표준규격은 존재하는가?

수학의 전공언어는 (몇몇 예외를 제외하고) 규격화되어 있다

태초에 말씀이 있었으니……. 삶의 다른 분야와 마찬가지로 수학에서도 기호와 약속은 중요하다. 왜 원주율 π에는 이름이 따로 있는가? 왜 2의 0승(2^0)은 1인가?

문제에 따라 여러 가지 이유를 들 수 있다. 역사적 전통 때문일 수도 있지만 대개는 실용주의적 접근상 점차 합의에 이른 경우다. 예를 들어 원에 관한 문제에서는 당연히 π가 자주 등장한다. 누구나 알듯이 원주는 2 곱하기 π 곱하기 반지름이기 때문이다. 여기서 π는 3.14…로 주어진다. 그렇다 하더라도 꼭 이 수에만 따로 이름을 붙일 이유는 없었다. 만약 π의 두 배, 즉 6.28…을 ∂로 표시했더라면 '원주는 ∂곱하기 반지름'이라고만 쓰면 되니까 π 이후의 장구한 역사에서 엄청난 양의 잉크를 절약할 수 있었을 것이다. 그리고 이러는 편이 사용하기에도 훨씬 편하다. 사실 대학 수학 이상의 수준에서도 2 곱하기 π, 즉 우리가 방금 만들어낸 ∂이 π 단독으로 나타나는 경우보다 훨씬 많다. 어쩔 수 없다. 너무 늦었다. 수학자들이 이런 개혁을 받아들이리라고 기대한다면 큰 오산이다. 독일 맞춤법 개혁이 지지부진하다고 말이 많지만 수학 용어 개혁에 비하면 장족의 발전이다.

실용주의적 이유에 근거한 규약인 경우는 그렇게 까다롭지 않다. 요령 있게 귀찮음을 피하려는 방법이라고 보면 된다. 예를 들어 0이 아닌 a에 대해 $a^0=1$이라고 정한 것은 모든 종류의 특별한 경우에 대해 복잡한 지수법칙을 만들지 않고, 단 하나의 공식만을 기억하고 연구할 필요가 있기 때문이다.

여기서 잠시 사다리꼴에 대한 정의를 환기시켜 보자. 수학자들에게 사다리꼴은 적어도 한 쌍의 대변이 평행한 사각형을 의미한다. 그러나 수학 교과서에 나오는 사다리꼴은 하나같이 윗변이 아랫변보다 짧고 두 가로변이 평행한 모양을 하고 있다. 세로변이 평행하게 나오는 경우는 드물다. 게다가 평행한 변의 수는 늘 딱 한 개다. 사실 직사각형도 평행한 변을 한 쌍(실은 두 쌍) 갖는다. 하지만 직사각형을 사다리꼴로 간주하지 않으면, 사다리꼴에 대한 모든 결과를 직사각형에 대해서도 다시 증명해야 했을 것인데 이는 대단히 비효율적이다.

세상 어디에도 수학의 표준규격화를 위한 위원회 같은 것은 없다. 새로운 개념이나 용어가 나오면 세월을 두고 별 요란 떨지 않고 받아들여지기도 하고 배척되기도 한다. 수학자들의 에너지는 본질적인 내용에 치중하기 때문이다. 수학을 '뭔가 주어진 것'으로 생각하는 사람들에게는 이러한 타협이 좀 생소하게 들릴 것이다. 그러나 직사각형이 사다리꼴인 이유는 전능하신 창조주가 명령했거나 어느 위원회가 그렇게 결정했기 때문이 아니라 사다리꼴은 '정확히' 한 쌍의 대변이 평행하다는 것 대신 '적어도' 한 쌍의 대변이 평행하다는 것을 정의로 삼기로 서로 약속했기 때문이다.

왜 1은 소수가 아닌가?

엄밀히 따지면 위에서 한 말에는 약간 어폐가 있다. 사실 독일에는 수학 용어의 표준규격화를 주장하는 수학자 그룹이 존재한다. 그러나 그들의 주장은 전문 수학자들 사이에서 그다지 호응을 얻지 못한다.

원인은 여러 가지겠지만 우선은 관성의 법칙을 꼽아야 할 것이다. 중, 고등학교 혹은 대학에서 배운 익숙한 용어를 갑자기 낯선 용어로 바꾸고 싶어 하는 사람은 없다. 또한 '상식이냐, 편의성이냐?'의 문제가 있다. 만약 A가 B의 부분집합이라면[*] $A \subset B$라고 써야 할까, 아니면 $A \subseteq B$가 맞을까? 부분집합은 $<$ 보다는 $\leq$에 해당하므로, 상식으로 하자면 두 번째가 옳다. 그러나 상식은 상식이고, 실제로는 너무 자주 나오는

---

[*] A집합의 모든 원소가 또한 B집합의 원소임을 뜻한다. 예를 들어 1과 3을 원소로 가지는 집합은 0, 1, 2, 3을 원소로 하는 집합의 부분집합이다.

 침팬지도 이해하는 5분 수학

기호이기 때문에 막대 긋는 시간이라도 절약하기 위해 ⊆보다 ⊂를 사용하는 일이 많다(독일의 표준규격위원회는 물론 ⊆의 사용을 주장한다).

그 밖에도 소위 말하는 이데올로기적 문제가 있다. 0을 자연수에 포함시키느냐 아니냐에 따라 N이 다른 것을 의미하는 경우이다. 예를 들어 논리학의 추종자들은 N을 0, 1, 2, 3, …의 집합으로 보지만 대부분의 수학자들은 1, 2, 3, 4, …의 집합으로 생각한다.

이런 문제는 사실 책의 첫 몇 페이지만 주의 깊게 읽으면 크게 문제되지 않는다. 보통 수학자들은 그날의 연구에 더 편리한 형태의 기호를 사용하곤 한다. 다른 예로 '소수'를 1과 자신의 수로만 나누어지는 수로 정의하는 사람들은 1 또한 소수로 친다. 하지만 1을 소수에 포함하면, 모든 자연수는 소수의 곱으로 유일하게 표현할 수 있다는 주장을 포기해야 한다는 대가를 치러야 한다. 예를 들어 6은 2×3으로도 쓰지만 1×1×2×3으로도 쓸 수 있는 것이다. 그러면 소인수가 두 개였다가 네 개였다가 하는 상황이 벌어진다.

소인수 분해의 유일성은 수학에서 대단히 중요하기 때문에 1을 소수 클럽의 회원으로 받아들여서는 안 된다. 그래서 자리 잡게 된 정의가 '소수란 1과 자신의 수로만 나누어지는 1보다 큰 수'이다. 그래서 국가를 막론하고 가장 작은 소수는 동일하게 2이다. 또한 소인수 분해의 유일성도 보장된다.

82 지친 나비

카오스 이론과 나비 효과

나비 한 마리가 그리스에서 날개를 퍼덕이면 플로리다에 회오리가 분다. 카오스 이론의 이 명제를 모르는 사람은 없을 것이다. '그리스', '플로리다', '회오리'가 가끔 다른 나라나 태풍으로 둔갑할 뿐이다. 그런데 이 명제의 진짜 의미는 뭘까?

세상의 모든 현상은 어떻게든 서로 연관성이 있으므로 표면적인 의미에서는 물론 참이다. 하지만 상호관련성을 더 정확히 묘사하는 것은 불가능하다. 나비가 날개를 퍼덕일 때 그 주변에 생
기는 공기의 순환만 해도 정확히 설명하기 힘들다.

'나비 효과'의 명제는 한 과정의 시작 단계에서 생긴 작은 변화가 마

 침팬지도 이해하는 5분 수학

지막 단계의 결과에 미치는 영향이 엄청날 수 있다는 것을 일상의 익숙한 사실들에 빗대어 설명하기 위해 만들어졌다. 당구를 쳐본 사람은 알 것이다. 공을 치는 각도를 조금만 달리 해도 공이 굴러간 최종 위치에 큰 변화가 생긴다.

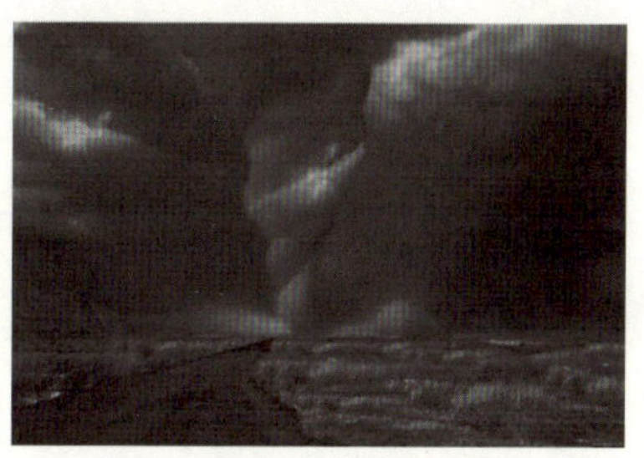

이 문제를 깊이 파고들면 실용적인 방향보다는 철학적인 쪽으로 이야기가 풀린다. 어떤 시스템의 초기조건을 아무리 잘 알고 있다고 해도 피할 수 없는 오류가 발생할 수 있기 때문에 미래를 예측하는 데에는 원칙적으로 한계가 있다. 19세기 초 이 세계를 하나의 거대한 기계로 보고 현 상태를 파악함으로써 과거와 미래의 사건들을 추측해낼 수 있다고 믿었던 프랑스의 학자 피에르 드 라플라스(1749~1827)의 낙관주의는 현대를 사는 우리에게는 순진하게만 들린다. 이 아이디어는 심지어 두뇌운동용으로도 적합하지 않다. 미시세계에 대한 현대적 이해에 따르면, 어떤 양을 정확히 측정하는 것은 관련이 없는 다른 양의 무작위적 변화와 관련돼 있기 때문이다.

그러나 이 초기조건에 '민감한 의존성'이 일어나지 않는 경우가 있다. 예를 들어 천체 운동은 대단히 정확하게 오랜 미래까지 예측할 수 있다. 반면에 날씨의 경우 아주 단기간의 예측만 가능하다. 파티를 야외에서 할 것인지 집안에서 할 것인지는 파티 하루 전날 혹은 당일에 결정해야 한다. 이런 상황은 바뀔 수 없다. 어느 나비가 어느 시점에서 날개를 퍼덕일지 알 수 없는 일 아닌가?

선형성 대 비선형성

　카오스 이론은 다양한 분야에서 다양한 의미로 쓰이는 '선형성'이라는 용어에 대해 알아볼 수 있는 좋은 기회다. 컴퓨터 프로그램에서 말하는 '선형성'*은 주어진 과제를 차례대로 해결하는 것을 뜻한다. 그 반대는 병렬작업이라고 하는데, 열댓 개부터 수천 개에 이르는 컴퓨터를 연결해 공동 작업을 한다.

　몇십 년 전만 해도 책을 읽듯이 선형적으로 정보를 취하는 것이 일반적이었다. 한 줄 한 줄 읽어나가다 보면 어느새 다 읽게 되는 식이다. 그러나 이제 이런 방식은 낡게 느껴진다. 정보를 취하는 데에는 선형적 방식만 있는 것이 아니다. 인터넷 서핑을 하다가 링크로 표시된 단어를 눌러 그곳으로 이동해 정보를 취한 뒤 다시 원래 위치로 돌아오거나 혹은 끝없이 열린 정보의 바닷속으로 헤엄쳐 들어갈 수도 있다. 이러한 정보를 얻는 방식은 어딘지 모르게 인간의 사고방식과 맞아떨어지는 데가 있다.

　수학과 물리학에서 선형성 개념은 아주 전문적이고 좁은 의미로 쓰인다. 입력량의 중첩이 출력량의 중첩을 야기하는 것을 뜻하는데 예를 들면 다음과 같다.

　　g를 입력했을 때 G라는 결과가 나왔고, f를 입력했을 때 F라는 결과가 나왔다면 $g+f$를 입력하면 G+F가 나온다. 간단한 예가 스프링이다. 3킬로그램을 매달았을 때 5센티미터가 늘어났다면 6킬로그램에서는 10센티미터가 늘어난다.

---

* 프로그램에서는 보통 '순차적'이라는 용어를 쓴다. 영어권 언어에서는 단어가 동일하다.

 침팬지도 이해하는 5분 수학

다음에 나오는 선형성에 관한 사실들은 자연과학에서 중요한 역할을 한다.

미시적 규모에서 많은 물리적 과정들이 선형에 가까움을 알 수 있다. 자연에서 나타나는 곡선을 작은 조각들로 잘라보면 거의 직선(접선)에 가깝다.

반면 자연에는 엄밀한 의미의 선형적 프로세스가 존재하지 않는다. 스프링에 힘을 많이 주면 스프링의 구조에 변형이 생기고 내부의 응력 때문에 더는 선형이 아니게 되며, 한계점을 넘어 스프링을 당기면 선형성과는 작별을 고해야 한다.

시스템의 선형성은 단순화에 크게 기여한다. 단순한 해에 집중할 수 있고 다른 해는 중첩성에 의해 추론하면 되기 때문이다[예를 들어 트럼펫이 내는 소리는 단순 진동, 즉, 기본 진동수와 배음들로 이루어져 있다. 취구(吹口)의 진동수를 바꾸면 더 높은 진동수를 들을 수 있는데, 트럼펫은 기본 음정 및 그보다 한 옥타브, 5도 위의 음, 두 옥타브 위의 음 등을 낸다].

그러므로 '비선형적 XXX'는 '선형적 XXX'보다 훨씬 까다롭다. 비선형적 연산자, 비선형적 편미분방정식 등 현대 수학에서 찾을 수 있는 'XXX'의 예는 헤아릴 수 없이 많다. 흥미로운 문제들, 예를 들어 날씨, 화학반응, 우주의 형성을 설명하는 일 등은 항상 비선형적 문제를 동반하고 나타난다. 이런 문제들 때문에 진정한 혼돈 현상을 다뤄야만 하는 것이다.

큰 수의 현상

예지몽을 꾼 적이 있는가? 트루데 고모의 전화를 받는 꿈을 꾸었는데 그날 저녁 정말로 트루데 고모가 전화를 한 것이다. 이런 일도 일어날 수 있는 것인가? 아니면 귀신이 곡할 노릇인가? 물론 현대 자연과학의 아성이 이 정도로 무너지지는 않는다. 이 현상을 설명하는 것은 전혀 어렵지 않기 때문이다. 작은 확률로 일어나는 실험도 수없이 시행하면 때로는 성공하는 법이다.

사람으로 가득 차 있는 큰 강당을 상상하자. 사람들에게 1에서 6까지의 수 중 하나를 머릿속에 떠올리라고 한다. 그리고 주사위를 던진다. 자신이 상상했던 숫자가 나온 사람들, 즉 강당에 모인 사람의 $\frac{1}{6}$ 은 마치 자신이 점쟁이가 된 듯 느낄 것이다. 트루데 고모의 전화도 마찬가지다. 꿈을 꾸는 사람이 많다면 적어도 그중에 한 사람의 꿈은 적중할 것이다.

'오늘의 운세'의 내용이 맞아떨어지는 것도 같은 원리로 설명된다. '오늘의 운세'를 읽는 사람이 많다면 (특히 모호하게 쓰여 있고, 많은 이들에게 적용되는 운세일수록) 그중에 정말 들어맞는 운세도 있는 것이다. 이론적으로만 보면 이 방법으로 큰돈을 벌 수도 있다(저자는 이 방법을 사용하는 것에 대해 어떤 법적, 윤리적 책임도 지지 않음을 밝힌다). 엽서에 특정한 경주의 예상결과를 적어 경마를 좋아하는 사람 1,000명에게 보내라. 만약 10마리의 경주마가 출전한다면 경주마 당 100장씩 승전예보를 쓴다. 그러면 실제 경주의 결과가 어떻게 나오든 100명은 제대로 된 예보를 받게 된다. 이 100명의 사람에게 다음 경주의 예보를 적어 보내라. 10장은 1번 말, 10장은 2번 말, 이런 식으로 100장의 엽서를 써라. 이제 이 엽서를 받은 100명 중 10명은 제대로 된 예보를 받았을 것이다. 그 다음은 이 10명에게 각각 한 장씩의 엽서를 보내는 것이다. 그러면 마지막까지 제대로 된 예측을 통보받는 사람은 한 명이다. 이 한 명은 당신이 정말 미래를 내다볼 줄 안다고 믿을 것이다.

그 사람에게 다음 경주의 정보를 줄 테니 얼마에 사겠느냐고 물어보라. 이제까지 엽서를 보내느라 든 것보다 훨씬 많은 돈을 주겠다고 할 것이다.

이 이야기의 교훈은 이렇다. 많은 예측을 내놓으면 그중 하나가 맞는 것은 당연한 일이다. 트루데라는 이름을 가진 수천 명의 고모들 중 한 명쯤은 오늘 저녁 조카에게 전화를 걸 수도 있지 않겠는가.

고속도로의 봉

이 장에서 설명하고 있는 문제는 우리가 큰 수에 얼마나 둔감한지 보여주는 또 하나의 예다. 잭팟은 말할 것도 없고 로또 당첨의 확률이 그렇게 낮은데도(1:13983816, 약 일 대 천사백 만) 일요일이면 거의 틀림없이 당첨자가 발표되지 않는가?

이해를 돕기 위해 설명을 하나 덧붙이자. 140킬로미터의 거리를 가정하자. 베를린에서 코트부스까지 가는 정도의 거리이다. 140킬로미터는 $140 \times 1000 \times 100$, 즉 1,400만 센티미터다. 이 1,400만 센티미터 중 다른 사람이 골라놓은 1센티미터를 알아맞힐 확률이 로또 일등에 당첨될 확률이다. 친구에게 1센티미터 두께의 봉 하나를 고속도로 변에 세워 놓아 달라고 하고 눈을 가린 채(물론 조수석에 앉아서) 140킬로미터를 가다가 동전을 던져 이 봉을 맞히면 확률적으로는 로또 당첨이 되는 셈이다(여섯 개의 번호를 맞히고 보너스 번호 하나를 더 맞히는 경우 거리를 1,400

킬로미터로 연장해야 한다. 이것은 베를린에서 로마까지 가는 거리다). 과연 이런 일이 가능할까?

그러나 매주 주말이면 로또는 불티나게 팔린다. 위의 예에 빗대자면 140킬로미터의 고속도로 구간에 수 주 동안 정체가 끊이지 않는 것과 같다.* 이 많은 자동차에서 모두 동전을 던진다면 언젠가는 봉을 맞히는 사람도 나타날 것이다.

---

* 로또 이천만 장에 평균 자동차 길이를 5미터라고 가정했을 때 자동차의 정체 길이는 1억 미터에 달한다. 지구를 두 바퀴 반 도는 길이이다.

서른 넘은 사람
믿지 마라

나이가 들면 수학적 창의성은 사라진다?

수학사에서 위대한 성취는 아주 젊은 연구자들이 이룬 것이라는 말을 종종 듣는다. 이 말은 사실일까?

오늘날로 생각하면 아직 고등학교 때나 대학과정에 있을 나이의 수학자들이 수학의 발전에 중요한 영향을 끼쳤다는 것은 세기를 막론하고 정설이다. 에바리스트 갈루아(1811~1832, 옆 그림)는 결투를 하다가 21세의

나이로 죽음을 맞았다. 갈루아는 죽기 직전 대수학 분야에 혁명을 가져오게 될 획기적인 발견을 했는데, 그 내용은 어떻게 하면 잘 알려진 연산들(덧셈, 곱셈, 거듭제곱근)을 통해 방정식을 풀 수 있는가 하는 것이었다. 그 밖의 예로는 72장에서 다룬 닐스 헨릭 아벨이 있다. 아벨은 베를린 대학의 교수로 임용됐다는 편지를 받은 지 이틀 만에 몸이 쇠약해져 27세에 죽었다. 아벨은 노르웨이가 배출한 가장 위대한 수학자로 꼽힌다. 몇 년 전에는 백만

유로에 가까운 상금이 딸린 상이 그의 이름으로 제정되어 아벨은 사후에나마 명예를 누리게 되었다. 아벨상은 수학계의 노벨상으로 통한다.

우리 시대에도 이런 예는 많다. 유명한 학술대회마다 젊은 수학자들이 심오한 결과를 보여 주어 사람들을 놀라게 한다. 수학자의 또 다른 명예인 필즈상은 특히 이런 젊은 수학자들을 위해 만들어졌다. 필즈상의 수상자는 수상 시 만 사십 세를 넘지 않아야 한다. 그 이후에는 세계의 권위 있는 대학과 연구기관에서 서로 모셔가려고 경쟁을 한다.

1998년 베를린에서 열린 국제수학자대회의 심사위원들은 앤드류 와일즈에게 상을 주기 위해 요리조리 규칙을 피하느라 머리깨나 써야만 했다. 와일즈는 페르마의 정리를 증명함으로써 20세기 최고의 수학적 업적을 세웠다는 데 일반적인 평가가 모아졌지만, 당시 와일즈는 만 사십을 넘겼기 때문이다(결국 정식 수상자는 아니지만 특별상을 수상했다. ─ 옮긴이).

수학자들도 운동선수처럼 중년과 함께 빛이 바랜다는 이론이 옳지 않다는 것은 이것으로 증명된 셈이다. 노년에 이르기까지 창의성을 잃지 않은 수학자들은 숱하게 많다. 가장 잘 알려진 사람으로는 카를 프리드리히 가우스(1777~1855, 옆 그림)를 꼽을 수 있다.

어쩌면 수학자들을 지휘자와 비교하는 게 타당할지도 모르겠다. 매력적인 일을 하다 보니 뇌세포도 늙지 않고 오래도록 왕성한 활동을 한다는 것이다.

85 수학에서의 동일성이란?

동일성 개념은 연관에 따라 달라진다

수학 문제에서 어떤 것이 핵심이고, 어떤 것은 겉치레에 불과한 걸까? 더 정확히 말해 언제 두 상황이 '같다'는 것인지 이해하며, 둘 다를 이해하기 위해 하나를 확실히 이해하는 데 노력을 집중하려고 한다.

즉, 수학에서 말하는 '동일성'이란 무엇인가? 뜻밖에도 일상에서와 비슷하다. 무엇과 무엇이 '똑같다'의 의미보다는 '어떤 관계 안에서' 같음을 뜻한다고 보면 된다.

뭔가 빨리 메모할 곳이 필요할 때는 수첩이든 맥주컵 받침이든 메모장의 역할만 할 수 있으면 된다. 오늘 저녁 오페라 극장에 간다는 목적과 관련하여 소형차든, 고급 리무진이든, 택시든 오페라 극장에 데려다준다는 점에서는 모두 같다. 물론 비용, 예상 소모시간, 체면유지의 목적 등을 생각하면 동등성 따위는 저멀리 날아가 버린다.

초등수학에서도 상황은 마찬가지다. 아이에게 '다섯'이 무엇인지 설명하려고 할 때 사과 다섯 개를 예로 들 수도 있고 다섯 명의 아이들을 예로 들 수도 있다. '다섯'이라는 면에서 사과와 사람은 동등하다.

이것으로 모든 것이 분명해진 것은 아니다. '5'라는 추상을 엄밀히 정의하려고 할 때 우리는 보통 '수적인 관계에서의 동등성'에서 출발한다. 여기서 '다섯'은 수적인 관계에서 한 손의 손가락 개수와 같은 대상의 총체를 의미한다.

이 원리는 수학의 모든 분야에 통용된다. 기하에서 두 개의 삼각형은 이동, 회전, 반사에 의해 겹칠 수 있으면 같다고 부른다. 확률에서도 마찬가지이다. 우연의 결과를 얻으려 할 때 동전을 던지든 주사위를 던지든 그것은 중요하지 않다(동전 던지기에서의 그림이냐 숫자냐로 정하는 경우와, 주사위 던지기에서 짝수냐 홀수냐로 정하는 경우).

수없이 많은 수학적 대상들에 질서를 부여하기 위해서는 동등성의 개념이 필요한 것이다. 언어에서 개념이 의사소통을 가능하게 하는 것과 같다. 만약 '꽃'이나 '아름다움'이라는 말을 듣고 완전히 똑같은 것을 상상하지는 않지만, 그런 개념의 동등성 때문에 의사소통이 꽤 잘 이루어지는 것이다.

86 마술적 불변

수학과 마술

변하지 않는 것은 있는가? 우리는 무엇을 믿고 의지할 수 있나? 수학자들은 수백 년째 불변량을 찾아 헤매고 있다. 불변량이란 쉽게 말하면 고려 중인 작용에 대해 원래의 값이 변치 않는 것을 말한다.

흔히 볼 수 있는 스카트 카드 한 벌을 예로 들어 보자. 카드를 마구 섞으면 불변량이 개입한다. 우선 카드의 수는 변하지 않는다. 퀸이나 잭의 개수도 그대로다. 그러나 카드를 마구 섞지 않고 일정한 양만큼씩 떼어 위에 쌓는 것만 허용하면(카드를 떼는 횟수는 많든 적든 상관없다) 상황이 달라진다. 이렇게 하면 카드가 놓인 순서가 비교적 변함없이 유지된다. 스페이드 에이스 세 장 뒤에 하트 퀸이 왔다면 카드를 뗀 뒤에도 스페이드 에이스 세 장 뒤에 하트 퀸이 온다.

여기서 주의해야 할 것은 '뒤'라는 표현의 해석이 문제다. 만약 하트 퀸이 카드더미의 맨 밑에 깔려 있다면 스페이드 에이스는 맨 위에서부터 세 번째 카드가 될 것이다. 즉 '뒤'는 카드더미의 맨 밑에서 맨 위로 연결됨도 의미하는 것으로 이해해야 한다.

이런 불변량은 마술트릭으로 사용하기에 좋다. 전체 카드 중 퀸과 킹 여덟 장을 골라내 한 줄로 늘어놓는다. 이때 각 모양의 퀸과 킹의 짝(예를 들어 클로버 퀸과 클로버 킹, 스페이드 퀸과 스페이드 킹)이 정확히 넉 장 뒤에 나오게 한다.

관객 앞에서 이렇게 배열한 카드를 잠깐 보여주면 무작위로 섞어둔 것처럼 보일 것이다. 아무도 야바위라고 의심하지 않을 것이고, 더구나 카드 더미를 몇 번 떼어 쌓으면 카드가 완전히 뒤섞였다고 믿을 것이다.

하지만 우리는 카드 사이의 거리가 불변량이라는 지식을 갖고 마술 시범을 보이는 중이다. 첫 번째 카드보다 네 장 아래는 쌍을 이룬다는 사실 말이다. 끙끙대는 것처럼 연기는 하겠지만 보자기 밑에서나 탁자 밑에서 원 페어를 맞추는 것은 쉽다. 이런 과정을 반복하면 두 번째 원 페어를 만들 수 있다(다만 이번에는 두 카드 사이의 거리는 3이다). 또한 세 번째 원 페어도 (카드 사이의 거리는 2) 마지막 원 페어까지 쉽게 만들 수 있다.

이런 트릭은 혼돈처럼 보이는 가운데 질서가 있다는 점에 착안한 것이다. 수학에서 변하지 않는 것을 찾는 일은 연구에서의 주도동기(主導動機)처럼 되어 있다. 일단 허용되는 변환 모임을 서술하고 나면, 그런 변환에 대해 변하지 않는 양을 찾는 체계적인 탐구가 시작된다. 이런 아이디어는 다양한 기하학 분야에서의 통일적인 원리로써 특히나 중요하다. 수학자 펠릭스 클라인이 1872년에 제안한 것으로 그 이후 연구에 지대한 영향을 끼쳐 왔다.

원리: '차이 mod 카드의 수'는 불변량이다

22장에서 설명한 모듈로 연산을 이용하면 이 원리를 더욱 수학적으로 설명할 수 있다.

> n개의 카드가 차곡차곡 쌓여 있고 이 중 두 장의 카드가 (위에서부터 셌을 때) a와 b의 위치에 있다면 $(b-a)$ mod n은 불변이다. 여러 번 카드를 뗀 뒤에도 (모듈로 n 계산) 위치값의 차이는 변하지 않는다.

> 이렇게 하려면 양수뿐만 아니라 음수에도 모듈로 계산을 적용해야 하지만, 전혀 어렵지 않다. 오늘이 월요일이라면 7일 전에도

월요일이었고 13일 전은 화요일이다. 수학적으로 표현하면 -13 mod 7은 1이다.

이제부터 설명할 예에서는 -7 mod 10이 3임을 이용할 것이다. 예를 들어 10장의 카드가 있는데 하트 에이스와 클로버 잭이 위치 2와 위치 5에 있다고 하자. 즉 차이는 3이다. 위치 2 뒤에서 카드를 뗀다. 그러면 하트 에이스의 위치는 10이 되고 잭은 위치 3으로 옮겨간다. 즉 차이(두 번째 카드의 위치에서 첫 번째 카드의 위치를 뺀 것)는 $3-10=-7$이 된다. 여기에 모듈로 10을 하면 결과는 3으로 처음과 같아진다.

늘어나는 스케치북

마술트릭으로 활용할 수 있는 불변량은 매우 드물다. 이러한 불변량의 가장 큰 장점은 이론에서 중요한 것과 중요하지 않은 것을 구분해낼 수 있다는 것이다. 식상하지 않은 예를 하나 들자면 신축성이 있는, 늘어나는 스케치북을 상상할 수 있다.[*] 이 스케치북에 도형 하나를 그린다. 삼각형, 원, 사각형 여러 개 등 어떤 것이든 상관없다. 이제 스케치북을 잡아당기거나 비틀어 늘어나게 하면 그림은 심하게 뒤틀린다. 작은 원이 큰 원이 되고, 직각은 예각이나 둔각으로 변한다.

그러나 여기에도 불변량이 있다. 원래의 도형 그림에서 임의의 두 점을 연결하는 곡선을 그을 수 있었다면(예를 들어 삼각형이나 원에서는 가능하지만, 사각형이 여러 개인 경우에는 불가능하다) 뒤틀린 도형 그림에서도 가능하다. 즉, '연결성'은 비틀기 변환에 대해 불변이다.

---

[*] 예를 들어 체조할 때 쓰는 고무 밴드를 생각하면 된다.

87 영화관에 간 수학

수학은 영화에서 어떻게 그려지는가?

가끔 영화에도 수학 이야기가 나온다. 이런 영화를 보러 갈 때 수학자들의 마음은 기대 반 두려움 반이 된다. 수학이라는 학문이 식상하게 표현되는 일이 많은 까닭이다. 그럼에도 불구하고 감독이 수학의 어떤 면을 다루었는지 궁금해 한다.

예를 들어 영화 〈스니커즈〉를 보자. 어느 천재적인 수학자가 발견한 공식이 하나 있는데 이것만 있으면 세상의 모든 암호를 해독할 수 있다. 로버트 레드포드가 이끄는 착한 편은 나쁜 편(벤 킹슬리)에게 이 공식을 빼앗으려고 한다.

이 천재적인 수학자는 끔찍하게 죽기 전 어느 학회에 참석하는데, 이 장면에서 그가 하는 발표는 정말 어느 수학회의에서 녹음해온 것 같은 인상을 준다. 작가와 감독이 사전조사를 꽤 했음은 분명한 것 같다. 사람들은 수학을 한 학기라도 들은 사람이면 누구나 자기를 말을 이해할 수 있다는 듯이 말한다. 암호해독에서 수학이 하는 역할이 엄청나게 과장되게 그려져 있지만, 이 영화에서 수학은 다소 잘 표현돼 있다.

수학이 과장되게 그려지는 예는 단순한 제목의 영화 〈π〉에서도 찾아볼 수 있다. 이 영화에서 수 신비주의의 과장은 상상을 초월한다. 영화의 주제는 원주율의 기호 속에 셀 수 없이 많은 비밀이 숨겨져 있다는 것이다. 이 암호들을 제대로 읽어내기만 하면 수많은 현상의 비밀을 알아낼 수 있다는 것인데 아마 은유로 받아들여야 할 것이다. π가 수학의 거의 모든 분야에서 중요한 역할을 하며 π에 관한 풀리지 않은 비밀이 아직도 많이 존재한다는 것은 엄연한 사실이기 때문이다.

수학자들에게 수학적 주제를 다룬 것 중 가장 좋아하는 영화를 뽑으라고 하면 아마 러셀 크로우가 주인공으로 나오는 영화 〈뷰티풀 마인드〉를 뽑을 것이다. 이 영화는 실비아 나사르가 쓴 게임이론가 존 내쉬의 전기를 영화화한 것이다. 이 영화에서 특기할 만한 점은 수학의 감정적인 면을 잘 잡아냈다는 것이다. 영화에서처럼 문제를 해결하고 싶은 충동이 너무 크면 사생활이 위기에 빠질 수 있다.

혹시 수학자와 결혼할 생각을 하고 있는 사람은 아내나 남편이 가끔 다른 세계로 사라질 수 있다는 사실을 염두에 두어야 한다. 생각을 하다 말고 이제 퇴근시간이니 오늘은 그만하자고 자리를 털고 일어나는 수학자는 찾아보기 힘들다.

88 누워 있는 8: 무한

수학자들은 무한을 어떻게 바라보는가?

수학자들은 매일같이 무한을 상대한다. 무한은 여러 가지 형태로 나타난다. 가장 순수한 형태는 숫자를 셀 때 나오는 무한이다. 1 다음에 2, 2 다음에 3, 이런 식으로 계속될 뿐 끝은 없다. 아무리 고집스럽게 기본을 강조하는 사람도 이 형태의 무한에 트집을 잡지는 않는다.

그러나 무한한 양을 새로운 수학적 대상으로 다룰 때는 문제가 다르다. 예를 들어 소수의 집합이라는 것이 존재할 수 있는가? 우주적인 차원의 큰 수일 경우에는 이 수가 소수인지 아닌지조차 알 수 없는데 말이다. 일반적인 견해는 점점 '존재할 수 있다'는 쪽으로 기울고 있다. 반대 진영의 목소리는 점점 작아지고 있다.

응용을 먼저 생각하는 수학자들은 이런 원칙적인 문제에는 별로 관심이 없다. 그들에게 '무한'의 의미는 그저 '다른 것과 비교가 안 되게 엄청 크다' 정도다. 태양의 질량은 달과 비교할 때 무한히 크고, 빌 게이츠의 재산은 우리와 비교할 수 없을 만큼 무한히 많다.

어느 정도 익숙해지면 무한 또한 유한한 크기처럼 계산할 수 있다. 예를 들어 '무한 더하기 유한은 무한'이다. 우리가 빌 게이츠의 물건을 하나 더 팔아준다고 해서 빌 게이츠가 더 큰 부자가 되지 않는다는 말이다. 군함 위에 모기 한 마리가 내려앉는다고 해서 더 무거워지지 않는 것과도 같다.

약간 인위적인 구석도 있지만 이 계산법을 이용하면 단순하게 해결되는 문제가 많다. 예를 들어 지구, 달, 태양의 상호간의 움직임을 계산하려고 할 때 태양의 질량을 무한으로 책정하면 계산이 훨씬 덜 복잡하다.

여기서 이야기하고 있는 문제는 최근의 것이 아니다. 코페르니쿠스가 무한을 끌어들이지 않고는 해결이 불가능한 문제에 직면한 것이 거의 500년 전의 일이다. 지구가 태양 주위를 도는 동안에도 별들의 위치가 변하지 않는 것처럼 보이는 이유를 어떻게 설명할 수 있을까? 코페르니쿠스는 이 문제를 아주 우아하게 해결했다. 그가 내린 결론은 지구 궤도의 지름과 비교하면 지구와 가장 가까운 별 사이의 거리는 무한하다는 것이다. 그러나 이 답은 문제시되던 현상을 설명함과 동시에 엄청난 신학적 문제를 대두시켰다. 우주에 갑자기 신의 자리가 없어진 것이다. 그래서 교회가 코페르니쿠스의 세계관을 받아들인 것은 그로부터 몇 백 년이 더 지난 뒤였다.

'∞'으로 계산하는 방법

수학자들은 '무한'의 기호로 ∞(누워 있는 8)을 사용하며 이것을 특별한 수처럼 생각한다. 만약 '보통' 수를 표시하는 실직선에 무한을 그려야 한다면 '진짜' 수들 중 ∞보다 큰 수는 없다는 것을 표시하기 위해서 실직선의 오른쪽에 점을 찍어야 할 것이다.

그 밖에 일반적인 수에 사용하는 연산을 무한의 계산에 확장하려는 시도도 있다. 앞서 말했듯이 무한 계산에서의 덧셈은 '임의의 수와 무한의 합은 무한이다'로 설명된다.[*] 곱셈에서도 역시 무한과 임의의 양수의 곱은 무한이다. 이 법칙을 공식으로 쓰면 a가 양수일 때 $a \times \infty = \infty$이다. 만일 서툰 금융거래로 빌 게이츠의 재산이 하루아침에 절반으로 줄어든다고 해도 우리와 비교하면 여전히 엄청난 부자인 것과 같다.

그러나 우리에게 익숙한 모든 연산이 다 적용되는 것은 아니니 조심해야 한다. 예를 들어 '보통' 수에 성립하는 소거법칙, 즉, $a + x = b + x$일 때 $a = b$이다(아주 추상적으로 느껴지지만 일상에서 흔히 접할 수 있는 문제

---

[*] 공식으로 쓸 때는 $a + \infty = \infty$라고 쓴다.

다. 만약 A씨와 B씨가 같은 날 40번째 생일을 맞았다면 두 사람은 같은 날 태어난 것이다)는 무한에는 적용되지 않는다.

　만약 덧셈에 ∞도 포함된다면 소거법칙을 포기해야 한다. 예를 들어 $10+\infty=100+\infty$(두 항 모두 합은 ∞이다)이지만, 그렇다고 10과 100이 같다고 할 수는 없다.

89 책에 더 많은 여백을!

페르마의 정리

이미 여러 번 언급한 바와 같이 수학은 다양한 분야에 응용되어 실질적 이익을 가져오기도 하지만, 그 자체로서도 충분히 의미 있는 지적 활동이다. 물론 그러려면 문제가 충분히 매력적이어야 한다.

그 유명한 예가 바로 페르마의 정리다. 거의 400년 전 프랑스의 수학자 바셰가 그리스의 수학자 디오판투스의 '산술'을 라틴어로 번역하였다. 이 책을 읽은 법률가 겸 수학자 피에르 드 페르마(1601~1665)는 $a^2+b^2=c^2$을 만족하는 자연수의 쌍, 즉, 피타고라스 3조가 더 높은 지수에 대해서도 존재하느냐는 질문과 씨름하게 된다. 피타고라스 3조의 예는 셀 수 없이 많다. 수 3, 4, 5가 가장 잘 알려진 예다(9+16=25). 변의 길이가 이런 세 개의 수로 이루어진 삼각형은 볼 것도 없이 직각삼각형이다. 이 사실을 응용하면 집에 정원을 만들 때 기가 막힌 직각을 만들어낼 수 있다.

페르마는 제곱 대신에 세제곱(혹은 네제곱, 다섯제곱……)을 써도 식이 성립하는지의 문제를 제기한다. a, b, c가 정수일 때 방정식 $a^9+b^9=c^9$은 성립할 수 있는가? 페르마는 특정한 지수의 경우(예를 들어 지수가 4일 때)만을 들어 그 불가능성을 증명했을 뿐이지만 그 밖의 다른 수도 마찬가지로 불가능하다는 결론에 이르렀다. 그러나 그가 남긴 것이라고는 당시 연구하던 책의 여백에 쓴 메모뿐이다.

'나는 이 정리를 증명했다. 그러나 이 책의 여백이 너무 좁아 여기 옮기지는 않겠다.'

300년이 넘는 시간 동안 많은 수학자들이 이 문제에 달려들었다. 페르마의 결과가 참임을 증명해내려는 사람도 있었고, 반례를 들어 거짓임을 증명해내려는 사람도 있었다. 페르마의 예상은 아마 수학사에 있어 가장 인기 있는 문제였을 것이다. 이 문제가 거의 컬트의 위상에 오른 데에는 명예욕을 향한 수학자들의 경쟁 심리가 강하게 작용했다. 역대의 석학들도 풀지 못한 문제를 내가 풀 수만 있다면! 하는 것 말이다. 다른 한편으로는 오랫동안 소득 없이 해답을 찾느라 탐구했기 때문에 대수학

의 이해에 큰 발전을 가져왔다.

결국 페르마가 옳았음이 증명되었다. 1998년 영국의 수학자 앤드류 와일즈가 학문 인생을 거의 투자해 연구한 결과로 증명을 완성했다. 그러나 당시 페르마가 단순명쾌한 증명을 했는지의 여부는 영원히 미지수로 남게 되었다. 와일즈와 다른 학자들이 개발한 방법은 매우 복잡해서 당시 페르마가 몇 세기에 걸친 수학의 발전을 뛰어넘었다고 보기는 힘들기 때문이다.

무한강하법

페르마 문제는 어떤 것이 가능하다는 것을 증명할 때와, 불가능하다는 것을 증명할 때의 차이가 얼마나 큰지 알게 해주는 좋은 예이기도 하다. 이것을 지수 4의 경우를 통해 설명해 보겠다. c^4이 정확하게 a^4+b^4과 같은 자연수 a, b, c 가 있다고 가정하자. 먼저 컴퓨터 프로그램을 작성한 뒤 언젠가 컴퓨터가 답을 찾아내기를 기다릴 수도 있다. 일 년이 지나도 소식이 없으면 고심하게 된다. 답은 존재하는데 컴퓨터도 소용이 없을 정도로 너무 큰 수라서 컴퓨터가 찾아내지도 못한 것인지도 모른다.

그러나 정말 답이 없는 경우라면 어떨까? 백 자리 수도 소용없고, 이 세상의 모든 잉크를 다 동원해도 찍어낼 수 없는 큰 수도 소용없고, 아예 그런 수가 존재하지 않는다면? 이럴 경우 문제는 근본적인 차원에서 어려워진다. 이때는 2의 제곱근이 무리수라는 증명(56장)을 할 때 사용했던 전략을 써야 한다. 먼저 2의 제곱근을 분수로 표현할 수 있다는 가설을 세운다. 그리고 설득력 있는 반증이 나올 때까지 계속 논증을 하는 것이다. 결론은 2의 제곱근은 분수로 쓸 수 없다는 것이다.

이 전략은 페르마 정리의 지수가 4인 경우 조금 다른 형태로 이용된다. 정수론의 기초를 조금이라도 아는 사람이라면 종이 한 장 내에서 증명을 마칠 수 있다. 이 방법의 열쇠는 '무한강하', 혹은 원어로 'la descente infinie'로 다음에 나오는 증명의 원리가 된다. 증명해 보여야 할 것은 다음과 같다.

$a^4 + b^4 = c^4$를 만족하는 자연수 a, b, c가 존재한다면
$d^4 + e^4 = f^4$를 만족하며, $f < c$인 자연수 d, e, f도 존재한다.

다르게 표현하면, 어떤 예를 들든지 방정식의 오른쪽 항에 더 작은 수가 온다는 것이다. 그러나 이것은 불가능하다. 가능하다면, 무한히 강하하는(줄어드는) 자연수 열이 있다는 뜻인데, 아무리 큰 수 c에서 시작했더라도 계속 줄어드는 자연수 열에는 고작해야 c개의 수밖에 있을 수 없다는 데 어긋나기 때문이다. 아무리 큰 자연수라도 정말 작은 수를 마음대로 찾을 수 있는 것은 아니다(수 5의 경우에는 4, 3, 2, 1뿐이고, 100,000의 경우에는 좀 더 길게 가기는 하지만 결국은 1까지 내려가고 게임 끝이다).

안타깝게도 페르마 정리에서 이 방법을 적용해 성공적인 결과를 얻을 수 있는 지수는 몇 개 안 된다. 와일즈의 증명에서는 훨씬 깊이 있는 방법이 사용되었다. 그러나 그 증명을 낱낱이 다 이해했다고 자신할 수 있는 수학자는 많지 않을 것이다.

90

수학으로 오장육부를 비추다

컴퓨터 단층촬영(CT촬영)

수학자가 하는 일이 탐정 일과 비슷하다는 것은 이미 수학 시간에 경험했을 것이다. 예를 들어 $3x+5=26$이라는 단서 하나만 가지고 미지수 x를 알아내야 한다. 셜록 홈즈, 부탁해요! $3x+5$가 26이면 $3x$는 21이어야 한다. 즉, x는 7이라는 것이 밝혀진다.

컴퓨터 단층촬영도 차원이 높을 뿐 위 문제와 그리 다르지 않다. 이해를 돕기 위해 평면 위의 도형을 하나 상상하자. 원, 타원, 혹은 사각형 아무 것이나 괜찮다. 이 그림을 유리 가게에 가지고 가서 일 센티미터 두께로 잘라 달라고 한다.

이렇게 해서 생긴 유리 도형의 단면을 빛에 비추어 보라. 만약 원으로 유리 도형을 만들었다면, 중앙보다 가장자리 부분에 빛이 지나가는 부분이 훨씬 적을 것이다. 그래서 중앙 부분은 어둡고(거의 짙은 녹색) 가장자리는 밝게 보인다. 반면에 사각형의 경우에는 옆으로 비춰보았을 때

균등하게 짙은 색의 띠가 만들어진다.

이제 상금이 걸린 문제가 나간다. 여러 방향에서 단층을 관찰했을 때 밝기 분포의 정도만 가지고 어떤 도형인지 알아낼 수 있을까? 놀랍게도 정답은 '그렇다'이다. 그리고 이것이 바로 컴퓨터 단층촬영기술의 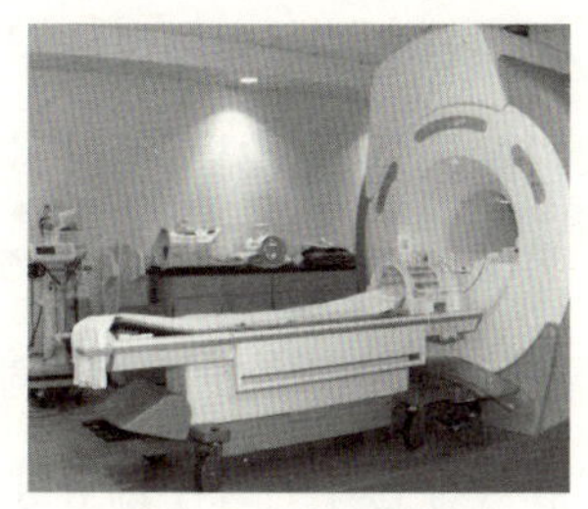 기초가 된다(그림에 보이는 것이 컴퓨터 단층촬영기다). 이 의학적 진단기술도 같은 원리를 사용한다. 우선 사람의 몸을 여러 방향에서 X선으로 비추고 각 방향에서의 흡수치를 측정한다. 그다음은 이 수치로부터 의학적 관심의 대상인 인체 내부의 모습을 삼차원적 영상으로 만들어내는 것이다.

일반적인 이론이 그렇다는 것이지, 자세한 내용은 고통스러울 만큼 복잡하다. 공학, 컴퓨터 테크닉, 상당히 고차원의 수학이 어우러져 빚어낸 기술로 현대 의학의 표준이라고 할 만하다.

1960년대에 시작해 실제로 사용되기까지 걸린 시간은 몇 년 되지 않는다. 이것은 이 기술의 기저에 깔린 수학적 문제가 이미 해결되어 있었기 때문이기도 하다. 거의 100년 전에 이미 수학자 요한 라돈(1887~1956)이 상도 측정만으로, 조명된 대상을 재구성할 수 있는 방법을 제시했던 것이다.

이런 의미에서 컴퓨터 단층촬영기술은 '하이테크'뿐 아니라 '하이매스'의 상징이기도 하다. 아직 속도와 해상도를 개선할 여지가 있어 이 방면의 연구는 오늘도 계속되고 있다.

역 문제

컴퓨터 단층촬영에서 나타나는 문제는 역 문제에 속한다. 역 문제는 다양한 실제에서 찾아볼 수 있다. 예를 들어 지구 중심에서 발원하는 진동을 여러 위치에서 측정하면 지금 어디서 어떤 강도의 지진이 일어나고 있는지 정확하게 계산해낼 수 있다. 비슷한 예로 반사파를 측정하면 지하자원의 위치와 매장량을 알아낼 수 있다.

그런데 역 문제에서 전형적으로 나타나는 문제가 있다. 측정값의 정확도가 결과에 민감한 영향을 끼친다는 것인데, 컴퓨터 단층촬영에서도 나타나는 문제이다. 만일 측정값이 정확하지 않으면 잘못된 진단이 나올 수도 있다(그러나 기술적으로 볼 때 100퍼센트의 정확성은 기대하기 힘들다). 방정식 $0.0001 \times x = a$의 예를 들어 보자. 여기서 수 a는 주어진 수이며 x는 큰 값을 갖는 미지수다. 수학적으로 생각할 때 이 방정식은 아주 쉽게 풀린다. $x = \dfrac{a}{0.0001} = 10000 \times a$이기 때문이다. 그러나 이것이 실제의 응용에서 생긴 문제라면 a값을 정확히 모르는 경우도 있을 수 있다. 만약 길이에 관한 문제라고 했을 때, a값에 1밀리미터의 오차만 있어도 x값에는 10,000배의 오차가 생긴다. 즉 10미터나 오차가 날 수도 있는 것이다.

 침팬지도 이해하는 5분 수학

신경망: 뉴런

수학자는 프랑켄슈타인이다? 과학자들은 이미 수세기 전부터 인간의 두뇌처럼 사고하는 기계를 만들려는 시도를 해왔다. 1960년대에 시작된 신경망 연구는 인간의 사고를 흉내내는 것을 만들자는 목표를 갖고 뇌의 구조와 기능을 모사하려는 진지한 시도였다.

뇌의 기본 구성 단위는 뉴런이다. 뉴런이란 신경계의 중앙 명령 및 제어 구조를 형성하는 자극 전도 세포를 말한다. 인간에게는 이런 세포가 수십 억 개가 있는데, 서로 수없이 시냅스에 의해 연결돼 있다. 컴퓨터에서는 특정한 통제신호의 상태에 따라 입력 신호를 강화하거나 약화하는 논리구조가 뉴런에 해당한다. 통제신호에 어떻게 반응하는지에 따라 다양한 활동이 나타나며, 매개변수를 조정하면 그 가능성은 더욱 다양해진다. 이 구성요소 여러 개를 연달아 가동시키면 엄청나게 다양한 정보처리가 가능하다. 이것을 인공신경망 혹은 뉴럴 네트워크라고 부른다.

그러면 여기에 사용되는 매개변수는 어떻게 선택하는 것일까? 은행에서 대출승인 여부를 결정할 때 쓰는 신용정보(나이, 소득, 재산 등등)에 비유해 보자. 가장 이상적인 인공신경망은 이 정보들을 읽어 들인 다음, 정말 신용이 확실한 사람에게만 대출을 승인할 수 있도록 '예'나 '아니오'의 대답을 내놓는 시스템일 것이다.

이런 네트워크를 만든 후, 신청자에게 신용 카드를 발급할지의 여부를 다른 방법으로 이미 결정한 수많은 경우를 입력하여 시스템을 '훈련'한다. 이 훈련용 예제 모두에 대해 옳은 답을 주도록 매개변수를 조절하자는 것이 아이디어다. 이 작업에서는 ─ 부분적으로 아주 고급 수준의 ─ 수학적 방법이 동원된다. 충분히 훈련하기만 하면 은행이나 컴퓨터에게 전혀 새로운 상황이 닥쳐도 인공신경망이 옳은 결정을 내리게 된다는 것이 희망이자 기대다.

'고전적' 수학에서는 이 방법을 별로 신뢰하지 않는다. 현실에 대응하는 모형을 다루는 과정에서, 다양한 변수 간의 상호 관계를 실제로 이해하지는 못하기 때문이다. 그러나 은행직원의 '육감'과 잘 훈련된 인공신경망 중 과연 어느 쪽의 결정이 더 근거가 있을까라고 질문해 볼 수는 있다.

퍼셉트론

컴퓨터에서 뇌세포의 역할을 하는 것은 무엇인가? 연구 초창기에 나온 아이디어 중 하나가 1960년대에 개발된 퍼셉트론이다. 간단히 말하면 입구로 여러 개의 선이 들어가고 출구로 하나의 선이 나오는 검은 상

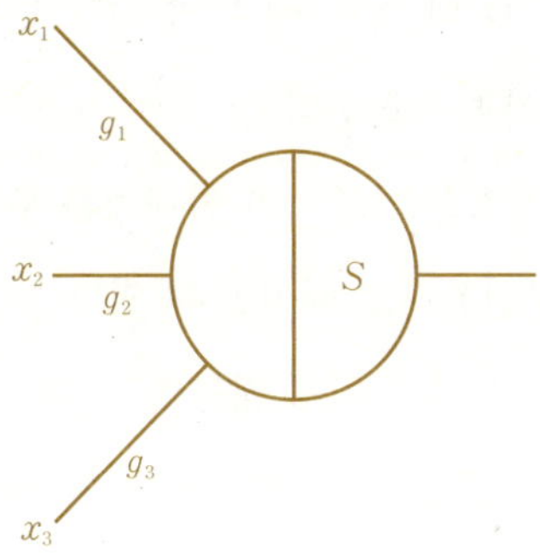

퍼셉트론이 하는 일은 신호 x_1, x_2, ⋯를 가중치 g_1, g_2, ⋯와 곱한 뒤 더한다는 것이다. 그런 다음 그 합, 즉 $g_1x_1 + g_2x_2 + \cdots$이 임계치 s를 넘는지 알아내야 한다. 만약 그 합이 임계치보다 크면 퍼셉트론이 '활성화'되고 결과값은 1이 된다. 그렇지 않은 경우 결과값은 0이다.

예를 들어 입력 신호가 두 개인 경우, s가 1이며 두 가중치가 모두 0.7이라고 해보자. 만일 둘 중 하나의 입력값이 1일 경우(그리고 다른 하나는 0

그림 75 │ 단층 퍼셉트론

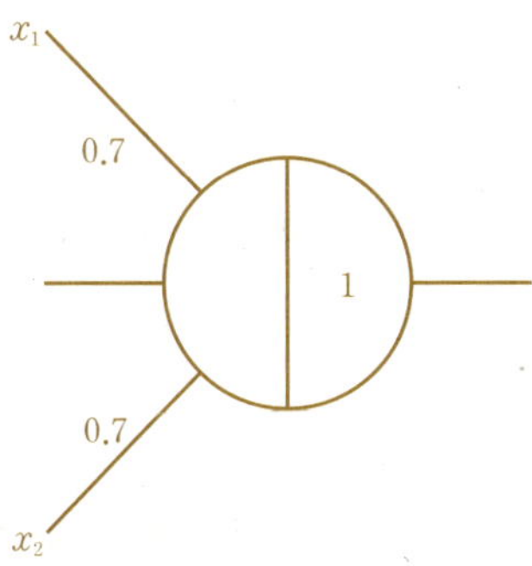

일 경우) 입력값과 가중치의 곱의 합은 0.7로 임계치 1보다 작다. 그러므로 이 경우의 출력값은 0이다. 반면에 두 입력값 모두 1일 경우의 합은 1.4로 이때는 퍼셉트론이 활성화된다.

방금 서술한 상황은 적절한 가중치와 임계치를 부여할 경우 퍼셉트론은 'AND' 게이트를 구현한다고 해석할 수 있다.

퍼셉트론의 능력은 여기서 그치지 않는다. 다음은 학교에서 배운 내용인데 아마 기억하는 사람도 있을 것이다. $ax+by=c$를 만족하는 모든 좌표(x, y)의 집합은 직선이다. $ax+by$를 계산한 결과가 c보다 크면 점(x, y)는 직선으로 구분되는 두 부분 중 어느 하나다.

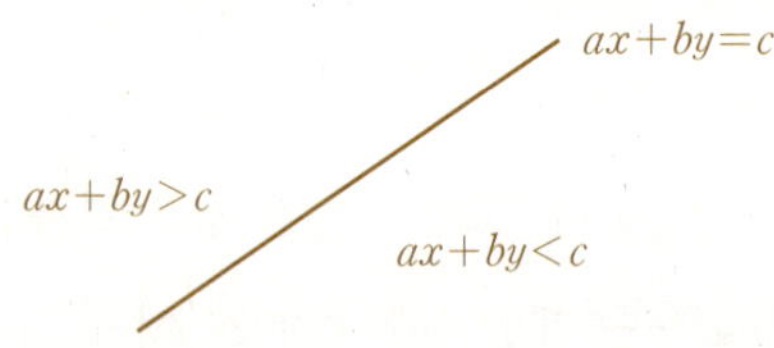

퍼셉트론에서 x, y는 입력 전압을 의미하고, a, b는 가중치이고 c는 임계치라고 해보자. 즉, 퍼셉트론으로 어떤 점이 직선이 구분하는 영역의 어느 부분에 있는지 알아낼 수 있다. 'AND' 게이트를 여러 개 연결할 수 있으므로, 퍼셉트론을 몇 개 연결하여 어떤 점이 주어진 삼각형의 내부에 있으면 1을, 주로 외부에 있으면 0을 주는 미니 두뇌를 구성할 수 있다. 입력 전압을 점의 좌표로 삼으면, 아래 그림처럼 쉽게 만들 수 있다. 다음의 조건일 때 점은 언제나 삼각형 ABC 안에 있다.

"점은 G1(첫 번째 직선)의 오른쪽에 위치한다." AND "점은 G2(두 번째 직선)의 왼쪽에 위치한다." AND "점은 G3(세 번째 직선)의 윗부분에 위치한다."

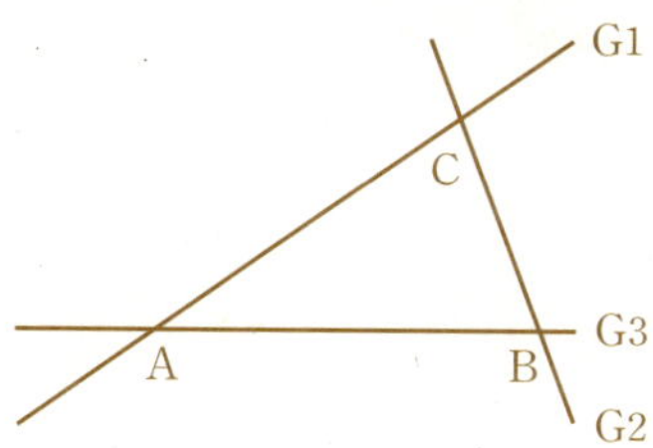

현실에서 제대로 응용할 때에는 수십 개의 퍼셉트론을 연결하는데, 이때도 인공신경망이라는 표현을 쓴다. 입력신호를 위한 올바른 가중치는 컴퓨터를 통한 '시행착오' 방법으로 선택한다. 여기서 '올바르다'는 것은 신호를 입력해서 원하는 결과가 출력되는 것을 뜻한다. 앞의 신용 카드의 예에서, 대출지원자의 근로소득, 부동산 소유 여부, 직장의 안정성 등이 따라줄 때 인공신경망은 1을 출력한다(신용도 OK!). 만약 조건이 안 되는 지원자라면 은행 입장에서는 다시 생각해 볼 것이다.

나는 생각한다, 고로 존재한다

데카르트와 데카르트의 좌표계

르네 데카르트는 보통 사람이 아니었다. 이미 어린 나이에 앞으로의 생을 학문에 바칠 결심을 했다. 1637년의 저작 『방법서설』에는 자신의 철학의 기본 이념('나는 생각한다, 고로 존재한다')이 들어 있을 뿐 아니라 중요한 부록 세 권도 딸려 있는데, 여기서 데카르트는 여러 가지 예를 들어 자신의 방법이 얼마나 생산적인지 보여 주려 했다.

이 세 권의 부록 중 한 권은 기하학에 관한 것이다. 여기에는 이후 수학의 발전에 큰 영향을 끼친 중요한 생각들이 담겨 있다. 그중에서도 가장 주목할 만한 것은 단연 기하와 대수를 통합한 것이다. 데카르트는 기하 문제를 방정식으로 변환할 수 있다는 것을 알았고 방정식의 해를 기하학적으로 해석할 수 있는 경우가 많다는 것도 알았다. 이런 접근법은 문제를 다른 영역으로 옮겨 풀 수 있음을 의미하므로 무척 생산적이었다. 이 방법이 가장 빛을 발하는 것은 아마 원적문제의 불가능성을 증명

할 때일 것이다.* 알려진 바와 같이 원주율 π는 특히 복잡한 수이고**, 자와 컴퍼스만으로 작도 가능한 수는 비교적 단순한 수뿐이기 때문에 기하학적 작도로 원을 같은 면적의 정사각형을 작도하는 것은 불가능하다.

그러나 데카르트의 시대에는 아직 수에 대한 지식이 부족해서 그런 것은 꿈도 꾸지 못했다. 심지어 음수마저도 의혹의 눈으로 바라보았기 때문에 방정식의 근이 양수인지 음수인지에 따라 '진짜 근'이라느니 '가짜 근'이라느니 하는 귀찮은 개념을 다뤄야만 했다.

폭발적으로 발전한 17세기의 자연과학은 데카르트의 기초 작업 없이는 상상도 할 수 없다. 그런 사람이 알고 보면 모든 지식을 독학으로 습득한 비전문적 수학자였다는 사실은 믿기 어렵다.

참고: 학교에서 배워 모두가 알고 있는 '데카르트의 좌표계'는 데카르

---

* 33장 참조.
** 초월수이다. 48장을 참고할 것.

트의 연구에는 나오지 않는다. 18세기에 들어서서야 이전에는 특별한 경우로 여겨졌던 다양한 기하학적 작도를 이런 좌표계를 써서 통합할 수 있다는 것을 깨닫기 시작했다.

피타고라스 정리의 '변환'

여기서는 기하-대수 변환이 어떤 힘을 가지는지 알아보자. 피타고라스 정리를 대수 방정식으로 변환하면 증명이 얼마나 쉬워지는지를 통해 살펴보겠다.

즉 a, b, c를 변으로 하는 직각삼각형에서 유명한 방정식 $a^2+b^2=c^2$이 성립하는지 보겠다. 여기서 a와 b의 길이가 다를 경우 b가 a보다 길다고 가정하자.

그림 79 │ 피타고라스 정리: $a^2+b^2=c^2$

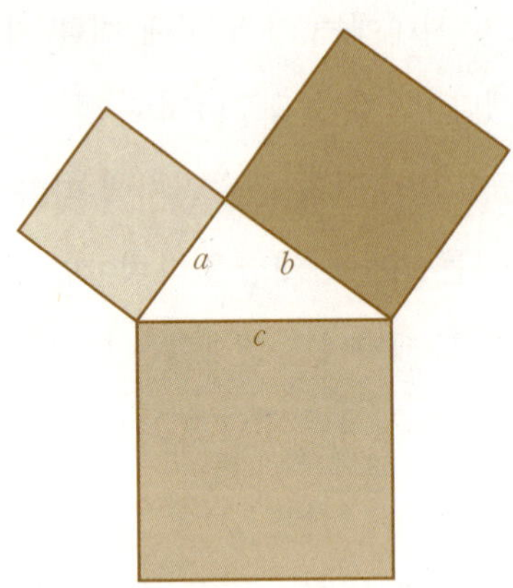

우리가 관심 있는 삼각형 네 개를 한 변의 길이가 c인 정사각형에 내접시키는 것이 증명 비결이다.

네 개의 삼각형이 들어차고 남는 공간에 비스듬히 놓인 작은 정사각형이 하나 생긴다. 그림에서 볼 수 있듯이 이 작은 정사각형의 한 변의 길이는 $b-a$이다. 다시 말하면 큰 정사각형의 넓이는 삼각형 네 개의 넓이 더하기 한 변이 $b-a$인 정사각형의 넓이이다. 밑변과 높이가 a와 b인 직각삼각형의 넓이는 $\dfrac{a\times b}{2}$이므로 공식으로 쓰면 다음과 같다.

$$c^2 = 4\times\frac{a\times b}{2} + (b-a)^2$$

이것으로 이제 대수 영역에 도달했다. $(a-b)^2 = a^2 - 2\times a\times b + b^2$을 기억하면, 다음처럼 증명할 수 있다.

$$c^2 = 4\times\frac{a\times b}{2} + (b-a)^2 = 2\times a\times b + a^2 = a^2 + b^2$$

이렇게 하면 복잡한 기하학적 논증을 간단한 수식으로 대신할 수 있다.

그러나 이 예를 보고 데카르트가 쉬운 문제만 다루었다고 생각하면 오산이다. 오히려 그 반대라고 해야 옳다. '기하학'에서 데카르트가 다룬 문제들은 매우 난해해서 거의 400년이 지난 지금도 어렵게 생각하는 수학자들이 많다.

93 구멍 뚫린 세계?

푸앵카레 추측: '우주의 모양이 도넛모양은 아닐까?'

클레이 수학연구소는 오랫동안 풀리지 않고 있는 난제 일곱 개에 각각 백만 달러의 상금을 걸었다.[*] 일반적인 견해에 따르면 푸앵카레 문제가 가장 빨리 풀릴 조짐이 보인다고 한다. 실제로 이런 일이 일어난다면 반응이 엄청날 것이다. 이 문제에 이를 악물었던 수학자가 한 둘이 아니기 때문이다(현재 푸앵카레 문제는 러시아의 수학자 그리고리 페렐만에 의해 증명되었다. 이 글이 신문에 연재되던 2003년 당시에는 아직 완전히 증명된 것으로 인정받지 못한 상태였다. 페렐만의 증명은 2006년 최종적으로 공인되었고, 이 업적으로 페렐만은 2006년 필즈상 수상자로 선정되었지만 수상을 거부하였다. 그는 그 밖에도 클레이 재단이 주는 백만 달러의 상금을 거부해 화제가 되었다. - 옮긴이).

푸앵카레 문제는 '공간'을 이해하는 문제다. 3차원에 들어가기 전에

---

[*] 57장 참조.

우선 2차원 곡면에 대한 이야기부터 시작해야겠다. 곡면이 공간보다 상상하기 쉽기 때문이다. 세상에는 어떤 종류의 곡면이 있는가? '근본적으로' 다른 곡면은 얼마나 있을까? 두 곡면이 근본적으로 다르다는 것은 그 중 하나를 연속적으로 변형하여 다른 하나 위로 겹칠수 없다는 뜻이다.

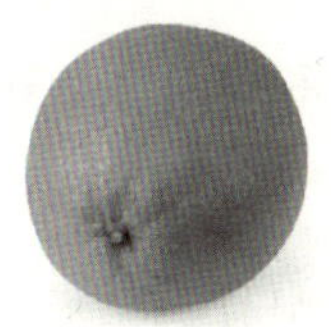

이런 의미에서 오렌지의 표면은 지구의 지표면과 같은 종류라고 할 수 있다. 그러나 구명튜브의 표면은 완전히 다른 종류에 속한다. 모든 종류의 곡면을 분류하는 작업은 이미 19세기에 성공적으로 끝났다.

반면에 삼차원, 즉 공간을 분류하는 작업은 아직 멀었다. 푸앵카레 문제를 설명하기에 앞서 먼저 '단순연결성'이라는 용어를 살펴보자. 집안의 모든 가구와 물건을 내놓고 방문도 떼어내고 현관문을 닫은 뒤 길다란 실을 늘어뜨리고 이 방 저 방 다닌 뒤 실을 양끝을 묶어 매듭을 만들자. 이 실을 계속 잡아당기면 언젠가는 실이 손 안에 다 들어올 때도 있지만, 그림 81의 두 번째 그림처럼 생겼다면 아무리 당겨도 실이 어딘가에 걸릴 수도 있다.

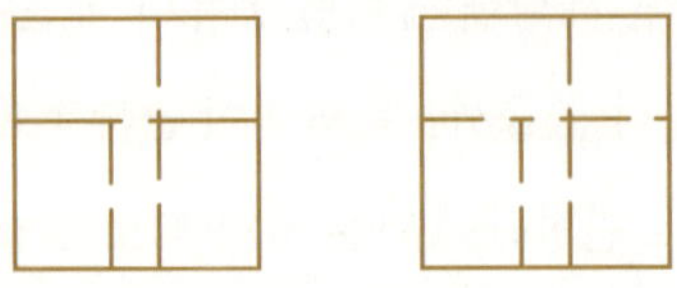

용어 해설로 돌아가자. 왼쪽 그림처럼 절대 실이 걸릴 일이 없는 경우 '단순하게 연결되어 있다'고 한다(이 말은 곡면에도 사용할 수 있다. 예를 들어 구면은 단순 연결돼 있다. 그러나 구멍튜브의 겉면은 단순 연결이 아니다). 푸앵카레는 다소 기교적인 의미로 '너무 크지 않은' 단순하게 연결되는 공간은 오직 하나뿐이라는 가설을 제기했다.

1900년경의 일이었다. 그 이후 공간개념에는 엄청난 발전이 있었지만 푸앵카레 문제는 풀리지 않았다. 다른 더 어려운 분야의 문제들도 다 풀리는 마당에 이 문제가 풀리지 않자 수학계에서는 상당히 불만스러운 분위기였다. 그러나 곧 이 문제도 '미해결'의 딱지를 뗄 것으로 보인다. 이렇게 조심스럽게 표현하는 이유는 러시아의 수학자 그레고리 퍼렐만이 제안한 증명이 아직 낱낱이 검증을 거치지는 않았기 때문이다. 수학자들이 하나의 증명을 받아들일 때는 그 증명을 완전히 속속들이 파헤치고 나서 아무 의심도 남지 않을 때다. 이번 증명에 대한 전문가들의 견해는 낙관적이지만 최종결정이 날 때까지는 다소 시간이 걸릴 것으로 보인다.[*]

그러나 그 기다림은 값지다. 페렐만의 생각이 열매를 맺는다면 원래

---

[*] 현재 수학계에서는 받아들이고 있다.

문제와는 비교할 수도 없는 큰 성과가 기대되기 때문이다. 푸앵카레 문제가 풀리면 미국의 수학자 윌리엄 서스턴이 1970년대에 예측한 대로 모든 잠재적 공간의 건축계획이 완성될 것이고, 그렇게 되면 여덟 개의 기본 구성요소로 된 공간을 구성할 수 있게 된다. 이제까지 서스턴 프로그램의 현실화에 기여한 사람은 페렐만이 처음이라고 할 수 있다.

푸앵카레 문제의 해결이 세계 구조를 더 잘 이해하는 데 도움을 줄 가능성이 크다. 19세기 수학자들이 발전시킨 기하학에 대한 이해가 아인슈타인의 상대성이론 연구에 큰 도움이 되었듯, 푸앵카레 문제의 해결도 언젠가는 우주 전체를 설명하는 데 중요한 몫을 할 것이다. 하지만 어떤 일이 일어날지는 두고 봐야 한다. 국소적으로는 우주가 삼차원이라는 것이 자명하고, 우주를 경계가 없으면서 유한한 것으로 보는 이론도 나오고 있지만, 우주가 단순 연결이라는 가정을 이론과 실험으로 뒷받침해 주는 작업이 필요하다.

복소수는 이름처럼 복잡하지 않다

복소수

일상에서 흔히 접하는 수는 제곱하면 양수가 된다. 3 곱하기 3은 9이고, 마이너스 4 곱하기 마이너스 4도 양수, 즉 16이다. 따라서 제곱해서 음수인 수를 상상하기는 힘들다.

이는 몇 백 년 전 다항 방정식을 푸는 문제를 체계적으로 연구하면서 수학자들을 상당히 비탄에 잠기게 하였다. 문제의 답은 뜻밖의 놀라운 부분과 지극히 평범한 부분으로 이루어져 있다. 이제까지의 지식으로 풀 수 없는 방정식을 풀기 위해서는 더 큰 수의 영역으로 옮겨가야 한다는 것은 별로 놀랍지는 않다.

아마도 학교에서 비슷한 일을 했던 적이 있음을 기억할 것이다. 아무리 구구셈을 잘 해도 $x+3=1$의 x를 구할 수는 없다. 정답 $x=-2$를 구하기 위해서는 음수가 무엇인지 먼저 알아야 하기 때문이다. 사실 음수는 빚, 영하의 온도 따위를 계산할 때 등에 필요한 실용적인 수다.

복소수에서도 마찬가지이다. 방정식을 생각하다 도무지 답이 없는 문제에서 음수를 만들어냈던 것처럼, $x^2+1=0$과 같은 방정식을 풀다 보면 복소수에 이르게 된다. 제곱하여 -1인 수를 도입해야만 풀릴 수 있는 것이다.

뜻밖의 놀라운 부분이라는 것은 다음과 같다. 모든 음수의 제곱근을 포함하는 이 새로운 영역의 수는, 모든 다항 방정식을 풀 수 있다는 상쾌하고도 놀라운 성질을 갖는다는 것이다. 따라서 좀 더 복잡한 방정식을 풀기 위해 복소수 이상으로 확장할 필요는 없다.

이 모든 사실은 이미 18세기와 19세기에 알려졌다. 그 이후로 수학자, 물리학자, 공학자들은 복소수를 마치 일반인들이 3이나 12 다루듯 하게 되었다. 복소수는 평면의 점으로도 표시할 수 있다. 원칙적으로 보면 일상에서 사용하는 수와 별로 다를 것이 없는 수가 복소수이다.

그러면 복소수는 반드시 필요할까? 그렇다. 회계사에게 음수가 필요하듯 수학, 공학, 물리학에서 복소수는 필수적이다.

하지만 복소수에 능통해지기 위해서는 약간 친해지는 시간이 필요하며, 매일 만나는 문제를 푸는 데에는 꼭 필요하지 않다는 것은 사실이다. 게다가 '복소수(complex number)'나 '허수(imaginary number)'라는 이름 자체부터 이 세상의 것이 아닌 것 같은 느낌을 주므로, 수학자 입장에서 마케팅에는 재앙이다. 어쨌거나 복소수가 혼란스러운 이들도 걱정할 필요가 없다. 베르토 무질은 『생도 퇴를레스의 혼란』에서 그 혼란을 잘 묘사해냈다.

혼란…….

"조금 전의 그 말 이해했니?"

"뭐?"

"허수에 대한 것 말이야."

"응, 별로 어렵지 않아. 허수단위가 −1의 제곱근이라는 것만 알면 되잖아."

"바로 그게 문제야. 그런 수는 세상에 없잖아……."

"맞아. 하지만 그렇다고 해서 음수에 제곱근 계산을 하지 말라는 법도 없지."

"하지만 완전히, 수학적으로도 완전히 불가능한 일인 걸?"

—베르토 무질, 『생도 퇴를레스의 혼란』 중에서

복소수에 관한 요점정리

다음의 사실만 알고 있으면 복소수를 문제 없이 다룰 수 있다.

1. 복소수는 평면의 점으로 표시할 수 있다.

일반적인 좌표평면 위의 한 점을 가정하자. 다음의 좌표에는 점$(2, 3)$이 표시되어 있다.

자, 이제부터는 평면 위의 점이 아니라 복소수가 주인공이다. 좌표 위의 점(x, y)는 $x+y \times i$로 쓴다. 방금 나온 점$(2, 3)$도 '수' $2+3i$가 된다. 좀 생소하지만 여기서 중요한 것은 점$(12, 14)$와 같이 일반적인 점을 숫자$(12+14i)$로 표시할 수 있고, 반대로 복소수를(예를 들어

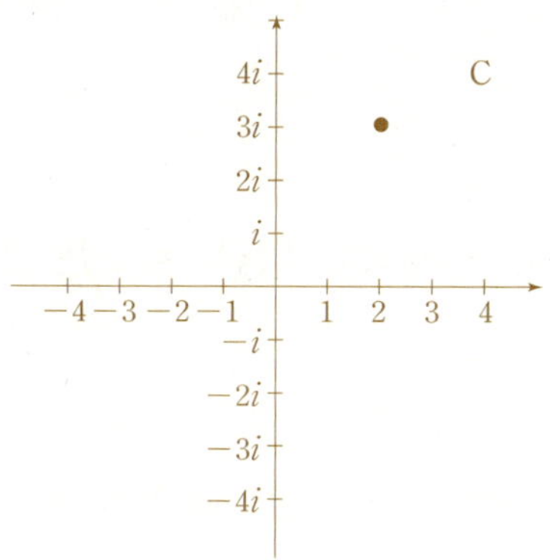

$3+2.5\times i$) 점으로$(3, 2.5)$ 표시할 수 있다는 사실이다.

2. 복소수의 연산도 가능하다.

복소수의 덧셈은 다음과 같다. 예를 들어 $2+3i$ 더하기 $7+15i$를 계산하려면 i가 들어있는 부분과 들어 있지 않은 부분을 따로 덧셈한다. 즉, $2+7=9$, $3+15=18$이므로 답은 $9+18i$이다. 같은 원리로 $-6+3i$ 더하기 $-3+2.5i$는 $-9+5.5i$이다. 예는 이 정도로 충분하리라 생각한다.

곱셈에서는 규칙 하나만 외우면 된다.

"학교에서 배운 대로 곱셈을 하되, $i\times i$가 나오면 -1로 대체하라."

예제로 $3+6\times i$와 $4-2\times i$를 곱해보자. 보통 하는 대로 곱셈을 하면 $12-6\times i+24\times i-12\times i\times i$가 된다. 위의 규칙에 따르면 $-12\times i\times i$는 $-12\times(-1)$, 즉 12로 대체된다. 그러므로 답은 다음의 복소수다.

$$12-6\times i+24\times i+12=24+18\times i$$

i와 i의 곱이 -1이라는 것은 복소수의 특이한 점이다. 즉 — 학교에서 배우는 수와는 달리 — 복소수 영역에서는 방정식 $z^2 = -1$의 답을 구할 수 있다.[*]

3. 복소수에서는 1차, 2차, 3차 방정식 등 모든 방정식의 해를 구할 수 있다.

이 말의 뜻은 아무리 높은 차수의 대수 방정식이 나와도, 더구나 계수가 실수든 복소수든 방정식을 만족하는 복소수 해가 있다는 것이다. 예를 들어 $z^{10} - 4z^3 + 9.2z - \pi = 0$을 만족하는 $z = x + y \times i$ 꼴의 수가 반드시 존재한다. 이 사실이 의미하는 것은 생각보다 크다. 예를 들어 공학자가 전자회로나 거대한 레이더 안테나의 주파수 상태를 연구할 때 이런 복소수 해는 시스템이 안정적인지 아닌지 알려 주는 지표가 된다.

어떤 대수 방정식이든 풀 수 있다는 것은 복소수의 가장 큰 장점이다. 이 아이디어는 17세기에 처음으로 제기되었는데, 처음으로 엄밀한 증명을 한 사람은 위대한 카를 프리드리히 가우스였다.[**]

---

[*] $z^2 = z \times z$로 복소수에서도 일반적인 표기방식을 따른다.

[**] 25장 참조.

판화가 모리츠 에셔와 무한성

모리츠 에셔의 쪽매맞춤

네덜란드의 판화가 모리츠 코르넬리스 에셔의 작품은 전문 화가들에게 그리 높은 평가를 받지 못한다. 이 평가의 타당성에 대해서는 여기서 왈가왈부할 일이 아니다. 그러나 에셔의 작품은 여러 가지 면에서 수학적 흥미를 자아내며, 모두 기하학적이라는 것은 논란의 여지가 없다.

첫 번째로 흥미로운 점은 소위 쪽매맞춤(평면도형을 서로 겹치지 않으면서 빈틈이 없게 모으는 것)이라는 것인데, 하나의 패턴을 끊임없이 반복하며 평면을 분할하는 기법을 말한다. 예를 들어 정사각형을 하나 그린 뒤 마치 무한히 펼쳐지는 체스 판처럼 사방으로 퍼지게 하는 것이다. 예술적으로 칠하거나, 반사시키거나, 한쪽에서 일부를 떼 내어 다른 쪽에 붙이는 등 지루한 반복을 피할 수 있다. 그리고 정사각형뿐 아니라 삼각형, 평행사변형, 사다리꼴, 육각형을 이용하는 등 평면을 쪽매맞춤하는 방법은 상당히 많다.

에셔는 마치 수학자가 하듯이 다음과 같은 방법으로 이 문제에 접근했다. '실제로 얼마나 다양한 가능성이 존재하는가? 이 가능성들은 어떻게 표현할 수 있는가?' 에셔는 수학자가 아니었지만 그 가능성들을 완벽하게 분류해 냈고, 자신의 작품 속에 그 결과를 고스란히 담았다. 비슷한 문제를 연구했던 한 수학자는 에셔가 내놓은 결과에 놀라움을 금치 못했다.

에셔의 시도에서 또 하나 놀라운 것은 무한의 표현이다. 아무리 캔버스가 크다고 해도 평면 쪽매맞춤의 일부만이 나타나는 셈인데, 에셔는 이 문제를 해결하기 위한 두 가지 방법을 찾아냈다. 그 첫 번째는 평면에서 경계가 없는 면으로 이동한 것이다. 예를 들어 구면에 쪽매맞춤을 해서 경계에 구애받지 않고 패턴이 이어지도록 했다. 두 번째 방법은 19세기 수학의 성과를 활용한 것으로 그는 이 방법을 수학자 콕세터에게서 배웠다고 한다. 우리가 보기에 유한한 평면에 무한을 조형해내는 비유클리드 기하학에서 힌트를 얻었다. 이렇게 해서 생겨난 것이 그 유명한 뱀과 물고기 패턴이다.

그밖에 에셔의 '불가능한' 그림에 대해서도 언급을 해야겠다. 예를 들면 유한한 나선형 계단이 끊임없이 위로 연결되는 작품이 있다. 일부씩만 들여다보면 이상할 것이 하나도 없어 보인다. 그런데 이 부분들을 하나의 전체로 바라보면 현실적으로 불가능한 그림이 되어 버린다.

'국소성'과 '대역성'의 상호작용으로서 수학적 설명을 한다고 해도 지각심리학에서 다루어야 할 몫으로 남는 부분이 있다. 에셔의 그림을 보다 보면 우리의 눈이 일반적으로는 이미 사전처리된 메시지를 조용하고 야단스럽지 않게 의식으로 보낸다는 게 분명해진다.

에셔 패턴 만들기

직접 에셔 식의 패턴을 만들어보고 싶은가? 벽지나 포장지에 사용할 수 있도록 한 면을 가득 메우는 모티브를 구상해 보자. 얼마든지 많은 모티브의 가능성이 있지만 오래 전부터 알려진 바에 의하면 패턴의 구성방법은 딱 28개가 있다(이 방법들 모두 에셔의 그림에서 찾아볼 수 있다).

다음은 전문용어로 기본유형 CCC라고 하는 것인데 상대적으로 간단한 패턴이다. 우선 C라인이 무엇인지부터 알아야 한다.* C라인은 점 A와 B를 연결하는 곡선으로, 선분 AB의 중점 M을 지나며, M을 중심으로 곡선을 180도 회전하면 완전히 똑같은 곡선일 때를 말한다. 다음은 C라인의 몇 가지 예다.

그림 84 │ 세 개의 C라인

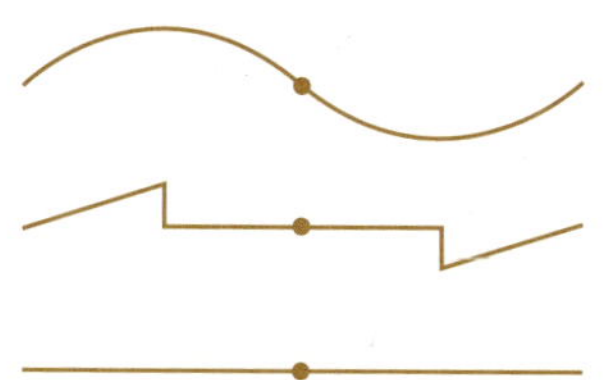

이제 상상력을 동원할 차례다. 종이 한 장을 찾아 P, Q, R 세 점을 찍은 뒤 점들을 C라인으로 연결한다. 하나는 P에서 Q로, 하나는 Q에서 R로, 다른 하나는 R에서 P로 연결한다. 한껏 창의력을 발휘해 선을 그린다. 그리고 아무 색이나 골라 선이 만들어낸 영역 — 이 영역을 F라고

---

* C라인의 'C'는 중심(Center)을 뜻한다.

부르자―을 칠한다. 해보면 알겠지만 F로 종이를 빈틈없이 채울 수 있다. F를 복사해서 모양대로 자른 뒤 아귀가 맞게 붙여보자. 말이 필요 없다. 다음 그림의 예를 보자.

F가 천사나 악마, 물고기 모양을 닮게 그려졌다면 에셔의 그림과 상당히 비슷해 보일 것이다.

기본유형 CCC가 너무 복잡하게 느껴진다면 연습용으로 TTTT 유형을 시도해볼 수 있다.* 먼저 평행사변형 그리기로 시작한다. 네 개의 점에는 왼쪽 아래에서부터 시작해 시계반대방향으로 A, B, C, D의 이름을 붙인다. 그리고 마음 내키는 대로 선을 그려 A와 D를 연결한 뒤, 똑같은 선을 오른쪽으로 반복해서 그려 B와 C도 똑같은 선으로 연결한다. 그다음에는 다른 선을 하나 생각해내어 A와 B를 연결하고 위로 옮겨, D와 C 사이도 같은 모양의 선으로 연결한다. 이렇게 하면 그물 비슷한 패턴이 생긴다. 이제 이것을 좌우, 위아래로 필요한 만큼 연장해 평면을 가득 메우면 된다. 구성 원리 덕분에 모양이 서로 겹치거나 틈이 생기는 일 없이 아귀가 잘 들어맞는다. 다음의 두 가지 예를 보라.

---

* 여기서 'T'는 평행이동을 뜻한다.

96 2보다 1로 시작하는 경우가 훨씬 많다

벤포드 법칙

숫자로 가득한 표를 보면서 시작하는 숫자가 고르게 분포되어 있지 않은 것을 이상히 여긴 적이 있는가? 원래는 1, 2, …의 숫자가 평균적으로 고르게 나와야 할 것 같은데 대부분의 경우는 그렇지가 않다. 이것이 바로 물리학자 프랭크 벤포드(1883~1948)의 이름을 딴 벤포드 법칙이다. 여기서 법칙이라는 말은 뉴턴의 운동법칙에서처럼 딱딱한 의미는 아니다. 뉴턴의 법칙은 정말 반드시 지켜져야 할 자연의 법칙을 서술한 것인 데 반해 벤포드의 법칙은 현상을 질적 방법으로 설명하려는 시도 정도로 이해해도 된다.

이 법칙은 '우연은 자취를 남기지 않는다'라는 테마의 변형이라고 할 수 있는데, 이해를 위해 먼저 주사위 게임을 가정하자. '놀이판' 위에는 '0', '1', '2' 등의 숫자가 차례대로 씌어 있다. 출발점은 '0'이고, 주사위를 던져 나온 수만큼 말을 앞으로 움직인다. 만약 '1', '6', '2'가 차례대로 나왔다면 말은 '1'에서 '7'(=1+6)로, '7'에서 다시 '9'(=7+2)로 이동한다.

그렇다면 말이 예를 들어 '101'에 놓이게 될지 '102'에 놓이게 될지 그 가능성을 예측하기란 쉬운 일이 아니다. '꽤 큰' 숫자들 위에 놓일 가능성은 똑같이 크기 때문이다. 설령 주사위에 속임수가 있다고 해도 게임이 어느 정도 진행된 후에는 주사위의 위치를 예측하기가 힘들어진다.

다시 벤포드의 법칙으로 돌아가자. 방금 말한 주사위 게임에서는 덧셈적 우연의 영향력이 문제가 되었다. 그러나 일반적으로 어떤 크기에 영향을 끼치는 것은 곱셈적 요인이다(예: 강수량이 두 배가 되면 급수량도 두 배가 된다. 여기서 '2'는 더하는 것이 아니라 곱해야 한다). 그러나 곱셈을 덧셈으로 바꾸는 방법이 있다. 로그를 거치면 곱셈 문제가 덧셈 문제로 바뀐다. 이 말은 곱셈적 우연의 영향을 받는 수들의 로그값은 균등하게 분포되어 있어야 한다는 말이다. 그러면 원래 값 자체는 '2'보다 '1'로, 그리고 '3'보다 '2'로 시작하는 경우가 많다는 뜻이다(다른 수에도 적용된다).

왜 그런 걸까? 두 자리 숫자를 생각해 보자. 밑이 10인 로그로 1과 2 사이의 수는 10부터 100까지의 수다.(10의 로그가 1이고, 100의 로그가 2이므로) 하지만 20의 로그는 대략 1.3이므로 로그값이 1과 2 사이인 수 중에서 거의 30퍼센트가 10부터 19까지의 수를 나타낸다. 30의 로그는 대략 1.5이므로 2로 시작하는 두 자리수는 로그에서 고작 20퍼센트다(1.5−1.3=0.2이므로). 90대의 숫자에 이를 때쯤에는 90의 로그가 대략 1.95이므로 9로 시작하는 두 자리 숫자는 2.0−0.95=0.05=5%에 그친다.

믿어지지 않는가? 그러면 예를 들어 속으로 네 자리 수를 하나 생각하

라. 그리고 그 수 앞에 '1'을 붙여라. 이제 이 다섯 자리 수를 '구글'에서 검색해 보라. 이번에는 원래의 숫자 앞에 '1' 대신 '2'를 붙인 뒤 검색하라. 이런 식으로 계속하면 검색결과의 수가 계속 줄어드는 것을 볼 수 있을 것이다. 아무리 의심 많은 사람도 믿을 수밖에 없을 것이다.

구글 실험

벤포드는 도서관에서 로그표를 열심히 관찰하다가 이 법칙을 발견했다고 한다. 당시는 복잡한 곱셈을 하기 위해 로그표를 많이 사용하던 때였다.* 관찰을 해보니 낮은 숫자로 시작하는 페이지가 높은 숫자로 시작하는 페이지보다 훨씬 닳아 있더라는 것이다. 벤포드는 이 문제를 체계적으로 연구하기 시작했고 결국 이 법칙을 탄생시켰다. 앞서도 말했지만 이것은 진짜 '법칙'이 아니다. 여기서 시도한 것도 이 현상을 이해하기 위한 설명의 가능성 중 하나일 뿐이다.

그러나 이 현상이 존재한다는 사실에는 의심의 여지가 없다. 다음은 2005년 12월에 무작위로 뽑은 수 3972 앞에 1에서 9까지의 숫자를 붙인 뒤 '구글'로 검색한 실험 결과다. 검색 결과와 이론값(백분율, 절대값)을 표로 정리하면 다음과 같다.

검색한 숫자	13972	23972	33972	43972	53972
검색 결과	389,000	232,000	136,000	117,000	71,400
퍼센트	30.1	17.6	12.5	9.7	7.9
이론상의 결과 값	346,000	203,000	144,000	112,000	91,000

---

* 36장 참조.

검색한 숫자	63972	73972	83972	93972
검색 결과	65,300	44,600	54,100	42,300
퍼센트	6.7	5.8	5.1	4.6
이론상의 결과 값	77,000	68,000	59,000	53,000

실측값은 벤포드의 법칙이 예상한 것보다 표의 처음에 약간 크고 마지막에 약간 작다. 그러나 관측된 결과는 질적인 면에서 이론을 상당히 잘 확인시켜 준다고 할 수 있다.

97 라이프치히 시청과 해바라기

황금비와 피보나치 수열

황금비는 수학에서 가장 중요한 수에 속한다. 잊어버린 사람을 위해 기억을 환기시키자면 긴 변 대 짧은 변의 길이가 변의 합 대 긴 변의 길이와 같을 때의 변의 비율을 황금비라고 한다. 정확한 값을 알려면 짧은 변을 1로 놓고 긴 변을 x로 해서 x값을 구하면 된다. 즉, $\dfrac{x}{1} = \dfrac{1+x}{x}$ 의 식이 나온다. 각 항에 x를 곱한 뒤 이항을 하면 이차방정식 $x \times x - x - 1 = 0$이 만들어지고, 이차방정식의 근의 공식을 이용해 계산하면 $x = \dfrac{1 \pm \sqrt{5}}{2}$ 가 나오는데 그중 양수는 하나이고 근사값은 $1.6180\cdots$이다.

황금비가 적용된 직사각형은 특히 아름답다는 말을 종종 한다. 이 주장이 옳은지는 모르겠지만 건축에서 황금비를 많이 사용하는 것은 사실이다. 고대 그리스 사원에서부터 근대 건축물에 이르기까지 설계도에는 황금비가 자주 등장한다(예를 들어 라이프치히 시청의 탑의 위치에는 황금

비가 적용되었다). 하지만 우리가 일상 생활에서 만나는 종이 규격은 대체로 A 계열이다 (A4 용지, A3 용지 등등). 이 규격의 종이를 반으로 접으면 다시 원래의 종이와 비례가 같으므로 짧은 변 대 긴 변의 비율은 1:1.414…, 즉 2의 제곱근이다.

황금비의 중요성은 수학의 거의 모든 분야에서 튀어 나온다는 데에서도 알 수 있다. 원래가 기하학 문제에서 출발해 생겨난 수이기 때문에 기하학에서 많이 쓰이는 것은 당연한 일이다. 그런데 신기하게도 수에 대한 고찰을 하다 보면 이 수를 만나게 된다. 예를 들어 그 유명한 피보나치 수열을 살펴보자. 피보나치 수열은 1, 1, …으로 시작한다. 그 다음에는 1과 1을 더한 수 2가 오고, 그다음에는 2와 1을 더한 수 3, 이런 식으로 앞의 두 수를 더한 수가 그다음 수가 된다. 1, 1 다음에는 2, 3, 5, 8, 13, 21…이다. 여기서 이웃하는 두 수의 몫이 점점 황금비에 가까워진다. $\frac{21}{13}=1.615…$만 돼도 상당히 정확한 근사치다.

피보나치 수열은 해바라기 씨의 배열에서처럼 종종 자연에서 발견되기도 한다. 혹시 옆에 줄자가 있다면 자신의 몸에서 황금비를 찾는 여행을 떠나 보자. '팔꿈치에서 손끝까지의 길이' 대 '팔꿈치에서 손목까지의 길이'는 인체에서 찾을 수 있는 수많은 황금비 중 하나일 뿐이다.

하지만 이런 결과들은 섣부른 추측의 세계로 직행하는 경험이 있다. 어쩌면 그림(Grimm) 동화에 나오는 긍정적 인물과 부정적 인물의 비율이 황금비일지도 모르는 일이다.

연분수

황금비는 다른 견지에서도 흥미로운 수다. 이번에는 근사치에 대해 알아보자. 원래 분수가 아닌 수에 가까운 분수를 찾으면 아주 편리하게 사용할 수 있다. 이런 분수는 분모와 분자가 작은 것이 좋고, 또한 되도록 정확한 근사치를 나타낼 수 있어야 한다. 예를 들어 분수 $\frac{22}{7} = 3.14285\cdots$ 는 소수점 이하 다섯자리까지가 3.14159인 원주율 π의 좋은 근삿값이다. 이집트인들은 이미 2,500년 전에 이 수를 알고 있었다. 응용할 때에도 대부분의 경우 이보다 더 정확한 값은 필요하지 않다.

최적의 근사치는 연분수라는 것을 써서 구할 수 있다. 약간 번잡한 방법으로 생겨난 분수인데 정확한 활용법은 다음과 같다.

연분수는 대괄호 속에 든 자연수의 유한한 수열로 표시한다.

표기	계산
$[a_0]$	a_0
$[a_0,\ a_1]$	$a_0 + \dfrac{1}{a_1}$
$[a_0,\ a_1,\ a_2]$	$a_0 + \dfrac{1}{a_1 + \dfrac{1}{a_2}}$
$[a_0,\ a_1,\ a_2,\ a_3]$	$a_0 + \dfrac{1}{a_1 + \dfrac{1}{a_2 + \dfrac{1}{a_3}}}$
$[a_0,\ a_1,\ a_2,\ a_3,\ a_4]$	$a_0 + \dfrac{1}{a_1 + \dfrac{1}{a_2 + \dfrac{1}{a_3 + \dfrac{1}{a_4}}}}$
...	...

이것이 너무 추상적으로 느껴지는 사람을 위해 구체적인 예를 몇 개 들겠다.

$$[3,\ 9]=3+\frac{1}{9}=\frac{28}{9}$$

$$[2,\ 3,\ 5,\ 7]=2+\cfrac{1}{3+\cfrac{1}{5+\cfrac{1}{7}}}=\frac{266}{115}$$

어떤 숫자를 가장 최적의 연분수로 근사시킬 경우, 연분수 내의 수의 개수가 많을수록 근사치는 더 좋아진다. 이는 첫 번째 뒤의 숫자는 모두 연분수가 나타내는 분수의 분모에 나타나는데, 개수가 많아질수록 분모가 더 빨리 증가하여 더 정확한 근사값을 주기 때문이다.

다시 황금비 이야기로 돌아가자. 이 수는 재미있게도 무리수 중에서 연분수로 근사치를 낼 때 가장 안 좋은 조건을 가진 수다. 어떤 수를 분수로 표현할 때 주어진 정확도 내에서 근사하는 데 상대적으로 많은 개수의 수가 필요하기 때문이다. 사실 가장 정확한 근사치를 낼 수 있는 연분수가 [1], [1, 1], [1, 1, 1], [1, 1, 1, 1], …이기 때문이다. 이 사실은 소위 KAM이론에서 중요한 역할을 한다.[*] 이 이론에 의하면 황금비의 주파수 비율을 가진 진동시스템이 작은 변화에는 대단히 둔감하다고 한다.

---

[*] KAM은 이 이론을 개발한 세 수학자(콜모고로프, 아놀드, 모저)의 이니셜을 딴 것이다.

　인터넷에서 유행하는 수수께끼가 하나 있다. 직접적으로는 아니지만 피보나치 수열과 관계가 있는 문제다. 다음 그림에 보면 네 부분으로 나누어진 삼각형이 있다. 부분들의 위치를 바꾸고 나니, 똑같은 삼각형인데 갑자기 조각 하나가 사라졌다.

그림 86 | 사각형은 어디로 갔나?

　답은 다음 페이지에 나온다.

파치올리 이십면체

이탈리아의 수학자 루카 파치올리(1445~1517)는 황금비와 플라톤의 입체* 사이의 재미있는 연관관계를 발견했다.

두 변의 길이가 황금비인 똑같은 직사각형 세 개를 준비한다. 즉, 직사각형의 한 변은 다른 변보다 1.618배쯤 길어야 한다.

이 직사각형들을 서로 관통하도록 끼워 맞춘다. 나무판으로 된 것을 사용할 경우 약간의 톱질이 필요하다. 이제 깜짝 놀랄 준비를 하라. 직사각형들의 모서리들을 실 같은 것으로 서로 연결하면 플라톤의 입체 중 하나인 정이십면체가 생긴다.

그림 87 │ 파치올리의 이십면체

이 발견은 55장에서 다룬 '가장 아름다운 공식'처럼 수학의 분야들이 신비한 방식으로 서로 통한다는 사실을 보여 준다.

---

* 　정다면체를 말한다.

수수께끼의 답

조각들을 움직일 때 조각 하나가 사라지거나 더 나타나거나 하는 이유는 이 도형이 사실은 삼각형이 아니기 때문이다. 윗쪽의 도형은 거의 삼각형처럼 보이는 '꽉 찬' 도형이지만 '빗변' 부분이 살짝 패여 있다. 아랫쪽의 도형은 그 부분이 약간 부풀어 있다.

더 설득력 있는 증거를 원한다면 다음을 살펴보자. 큰 붉은 삼각형의 기울기는 $\frac{3}{8}=0.375$이고, 작은 붉은 삼각형의 기울기는 $\frac{2}{5}=0.4$이다. 여기 등장하는 수 2, 3, 5, 8은 피보나치 수열에 등장하는 수들이다. 그리고 $\frac{2}{5}$와 $\frac{3}{8}$이 서로 이웃하는 수라는 것은 피보나치 수열로부터 만들어진 분수가 황금비에 수렴하는 관계에 있다는 것을 뜻한다.

 침팬지도 이해하는 5분 수학

암호화 이론

같은 이해나 관심을 가진 사람에게 정보를 전달해야 할 필요성은 삶의 모든 분야를 관통하는 사실이다. 재즈 음악가들은 즉흥연주를 위한 화

음을 서로에게 어떻게 이해시킬까? 커플은 어떻게 상대방에 맞춰 탱고를 출 수 있는가? 지금 막 계산하려고 계산대에 올려놓은 이 물건의 일련번호는 무엇인가? 수학에는 이런 문제만 모아서 다루는 부호이론이라는 분야가 있다. 정확히 말하면 정보를 '최적'의 상태로 포장하는 것을 연구한다. 여기서 '최적'은 상황에 따라 다른 것을 의미할 수 있다.

예를 들어 메시지를 보내는데 전달 도중에 오류가 생겨 읽을 수 없게 되더라도 수신자가 그 내용을 이해할 수 있게 하려면 어떻게 해야 할까? 아주 단순한 해결책으로는 같은 메시지를 한 다섯 번쯤 반복해서 보내는 방법이 있다. 다섯 번을 보냈는데, 그때마다 하필이면 같은 위치에

오류가 생겨 읽지 못하게 되는 일은 드물기 때문에, 수신자는 이로부터 메시지를 읽을 수 있다.

이 방법의 단점은 아주 비경제적이라는 것이다. 더 우아한 해결책도 있다. 이 방법을 사용하려면 (컴퓨터 작업에서는 언제나 그렇듯이) 전달하려는 기호를 0과 1의 비트열로 변환해야 한다. 각각의 기호가 이런 10개짜리 비트열로 되어 있다고 해보자. 주어진 비트열에 1이 짝수번 나오는지 홀수번 나오는지에 따라 0이나 1을 비트열의 끝에 추가한다. 그러면 수신자는 추가된 비트가 앞의 메시지와 맞지 않을 경우 오류가 발생했다는 것을 알 수 있다. 이렇게 하면 불과 10퍼센트의 부가노동으로 전송 상태를 통제할 수 있게 된다. 그러나 막상 오류가 났다는 것을 알아도 정확히 어디에 오류가 생겼는지, 어떻게 복원해야 하는지 알 수 없다는 것이 이 방법의 큰 단점이다. 그러나 이 문제들은 다른 세련된 방법으로 해결이 가능하다.

부호이론의 첨단기술은 오류투성이의 전송채널에서도 메시지가 확실하게 전달되는 데에서 빛을 발한다. 수신한 메시지는 올바른 거라고 거의 믿을 수 있다. 부호이론의 전형적인 성공사례는 먼 우주탐사선에서(예를 들면 화성에서) 보내온 전송사진이다. 그렇게 고차원은 아니지만 이 기술은 CD플레이어에도 사용된다. 아끼는 CD에 흠집이 나도 음악을 재생할 수 있는 것은 다 부호이론 덕분이다.

오류 정정 부호: 제어 비트와 해밍 부호

비트열의 꽁무니에 매다는 제어 비트로는 어딘가 한 곳에서 오류가 발생했다는 사실만을 알 수 있다. 만일 앞서 말한 방법으로 01100001011이라는 메시지를 전송받았다면 뭔가 잘못됐다. 메시지에 1이 짝수 번 나왔는데 메시지 뒤에 따라온 제어 비트가 0이 아니라 1이기 때문이다.

이런 단순한 테스트만으로도 충분한 경우가 있다. 예를 들어 슈퍼마켓의 계산대에서 스캐너가 바코드를 잘못 읽으면 '삐' 소리가 나며 물건을 다시 스캔하라고 알려 준다.

그러나 어디에서 오류가 났는지 정확하게 알아야 하는 때도 있다. 오류 발생 위치를 알면 오류를 정정해 원래대로 복원할 수도 있다.

손쉽게 사용할 수 있는 첫 번째 오류 정정 부호는 1948년 R. W. 해밍에 의해 만들어졌다. 해밍의 자가 정정 부호라는 아이디어는 정말 획기적인 것이었다. 0과 1로 이루어진 네 개짜리 비트열을 가지고 설명을 해보겠다. 일반화시켜 $a_1 a_2 a_3 a_4$라고 부르자. 예를 들어 0110이라면 $a_1 = 0$, $a_2 = 1$, $a_3 = 1$, $a_4 = 0$이다. 여기에 세 개의 제어 비트가 따라붙게 된다. 이것을 a_5, a_6, a_7이라고 부르자. 규칙은 다음과 같다.

- a_1, a_2, a_4에서 1이 홀수번 나오면 $a_5 = 1$이다. 그렇지 않은 경우 $a_5 = 0$이다.
- a_1, a_3, a_4에서 1이 홀수번 나오면 $a_6 = 1$이다. 그렇지 않은 경우 $a_6 = 0$이다.
- a_2, a_3, a_4에서 1이 홀수번 나오면 $a_7 = 1$이다. 그렇지 않은 경우 $a_7 = 0$이다.

이 7개짜리 비트열 $a_1 a_2 a_3 a_4 a_5 a_6 a_7$을 전송한다. 위의 예에서는 이 경우 보내야 할 메시지 0110이 0110110으로 확장된다. 예를 들어 마지막 0은 a_2, a_3, a_4(즉 1, 1, 0)에 1이 짝수번 나오기 때문에 붙은 것이다.

무슨 이점이 있는 걸까? 비트 한 개가 잘못 전송되어 0과 1이 바뀌었다고 치자. 오류가 없었다면 $a_1a_2a_4a_5$, $a_1a_3a_4a_6$, $a_2a_3a_4a_7$에 각각 1이 짝수번 나와야 할 것이다. 만일 a_1에서 오류가 났다면 $a_1a_2a_4a_5$과 $a_1a_3a_4a_6$에서 1이 홀수번 나오고 $a_2a_3a_4a_7$은 문제가 없을 것이다. 즉 홀수, 홀수, 짝수의 패턴이다. 다음은 다른 비트에 오류가 났을 때다.

- a_2 오류: 홀수, 짝수, 홀수.
- a_3 오류: 짝수, 홀수, 홀수.
- a_4 오류: 홀수, 홀수, 홀수.
- a_5 오류: 홀수, 짝수, 짝수.
- a_6 오류: 짝수, 홀수, 짝수.
- a_7 오류: 짝수, 짝수, 홀수.

이렇게 하면 $a_1a_2a_4a_5$, $a_1a_3a_4a_6$, $a_2a_3a_4a_7$의 어디에서 1의 수가 잘못되었는지 알아봄으로써 오류가 난 비트를 정확하게 검출, 정정, 복원할 수 있다.

예를 들어 보자. 0110110이 전송 도중 1110110으로 바뀌었다. $a_1a_2a_4a_5$, $a_1a_3a_4a_6$, $a_2a_3a_4a_7$, 즉 1101, 1101, 1100에서 1의 개수를 세어 본다. 1의 개수는 홀수, 홀수, 짝수이다. 그러므로 오류는 첫 번째 비트에서 난 것이다.

이 방법을 사용하면 심지어 별로 중요하지 않은 a_5, a_6, a_7이 잘못 전송됐는지의 여부도 알 수 있다. 이런 경우 전송채널이 영 믿을 만하지 못하다는 정보를 얻을 수 있을 것이다.

해밍 코드에서는 한 개보다 많은 비트가 잘못된 것은 알아내지 못한다. 다른 더 발전된 오류 정정 부호를 쓰면 비트열이 얼마든지 길든 상관없이 두 개, 세 개, 그 이상의 오류를 찾아내 정정할 수 있다. 이 기술은 CD의 재생에 있어서 절대적으로 중요하다. 100퍼센트 흠집 없는 CD를 제조하는 것은 엄두조차 못낼 만큼 어렵기 때문이다.

네 가지 색이면 충분하다

사색문제

종이에 지도를 그릴 때 밑그림을 그린 다음 색칠을 하면 더욱 그럴 듯해 보인다. 국경이 접해 있는 나라들을 구분하기 위해서는 각 나라마다 서로 다른 색을 칠해야 할 것이다.

이렇게 하려면 서로 다른 색깔의 물감이 몇 개나 필요할까? 지도에 표시된 나라 수만큼의 물감이 있다면 아무 문제도 없을 것이다. 그러나 모든 나라들이 다 접경하고 있는 것은 아니기 때문에 필요한 색깔의 수는 생각보다 훨씬 작다. 여기에 필요한 색깔의 수는 딱 네 가지다. 현명하게 칠한다면 네 가지 색이면 충분하다.

이 사실은 이미 19세기에 알려졌다. 그러나 수학자들이 실험적 결과에 만족하는 경우는 드물다. 수학자들은 아무리 많은 나라가 아무리 복잡하게 얽혀 있어도 네 가지 색이면 충분한지 증명을 찾기 시작했다.

많은 사람들이 노력을 기울였지만 문제는 호락호락한 것이 아니었다.

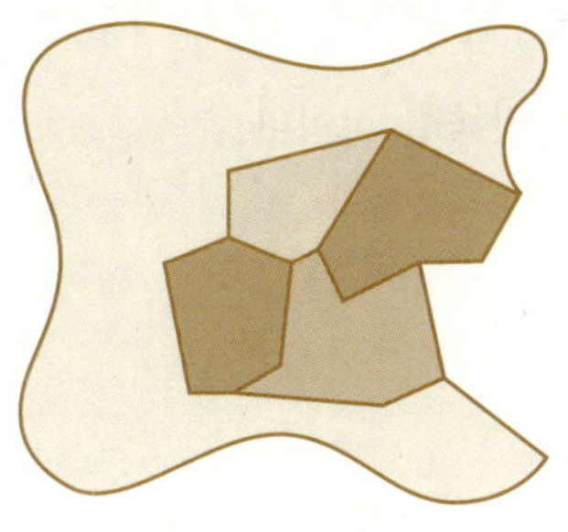

이 문제의 증명이 확실하게 된 것은 1976년 일리노이 대학의 케네스 아펠라 볼프강 하켄에 의해서였다. 일리노이 대학 수학과에서 온 엽서 소인을 보면 '4색이면 충분하다'고 쓰여 있다. 그리고 결과는 '네 가지 색이면 충분하다'였다.

그러나 증명에 약간의 불만스러운 점이 있었다. 그래서 수학자들 사이에서 뜨거운 논쟁거리였다. 전체적으로 증명에 의심이 가는 곳은 없지만 중요한 부분을 컴퓨터에게 맡겨야 했던 것이다. 문제가 된 부분의 계산은 인간이 하기에는 너무 복잡한 것이었다. 오랫동안 종이와 연필로만 증명을 해 온 수학자들은 이 새로운 상황(아마도 곧 익숙해져야 할)에 불편한 심기를 드러냈다. 아무리 좋은 컴퓨터 수백 대가 증명을 확인시켜 준다고 해도 스스로 문제를 해결하며 깨닫는 즐거움은 어디에도 비할 수 없기 때문이다.

실용적인 응용에만 관심이 있는 사람에게는 사색문제가 별로 흥미가 없을 것이다. 사실 그림 그리는 프로그램에 보면 거의 모든 가능한 색깔이 다 준비되어 있다. 이 문제도 '소수는 무한히 많이 존재한다'나 '원주율 π는 초월수이다' 류에 해당하는 셈이다. 사색정리의 매력은 '네 가지 색이면 나라가 아무리 많든 상관없이 언제나 가능하다'라고 쉽게 진술할 수 있음에도 오랫동안 증명하기 어려웠다가, 마침내 해결됐다는 데 있다. 아마 언젠가는 컴퓨터에 의존하지 않는 증명을 누군가 제시할 것이며, 그때는 모두가 만족할 것이다.

지도와 그래프

사색문제는 수학자들이 문제를 다룰 때 얼마나 핵심에 집중하는지를 잘 보여 준다. 어느 나라의 국경이 어떻게 생겼는지는 전혀 수학자들의 관심사가 아니다. 중요한 것은 '두 나라가 접경하고 있는가?'이다. 그래서 지도 색칠 문제는 곧 그래프 색칠 문제로 바뀐다. 종이에 각 나라를 표시하는 점을 찍고, 두 나라가 국경을 공유하는 경우 두 점 사이를 선으로 연결해 보자.

점과 모서리의 체계를 수학에서는 그래프라고 부른다.[*] 지하철 노선

그림 89 | 독일 그래프

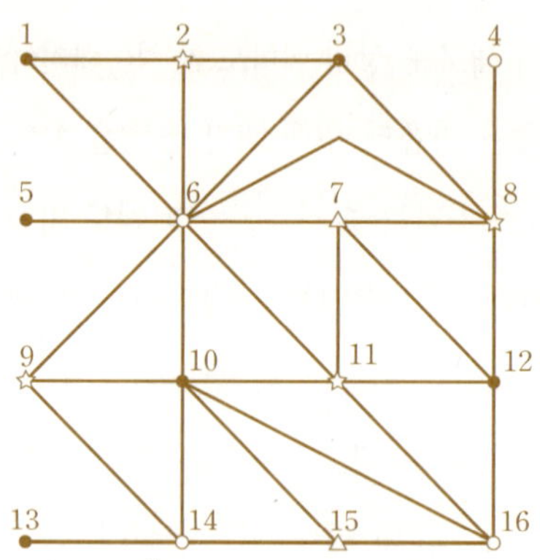

------

[*] 이 그래프는 학교에서 배운 함수 그래프와는 아무 상관이 없다.

도나 컴퓨터의 순서도 등 수학 외에도 많은 분야에서 쓰인다.

그림 89는 독일의 16주를 그래프로 나타낸 것이다.

다음 표에는 그림의 숫자가 어떤 주를 표시하는지 나와 있다.

1. 함부르크	2. 슐레스비히 홀슈타인	3. 메클렌부르크 퍼폼먼	4. 베를린
5. 브레멘	6. 니더작센	7. 작센 안할트	8. 브란덴부르크
9. 노르트라인 베스트팔렌	10. 헤센	11. 튀링엔	12. 작센
13. 자아란트	14. 라인란트 팔츠	15. 바덴 뷔르템베르크	16. 바이에른

문제는 이제 '연결선의 처음과 끝에 절대 같은 색이 오지 않도록 점들을 네 가지 색으로 칠할 수 있는가?'로 바뀐다.

위의 독일 그래프에는 이미 4가지 다른 모양으로 구분이 되어 있다.

농부의 고민: 염소, 늑대, 배추

다음의 단순한 문제에서도 그래프를 이용해 문제를 쉽게 해결할 수 있다. 이 수수께끼를 들어본 적이 있는가?

농부가 염소, 배추, 늑대*를 작은 배에 태워 강을 건너려고 한다. 그런데 배가 너무 작아서 '승객'은 한 마리(혹은 한 개)씩만 태울 수 있다. 굳이 설명하지 않아도 알 만한 이유로 염소와 양배추(혹은 늑대와 염소)를 함께 강가에 남겨 두어서는 안 된다.

어떻게 이동해야 할까? 문제를 적당한 말로 바꾸면 답이 한눈에 보인다. 이제부터 농부와 그의 친구들이 있는 강가를 '왼쪽 강가'로 부르자.

---

* 어떤 버전에서는 늑대가 아니라 무서운 개로 나오기도 한다.

이들은 늑대나 염소가 사고를 치는 일 없이 '오른쪽 강가'로 이동하려
고 한다.

　가능한 이동상황을 나타내기 위해 종이 위에 점을 찍고 점 옆에 각
'승객'의 첫 글자를 쓰자. 10가지 경우가 가능하다. 다음 그림에 나오는
ϕ는 12장에서처럼 공집합을 의미한다. 모두 오른쪽 강가로 이동했다는
것을 뜻한다. 점이 왼쪽에(혹은 오른쪽에) 찍혀 있다는 것은 농부가 왼쪽
강가에(혹은 오른쪽 강가에) 있다는 뜻이다. 예를 들어 왼쪽 그룹의 위에
서 두 번째 점은 농부가 염소를 데리고 왼쪽 강가에(즉, 늑대와 배추는 오
른쪽 강가에) 있다는 것을 의미한다. 있어서는 안 되는 경우는 모두 뺐다.
예를 들어 오른쪽 그룹의 점 중에 '염늑배'(원문에는 ZWK: Z는 염소, W
는 늑대, K는 배추의 첫 글자다. - 옮긴이)가 있어서는 큰일 난다. 염소, 늑
대, 배추는 오른쪽에 있고, 농부는 왼쪽에 있다는 뜻이므로 먼저 죽임을
당할지 배추가 먼저 먹힐지 알 수 없는 일이다. 그래서 오른쪽 편에는
'염늑배'가 없다.

　이제 가능한 경로를 살펴보자. 농부가 아무 위험 없이 강을 건널 수
있는 경우 선을 그어 연결한다. 예를 들어 '염늑배'(왼쪽 위)에서 '늑배'
(오른쪽)로 연결하는 것은, 늑대와 배추를 남겨 두고 농부가 왼쪽에서 오
른쪽으로 배를 저어 간다는 뜻이다. 이때는 아무에게도 해를 끼치지 않
는다. '염늑배'로부터 오른편에 나오는 다른 경우로 갈 수는 없음을 눈
치챘길 바란다. 다른 경우로 갈 경우 적어도 하나 이상의 승객을 옮겨야
하는데 이 문제의 조건에서 금지하고 있기 때문이다.

　그래프 언어로는 다음과 같이 문제를 정리할 수 있다. 아무도 다치지 않
고 왼쪽 맨 위(＝모두 왼쪽에 있다)에서 오른쪽 맨 위(＝아무도 없다)로 이동

하는 것은 가능한가? 가능하다. 어떻게 가능한지 다음 그래프를 보고 읽으
면 된다.

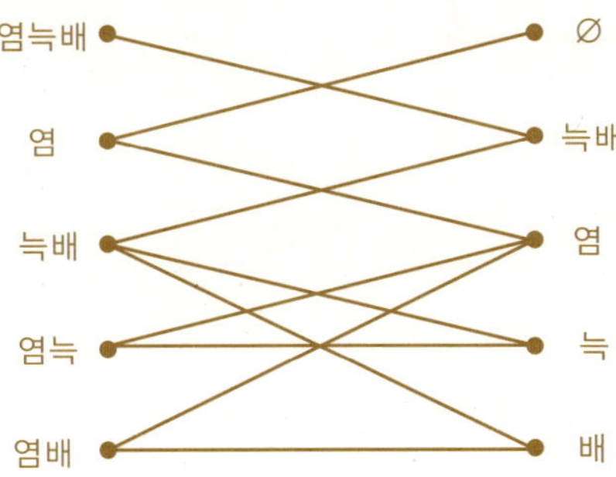

그림 90 | 농부 문제의 그래프

구글 알고리즘

'구글'이 주식시장에 뛰어들었을 때 창립자인 세르게이 브린과 로렌스 페이지는 그날 이후 세계에서 가장 부자인 사람들 명단에 오르게 됐다.

이들처럼 되고 싶은 사람이 제일 먼저 해야 할 일은 아마 거대한 컴퓨터를 사서 세상의 모든 웹사이트의 목록을 만드는 일일 것이다: 현재 그 수는 약 이백 억 개에 달한다.[*] 각 사이트마다의 중요한 용어를 정리한 목록도 있어야 한다. 분명 아주 많은 시간을 투자해야만 가능한 일이지만, 유능한 프로그래머 팀이라면 해낼 수 있다. 당연히 제일 힘든 일은 컴퓨터에게 떠넘긴다.

이 작업을 성공적으로 끝냈다고 해도 자동적으로 경쟁력 있는 검색엔진이 만들어지는 것은 아니다. 인터넷의 규모가 어마어마하게 크기 때

---

[*] 이 수가 얼마나 큰 수인지 상상할 수 있게 예를 들자면, 북극에서 남극까지의 거리를 지구표면 위로 재면 이백억 밀리미터이다.

문이다. 예를 들어 'USA'와 '허리케인'에 관한 모든 인터넷 사이트를 찾으라고 하면 찾을 수는 있다. 문제는 찾는 것이 아니라 찾은 결과를 보여주는 방식이다. 보통 십만 개 내지 수백만 개의 결과가 나오는데, 이 사이트들을 다 둘러볼 만큼 시간이 많은 사람은 없다. 정보를 찾는 사람은 당연히 '중요한' 결과가 맨 앞에 놓이기를 기대한다. '구글링'을 자주 하는 사람은 구글이 이 문제를 얼마나 잘 해결했는지 알 것이다. 보통은 페이지를 많이 넘기지 않아도 원하는 정보를 바로 찾을 수 있다.

중요한 것은 '중요하다'의 정의를 올바로 내리는 일이다. 구글은 한 사이트의 중요성을 측정하는 기준으로 얼마나 많은 사이트들이 이 사이트를 링크했는가를 본다. 각 사이트를 점으로 나타내고, 화살표의 꼬리의 사이트가 화살표 머리의 사이트를 링크한 경우 두 점 사이에 화살표를 그려 주면, 인터넷은 이백 억 개의 점과 그보다 몇 배는 더 많은 화살표들로 가득 찬 그림이 된다. 그중 아주 작은 일부를 떼어내면 다음 그림처럼 보인다.

그림 91 ┃ 링크의 그물

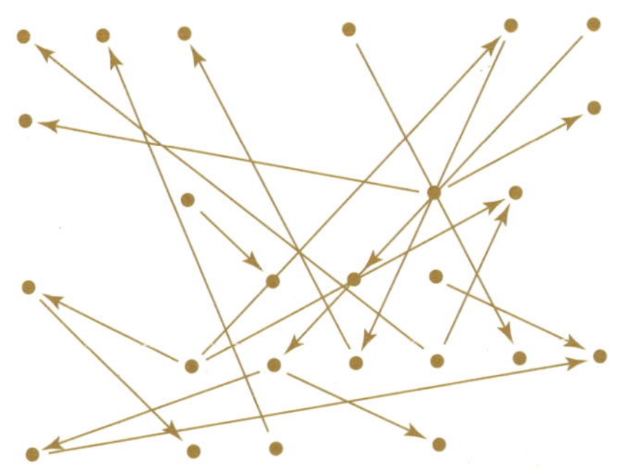

많은 화살표를 받았다면, 특히 중요한 사이트로부터 화살표를 받았다면, 그 사이트는 '중요한' 사이트가 된다. 각 사이트를 1, 2, …으로, 그 중요성을 W_1, W_2, …으로 표시하면 이 수들 사이의 연관성을 알아볼 수 있다.

만일 사이트 5가 사이트 2를 링크했고 사이트 5가 전부 해서 링크 세 개를 가지고 있다면 사이트 2는 사이트 5의 중요성의 $\frac{1}{3}$을 '대물림'한다. 사이트 7도 사이트 2를 링크했을 수 있다. 만약 사이트 7이 열 개의 링크를 가진다면 'W_7 나누기 10'이 된다. 그 외에 사이트 2를 링크한 사이트는 없다고 가정하자. 그러면 다음의 방정식이 나온다.

$$W_2 = \frac{W_5}{3} + \frac{W_7}{10}$$

보통 웹사이트들은 이보다 훨씬 많은 링크를 가지기 때문에 계산도 더 복잡하다. 전체적으로는 이백억 개의 미지수 W_1, W_2, …에 대한 이백억 개의 방정식 체계라고 할 수 있다.

이 계산은 학교에서 배운 수학으로는 할 수 없다. 많은 이들이 고작해야 미지수가 두 개인 연립방정식 정도밖에 다루지 않았을 것이다. 그러나 이 문제는 전문가들도 표준적인 방법으로는 다루기가 쉽지 않다. 몇몇 최적화 문제에서처럼 수십만, 심지어 수백만 개의 미지수 체계라고 해도 마찬가지이다.

그러나 죽으라는 법은 없다. '무작위 산책'이라고 부를 만한 다른 방법이 하나 있다. 인터넷 중독자가 한 사람 있다고 하자. 출발점은 www.mathematik.de이다. 인터넷 중독자는 출발 사이트에서 아무 링크나 하나 고른 뒤 그 사이트로 이동한다. 이동한 사이트에서도 아무 링크나 하나를 선택해 '파도타기'를 한다. 클릭! 이로써 WWW를 통한 무작위 산책이 시작되었는데, 논리적인 결과에 따르면 '더 중요한' 사이트가 '덜 중요한' 사이트보다 더 자주 방문된다. 재미있는 것은 방문 빈도수가 위에서 설명한 공식을 비교적 만족한다는 것이다. 요약하면, 한 사이트의 중요성은 가상의 인터넷 서퍼가 백분율로 따졌을 때 얼마나 빨리 그 사이트에 도달하느냐에 따라 결정된다.

구체적인 계산을 하려면 원래 문제의 답보다 그다지 더 쉽지 않을 것 같다. 아주 정확하게 계산하자면 그렇지만, 소수 다섯 자리까지의 대략적인 답만 내놓는 데는 몇 시간이면 될 것이다.

이 정도만 되어도 훌륭한 서치엔진이다. 이미 중요한 정도를 알아냈으니까 나머지는 알아서 하게 두면 된다. 일단 'USA'와 '허리케인'이 들어간 인터넷 사이트를 모두 찾아, 중요한 순서대로 출력하면 된다.

이상이 구글 메커니즘에의 대략적 접근이다. 자세한 사항은 복잡할 뿐 아니라 코카콜라의 제조법만큼이나 기밀이다. 추측해볼 수 있는 한 가지 개선책은 가상의 서퍼가 링크가 전혀 없는 사이트에 들어갈 경우이다. 이때를 대비해 서퍼는 서핑을 할 때마다 특정 확률 P로 지금 있는 사이트를 떠나 인터넷의 아무 사이트에서나 다시 서핑을 시작하도록 되어 있다(우리가 직접 그렇게 해야 한다면 막막해서 더 힘들지도 모르지만 모든 인터넷 사이트의 목록을 가진 구글 시스템의 경우 별반 문제되지 않을 것이다). 항간에 떠도는 소문에 의하면 구글이 사용하는 확률 P=15퍼센트라고 한다. 실제 실험에 의해 얻어낸 성공적인 수치가 아닐까 싶다. 또한 구글은 '구글폭탄'(Google bombing)을 막으려고 갖은 노력을 기울인다고 한다. 이것은 사이트의 가치를 높이기 위해 인위적인 방법으로 링크 수를 늘리는 것을 말한다.

　또한 구글의 경쟁자들도 구경만 하고 있는 것은 아니다. 사이트의 '중요성' 문제에 대한 새로운 이론과 계산법을 개발하는 데 모두들 혈안이 되어 있다. 사실 사용자와 검색어의 조합에 따라 '중요성'은 완전히 다른 것을 의미할 수도 있는 일이다. 하지만 이런 복잡한 문제와 더불어, 구글처럼 검색 결과를 1초도 안 되어 내놓을 수 있느냐는 문제도 남아 있다.

[1] 『수학적 마술 *Mathematische Zaubereien*』 마틴 가드너, 두몽출판사, 2004.

[2] 『염소 문제 *Das Ziegenproblem*』 게로 폰 란도우, 로로로 사이언스 (7.50유로).

[3] 『디스코르시 *Discorsi e Dimostruzioni Matematiche, intorno a due nuove scienze*』 갈릴레오 갈릴레이, 1638.

[4] 『0의 역사 *The nothing that is: A natural history of zero*』 로베르트 카플란, 캄푸스 출판사, 2000.

[5] 『원론(스토이케이아) $\Sigma \tau o \iota \chi \epsilon \tilde{\iota} \alpha$』 유클리드.

[6] 『자연철학의 수학적 원리 *Philosophiae Naturalis Principia Mathematica*』 아이작 뉴턴, 1687.

[7] 『수학 아닌 것은 없다 *Alles Mathematik*』 에르하르트 베렌츠, 마르틴 아이그너 공저, 피벡출판사, 2002.

[8] 『수의 힘 *Die Macht der Zahl*』 언더우드 두들리, 비르츠호이저 출판사, 1999.

[9] 『수의 마술 *Die Magie der Zahlen*』 하로 호이저, 헤르더슈펙트룸 출판사, 2003.

침팬지도 이해하는 5분 수학

『침팬지도 이해하는 5분 수학』을 번역할 때 독일에 갈 일이 있었다. 베렌츠 교수는 내가 다니던 학교의 교수이고, 직접 특강을 들은 적도 있어서 내게는 그리 낯설지 않았다. 마침 물어볼 것도 있고 해서 학교로 찾아갔다. 위층으로 올라가니 베렌츠 교수의 연구실 문이 활짝 열려 있었다. 여름이라 더워서 열었는지 상담시간이라 열어놨는지 모르겠지만 문이 열려 있는 것을 보니 왠지 반가웠다. 베렌츠 교수는 내가 의무 상담을 받으러 온 학생인 줄 알고 앞에 와서 앉으라고 눈짓을 했다. 하지만 내가 이름과 방문한 목적을 말하자 얼른 일어나 다가와서 악수를 청했다. 그리고 책장에서 다른 언어로 번역된 『침팬지도 이해하는 5분 수학』을 꺼내와 보여 주었다. 영어, 일본어를 비롯해 여러 나라 책이 있었다. 베렌츠 교수는 한국어로 책이 하루빨리 그 옆에 놓이기를 기대하는 눈치였고, 나는 한국판은 그림도 더 크고 책도 더 예쁘게 만들어졌으면 좋겠다고 속으로 생각했다.

드디어 그 책이 나왔다. 처음에는 학교 다닐 때도 안 하던 수학 공부를 다시 해야 하나, 하는 생각에 난감하기도 했다. 그런데 (웬걸!) 칼럼을 하나씩 끝낼 때마다 마구 똑똑해지는 느낌이 들었다. 중고등학교 때 배운 수학과는 완전히 다른 수학이었다. '아, 이런 게 수학이구나. 나도 수학을 할 수 있구나.'라는 생각이 드는 순간도 있었다. 번역을 하면서 수학 참고서를 참고할 일도 별로 없었다. 이 책에서 수학은 연산부호와 공식이기 이전에 로또, 카드게임, 주식투자, 잃어버린 우산 찾기, 효율적 호텔 경영이기 때문이다. 즉, 수학은 생활 속에 있다는 것을 가르쳐 준다. 아쉬운 점이라면 저자가 수학자답게(?) 말을 아낀다는 것인데 신문 칼럼에서 긴 설명을 할 수는 없었을 것이다(이 책은 「벨트」지에 실린 저자의 칼럼을 모은 것이다). 대신 명료하고 함축적인 매력이 있다. 5분 안에 읽을 수 있는 짤막한 이야기 100개 속에 1,000일간 밤새는 줄 모르고 토론을 벌일 수 있는 단초가 들어 있다. 옆집 아저씨 같은 수수한 외모의 베렌츠 교수가 연구실 방문을 활짝 열어 놓았던 것처럼 수학에 막연한 두려움과 거부감을 가진 사람에게 수학의 매력적 세계에 빼꼼히 문을 열어 주는 책이다.

김진아

찾아보기

ㄱ

가우스상 137
갈릴레오 갈릴레이(Gallileo Gallilei) 90, 253
게오르크 칸토어(Cantor, Georg Ferdinand Ludwig Philipp) 50, 287, 354
계산자 188
고드프리 해럴드 하디(Godfrey Harold Hardy) 160
골드바흐(Christian Goldbach) 238
골드바흐의 추측 161, 238
공개키 암호방식 43, 125
공리 250
공집합 70
공짜 점심은 없다 293
괴델(Kurt Godel) 195
교환법칙이 성립한다 114
구글보밍 445
귀납적 논증 178
귄터 야우흐 57
그레고리 페렐만(Grigori Yakovlevich Perelman) 410

극한명제 100

ㄴ

나비 효과 370
난수 생성기 315, 332
뉴런 네트워크 399
닐스 헨릭 아벨(Abel, Niels Henrik) 328, 378

ㄷ

다비드 힐베르트(David Hilbert) 90
단순연결성 409
대수적 수 236
동전 던지기 98

ㄹ

라이프니츠(Gottfried Wilhelm Leibniz) 223
러셀의 역설 49
레귤러 팔시 206
레나트 칼레손(lennard carlson) 328

레온하르트 오일러(Leonhard Euler)
127
로또 376
로바체프스키(Nikolay Ivanovich
Lobachevsky) 363
루도비코 페라리(Ludovico Ferrari)
331
루카 파치올리(Luca Pacioli) 429
르네 데카르트(Rene Descartes) 404
리플 셔플 134
린데만의 증명 174

ㅁ

마르크(DM)화 135
매듭이론 346
메르센(Marin Mersenne) 257
메릴린 보스 새번트(Marilyn vos
Savant) 78
모듈로 120, 384
모리츠 코르넬리스 에셔(Maurits
Cornelis Escher) 417
몬테카를로 방법 277, 332
몬티 홀 문제 77
무리수 236
무한 390
무한강하법 394
미하일 그로모프(Mikhail Gromov) 328

ㅂ

바나흐-타르스키 역설 299
발레 푸생(Vallee Poussin, Charles
Jean Gustave Nicolas de la) 104
백만 달러의 상금 270
버트런드 러셀(Bertrand Arthur William
Russell, 3rd Earl Russell, OM) 50
베이즈 정리 84, 242
「벨트」 22
볼리아이(Farkas Wolfgang Bolyai) 363
부호화 183
불가능성 정리 331
불완전성 정리 195
뷔퐁(Georges-Louis Leclerc Buffon) 276
뷔퐁의 바늘 276
브로켄 산 136
비구성적 증명 286

ㅅ

사다리꼴 공론 74
사색 정리 197
사색문제 437
사이버네틱(인공두뇌학) 339
살바도르 달리(Salvador Dali) 111
샘플링 정리 183
생일 역설 62

서랍원칙 344
서랍원칙의 증명 288
세일즈맨 문제 282
소수 29, 124
소수 기계 30
속기법 205
쇼어 알고리즘 358
수의 신비주의 341
수학과 마술 382
수학과 마술의 관계 25
순열 역설 36
스리니바사 라마누잔(Ramanujan, Srinivasa Aiyangar) 159
스리니바사 바라단(S. R. Srinivasa Varadhan) 328
스카트 게임 20
스토레벨트 다리 255
시뮬레이티드 어닐링 219, 281
쌀알의 우화 39

○

아다마르(Jacques Hadamard) 104
아담 리제(Adam Riese) 205
아벨상 190, 327
아비트라지 293
아폴로니우스(Appolonius) 118
앙겔라 메르켈(Angela Dorothea Merkel) 176
앤드류 와일즈(Andrew Wiles) 379
양자컴퓨터 361
에바리스트 갈루아(Evariste Galois) 378
오름 피넨달(Orm Finnendahl) 311
오일러의 공식 262
요한 라돈(Johann Radon) 397
원적문제 161, 170
윈드칠 공식 27
윌리엄 톰슨(William Thomson) 347
유리수 235
유형1의 오류 227
유형2의 오류 227
이시도어 싱거(Isidore Singer) 328
이안니스 크세나키스(Iannis Xenakis) 141
이항계수 152

ㅈ

자연수 234
자크 티츠(Jacques Tits) 328
장 피에르 세르(Jean-Pierre Serre) 328
정수 235
정지시간 정리 53
제어 비트 433
조건부 확률 80
존 그릭스 톰슨(John Griggs

Thompson) 328

주사위 작곡법 309

줄 서기 이론 145

지롤라모 카르다노(Girolamo Cardano) 330

지수분포 도착시간 145

쪽매맞춤 417

ㅊ

차익거래 292

초월수 233, 237

초준해석 222, 224

ㅋ

카를 프리드리히 가우스(Carl Friedrich Gauß) 103, 135, 363, 379

카오스 이론 370

칼 바이어슈트라스(Karl Theodor Wilhelm Weierstraß) 223

컴포지션 112

컴퓨터 단층촬영기술 397

케플러(Johannes Kepler) 118

코페르니쿠스(Nicolaus Copernicus) 118, 389

콜옵션 296

쿠르트 라이데마이스터(Kurt Reidemeister) 348

큐비트(Q-Bit) 216

클레이 수학연구소 106

ㅌ

탈레스의 정리 173, 199, 229

트라이얼 앤드 에러 133

ㅍ

파론도 역설 33

파치올리의 이십면체 430

팩토리얼 147

퍼셉트론 400

퍼지 논리 337

페르마 소수 138

페르마의 소정리 126

페르마의 정리 161, 392

푸리에 해석 303

푸앵카레 추측 408

풋옵션 296

프랭크 벤포드(Frank Benford) 422

피보나치 수열 425

피에르 드 라플라스(Pierre-Simon, Marquis de Laplace) 371

피에르 드 페르마(Pierre de Fermat) 192, 392

피타고라스 음계 266
피타고라스 정리 406
피타고라스주의자 267
피터 랙스(Peter Lax) 328
피터 쇼어(Peter W. Shor) 215, 359
필즈상 190

ㅎ

하르츠 산맥 116
해밍 부호 433
행운의 편지 38, 320
헤징 323
황금비 425
히파수스(Hipposus) 267
힐베르트의 호텔 90

0~9

0(영) 148
12음계 141

A~Z

e 209
ε(엡실론) 224
NP문제 272
OECD 국제학생평가 프로그램 164
P문제 271
π(파이) 94
P＝NP 문제 167
PISA 164
RSA 암호체계 126, 128

침팬지도 이해하는 **5분 수학**

펴낸날	초판 1쇄 2012년 5월 10일
	초판 3쇄 2019년 11월 5일
지은이	에르하르트 베렌츠
옮긴이	김진아
펴낸이	심만수
펴낸곳	(주)살림출판사
출판등록	1989년 11월 1일 제9-210호
주소	경기도 파주시 광인사길 30
전화	031-955-1350 팩스 031-624-1356
홈페이지	http://www.sallimbooks.com
이메일	book@sallimbooks.com
ISBN	978-89-522-1839-1 03410

살림 Friends는 (주)살림출판사의 청소년 브랜드입니다.

※ 값은 뒤표지에 있습니다.
※ 잘못 만들어진 책은 구입하신 서점에서 바꾸어 드립니다.